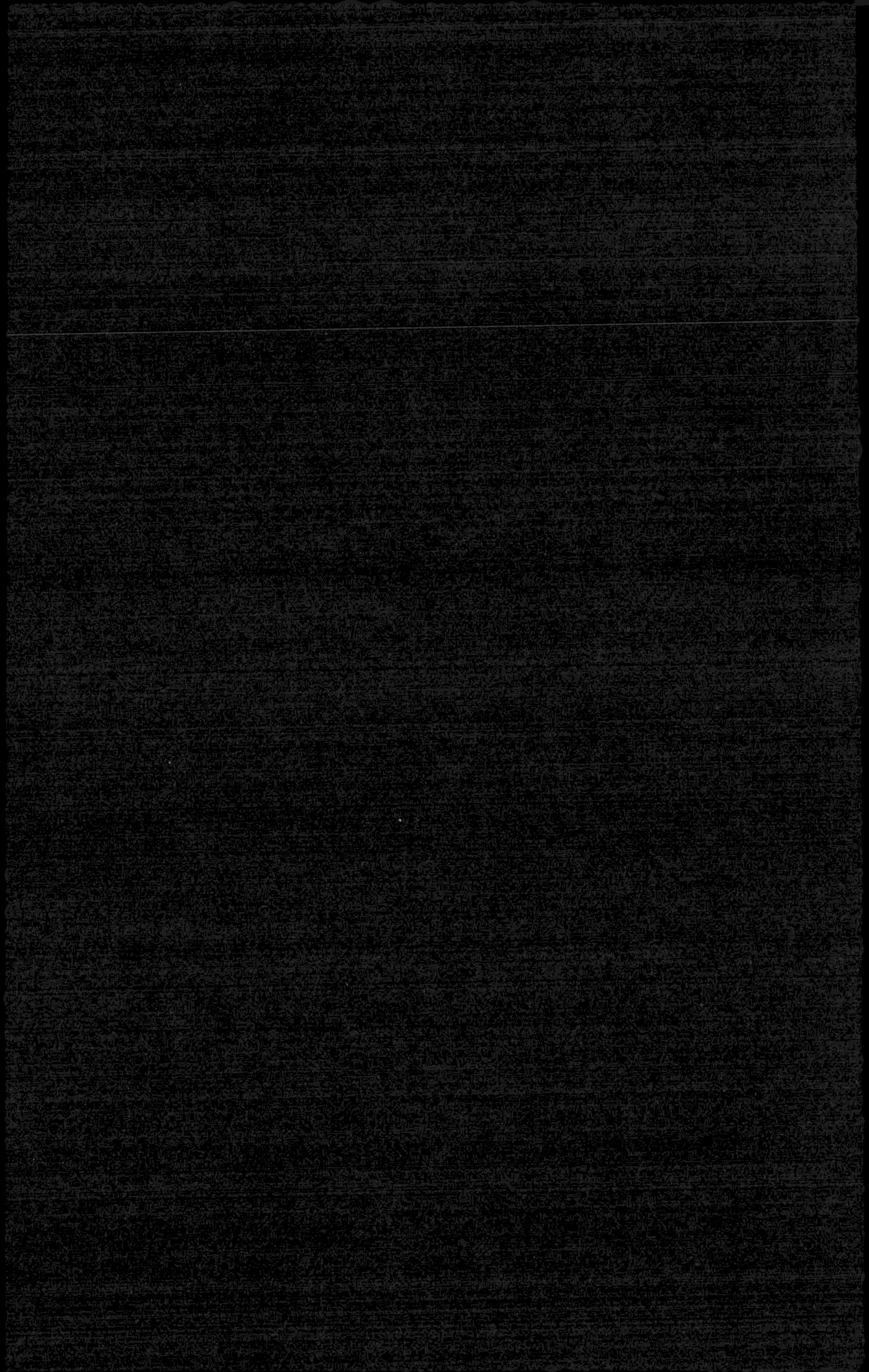

수학기호의 역사
ENLIGHTENING SYMBOLS

수학기호의 역사

ENLIGHTENING SYMBOLS

상징의 기원을 탐구하는 매혹적인 여정

조지프 마주르 지음 | 권혜승 옮김

반니

기호의 역사에 관한 책을 쓰겠다고 생각하기 몇 년 전, 나는 코모 호숫가 벨라지오 마을에 있는 작은 와인 바에서 친구들과 대화할 기회가 있었다. 그때 기호의 역사에 대해 우리의 의견이 분분했다. 심리학자인 친구는 인간의 음성언어가 생기기 훨씬 전부터 기호가 있었고, 기호는 가장 기본적이고 원초적인 생각의 근본을 이룬다고 주장했다. 한편 음악가인 친구는 1000년 무렵에 살던 베네딕트회 수도사 다레조Guido d'Arezzo가 현대적 기보법을 만들었다고 생각하지만, 기보법의 더 원시적인 형태는 거의 페니키아문자만큼이나 시대를 거슬러 올라간다고 지적했다. 수학자인 나는 숫자를 제외한 수학기호들은 (대수적 방정식조차) 비교적 최근에 만들어졌고, 거의 모든 수학적 표현이 15세기까지는 그냥 수사적修辭的이었다고 말해 친구들을 깜짝 놀라게 했다.

"뭐라고?" 심리학자 친구가 소리쳤다. "곱셈은 어때? '곱하기' 기호도 없었다는 거야?"

"15세기까지는 없었어. 어쩌면 16세기에도 없었을걸."

"그럼 등호는? '같다'는 어때?" 음악가 친구가 물었다.

“15세기까지는 없었지.”

“하지만 유클리드Euclid 때는 덧셈을 나타내는 기호가 분명히 있었어. 피타고라스의 정리는 어때? 직각삼각형에서 변의 제곱들을 더하는 것에 관한 정리 말이야.” 심리학자 친구가 말했다.

“아니……, 11세기까지 ‘더하기’를 나타내는 기호는 없었어!”

우리가 생각에 잠겨서 비싼 바롤로 와인을 홀짝거리는 동안 긴 침묵이 흘렀다.

나중에 알고 보니 그때 내가 한 말은 틀렸다. 기원전 18세기에 이집트인들이 상형문자, 즉 총합의 방향이나 그 반대 방향으로 뛰어가는 사람 모양의 상형문자로 덧셈과 뺄셈을 나타내고 있었다. 때때로 당시 수학적 글을 쓰는 사람들이 기호로 표현하는 모험에 과감히 뛰어들기도 했는데, 어떤 단어나 심지어 문장 전체를 표현하기 위해 시험 삼아 그림을 이용한 기호를 쓰기도 했다. 기원전 2세기의 《바크샬리 필사본Bakhshâlî Manuscript》은 우리의 덧셈부호처럼 보이는 기호로 음수를 나타냈다. 3세기에 알렉산드리아의 수학자 디오판토스Diophantus는 미지수를 표시하기 위해 그리스문자를 쓰고, 뺄셈을 나타내기 위해 위쪽을 가리키는 화살표를 썼다. 7세기 인도에서는 수학자 브라마굽타Brahmagupta가 작은 검은색 점으로 오늘날 우리가 ‘0’이라고 부르는 새로운 수를 소개했다. 물론 양의 정수를 나타내는 데 쓰인 기호가 오랫동안 있었지만, 기호는 15세기 후반에야 조금씩 수학에서 쓰이기 시작했다.

와인 바에 있던 그날 밤, 나는 기호의 도입 시기에 대한 내 추정이 성급한 것인 줄 몰랐다. 분명 디오판토스가 3세기에 몇 가지 기호를 지정했지만, 11세기까지는 기호가 기호의 수준에서 연산에 쓰이지 않았다. 즉 방정식의 기호 연산에 전적으로 쓰이지 않은 것이다. 아마도 그때 나는 대부분의 수학적

표현들이 15세기까지는 수사적이었다고 정확하게 주장해 친구들을 경악시
켰어야 했다.

친구들과 대화한 이후, 나는 대부분의 사람들이 15세기까지 수학 표기
에 진정한 기호가 사용되지 않았다는 사실을 알고 나면 놀라워한다는 걸 깨
달았다. 그럼 대수학은 기호의 형태를 취하면서 무엇을 얻고 무엇을 잃었을
까? 사람들은 틀림없이 이런 궁금증을 가질 것이다.

근본을 따지고 보면, 기호는 눈에 보이는 형태나 의사소통에서 얻은 패턴
과 형상의 의미를 감지하고 인지하고 창조하는 수단이다.

영어에서 '기호symbol'라는 단어는 '증표' 또는 '정체성의 징표'를 뜻하는
그리스어, 즉 '함께'를 뜻하는 '심sym'과 '던지다'를 뜻하는 '발레인ballein'이
합쳐진 단어에서 왔다. 이를 좀 유연하게 해석하면 (한데 던져 모아) '짜 맞추다'
가 될 것이다. 이 말은 어떤 사람의 신분이나 다른 사람과 맺는 관계를 증명
하는 오래된 방식에서 나왔다. 막대기나 뼈를 둘로 나눠서, 관계가 있는 사
람들이 한 조각씩 갖는다. 관계를 증명하려면 이 조각들이 딱 들어맞아야 할
것이다.

더 심오한 수준에서 '기호'라는 단어는, 익숙한 것이 익숙하지 않은 것과
우연히 만날 때 새로운 것이 생성됨을 암시한다. 다른 말로 표현하면, 무의
식적인 생각이 의식적인 생각과 맞아떨어질 때 새로운 의미가 생겨남을 암
시하는 것이다. 즉 기호는 의식적인 생각과 무의식적인 생각의 연결에서 파
생된 의미다.

수학기호들도 새로운 의미를 만들 수 있을까? 그렇게 할 셈이었을까? 아
마 기호와 표기법을 구분해야 할 것 같다. 표기법은 속기, 즉 단어들의 축약
에서 나온다. 만약 기호가 우리에게 잠재의식적인 생각을 제공하는 표기법

이라면 '+'를 고려해 보자. 이것은 단순히 라틴어 '에트et'를 속기한 't'에서 나온 표기법이다. 우리는 비드만Johannes Widmann이 1489년에 쓴《모든 거래의 현명하고 깔끔한 계산Behende und hübsche Rechnung auff allen Kaufmannschaft》에서 '+'를 발견할 수 있다. 거기서 '+'는 '그리고'라는 단어뿐만 아니라 수학의 연산도 나타내기 위해 쓰였다.

$2+3=5$ 같은 산술적 서술에 쓰일 때 '+'는 그저 2에 3이 더 있으면 5가 된다고 알려 준다. 그러나 $x^2+2xy+y^2$ 같은 대수적 서술의 맥락에서는 대체로 'x^2과 $2xy$와 y^2' 이상을 의미한다. 수학자들은 '+'를 완전제곱식 $(x+y)^2$을 만들어 주는 접착제로 본다. 물론 지금은 당연히 '그리고'를 접착제로 볼 것이다. 우리가 완전제곱을 인식하는 데 몇 초 더 걸릴지 몰라도 거기에 유용한 형태가 또 있다는 것을 깨닫고 자세히 살피면, 익숙한 기호들이 습관적으로 유용한 연상을 제공한다.

가장 순수한 접근 방식은 단순한 표기법과 기호를 쓴 표현을 구분하는 일이 될 것이다. 하지만 내 관점은 그보다 더 관대하다. 즉 숫자와 모든 비언어적 연산기호는 다르지만, 이 모두를 기호로 본다. 왜냐하면 닮지 않은 것들을 나타내기 때문이다.

$2+3=5$라는 서술을 다시 읽어 보라. 이것은 수학에서 완벽한 문장이다. 우리가 이 문장을 읽고 계속 나아가는 데 1초쯤 걸린다. 사실 확인 과정을 의식하지 않은 채, 어릴 때 들은 것에서 출발해 몇 년간 경험으로 산더미처럼 쌓인 확증에 이르는 많은 이유로 이것을 믿는다. 따라서 이 식이 참이라는 걸 알아내기 위해, 참인 사실들로 만들어진 머릿속 도서관을 뒤지며 의식적으로 찾지 않아도 된다.

그러나 작가의 기술과 수학자의 기술은 분명히 다르다. 작가는 감정을 뒤

흔들거나 개인적 삶의 여정에서 깊이 뿌리내린 의미들로 심상을 만들어 내기 위해 경험과 모순되는 방식으로 자유롭게 상징을 사용할 수 있다. 하지만 수학자는 귀류법을 밝히는 표준적인 논거를 빼고는 모순을 만들 수 없다. 수학적 상징에는 뚜렷한 목적이 있다. 바로 복잡한 정보를 이해하기 쉽도록 깔끔하게 묶어 내는 것이다.

작가는 수학자보다 자유롭다. 문학의 상징은 미신과 문화의 구속을 받는 경우가 있어도 다양한 방식으로 쓰인다. 디킨슨Emily Dickinson은 〈풀밭의 가느다란 녀석A Narrow Fellow in the Grass〉이라는 시에서 '뱀'이라는 단어를 절대 쓰지 않음으로써 악마, 사악함, 위험과 직접 연결되는 것을 피한다. 비록 모두 같은 것을 암시하지만 말이다. 콘래드Joseph Conrad는 《암흑의 핵심Heart of Darkness》에서 콩고 강을 '그 머리를 바다에 담그고 똬리를 푸는 거대한 뱀'으로 묘사함으로써, 스르르 기어가는 교활한 악마를 연상시키는 모든 것을 환기한다. 어쩌면 작가는 '뱀'이라는 단어를 교활하거나 위험한 뭔가를 나타내려는 의도 없이 순수하게 썼을지도 모른다. '강이 강둑을 따라 뱀처럼 구불구불 굽이돈다'고 할 때처럼 단순한 묘사일 수도 있다. 작가가 문화적 배경과 상관없는 이미지를 불러일으키려고 했을 수도 있지만, 아주 흔하게 비유적으로 쓰이는 단어나 표현으로 그렇게 하기는 어렵다. 아니, 아마 불가능할 것이다.

수학자는 '뱀 보조정리'라는 보조정리, 즉 어떤 정리를 증명하는 과정에 쓰이는 작은 정리를 사용한다. 이것은 사악하고 교활하거나 위험한 뭔가가 그 안에 있다고 뜻하지 않는다. 그 모양이 그저 뱀처럼 보이기 때문에 그렇게 불리는 것이며, 생생한 묘사일 뿐이다.

인간이 만든 수학의 상징, 즉 기호는 음악에서 볼 수 있는 문화적으로 유연하고 감성적인 상징이나 시에서 볼 수 있는 은유적 상징과 구분된다. 그러나 수학의 어떤 기호는 부지불식간에 또렷하게 초점이 맞춰진 인식과 연상을 환기하는 경향이 있다. 수학의 기호는 의미를 전달할 수 있는 은유적 사고를 유사성·비유·동일성을 통해 전이시킬 수 있고, 따라서 지면의 단어만큼이나 이런 전환을 가능하게 한다.

대수식을 읽을 때, 수학의 달인은 신경전달물질이 나오기까지 짧은 시간에 어마어마하게 많은 연결을 훑어본다. 모든 학생이 들어 본 기호 π를 예로 들어 보자.

기호 π는 연상을 통해 암시를 일깨우는 생각의 감각적 표현이다. π는 특정한 비, 즉 원둘레와 지름의 비를 뜻하고 수로 나타내면 약 3.14159다. π는 다음과 같이 다양하게 가장해 나타난다.

무한급수

$$\pi = \frac{4}{1} - \frac{4}{3} + \frac{4}{5} - \frac{4}{7} + \frac{4}{9} \cdots$$

무한곱

$$\pi = 2 \cdot \frac{2}{1} \cdot \frac{2}{3} \cdot \frac{4}{3} \cdot \frac{4}{5} \cdot \frac{6}{5} \cdot \frac{6}{7} \cdot \frac{8}{7} \cdot \frac{8}{9} \cdots$$

무한 분수

$$\pi = \cfrac{4}{1 + \cfrac{1^2}{3 + \cfrac{2^2}{5 + \cfrac{3^2}{7 + \ldots}}}}$$

π는 해석학은 물론이고 수론의 계산에도 자주 등장한다. 눈치 빠른 독자는 어떤 식에서 π를 보면 원 모양의 뭔가가 그 뒤에 숨어 있다는 걸 바로 안다. 따라서 (비교적 현대적인) 기호는 그것을 읽은 독자의 마음속에 무심코 일어나는 상상과 잘 들어맞는 모습으로 무수히 변장한다. 하지만 기호의 수많은 변장술에 익숙한 수학자는 속이지 못한다.

π가 변장한 모습은 또 있다. 기울기가 완만해서 고르게 침식될 수 있는 모래밭으로 강이 흐른다고 생각해 보라. 이론상으로는 강의 길이를 강이 시작하는 지점과 끝나는 지점 사이의 직선거리로 나눌수록 그 값이 π에 가까워질 것이다. 만약 둥근 모양 때문에 그럴 거라고 생각했다면, 그 추측이 맞을 것이다.

물리학자 위그너Eugene Wigner가 〈자연과학에서 수학의 지나친 효율성The Unreasonable Effectiveness of Mathematics in the Natural Sciences〉이라는 유명한 글에서 참고할 만한 이야기를 한다.[1]

한 통계학자가 가우스 분포를 사용한 인구 동향 관련 책에 있는 기호들의 의미를 설명하려고 애쓰는 중이다.

"여기 이 기호는 뭐지?" 친구가 물었다.

"아, 이건 파이야." 통계학자가 대답한다.

"그게 뭔데?"

"원둘레와 지름의 비율."

"음, 그런데 인구는 원둘레와 아무 관련이 없잖아."

위그너는 수학적 개념들이 놀랍게도 강의 길이나 인구 동향처럼 예상치 못한 상황에서 등장한다는 것을 보여 주기 위해 이 이야기를 했다. 물론 그는 수학과 실제 세계 사이에 예상치 못한 연관성이 있는 이유를 이해하는 데 더 관심을 가졌다. 그의 이야기는 왜 그런 개념들이 순수수학에서 예상치 못한 방식으로 등장하는가라는 의문을 지적한다.[2]

기호 π가 유클리드의 《원론Elements》에서는 (고대 그리스 알파벳의 열여섯 번째 문자라는 것 말고는) 아무 의미도 없다. 비록 《원론》이 임의의 두 원의 넓이의 비가 그 지름의 제곱의 비와 같다는, 증명하기 어려운 사실의 증명을 포함하고 있지만 말이다.[3] 그리스의 수학적 사고가 예외적인 이유는 임의의 원은 그 지름으로 이등분된다, 임의의 삼각형에서 각들의 합은 항상 같은 상수다, 3차원에는 정다면체가 다섯 개뿐이다 등 증명할 수 있는 보편적 진리가 존재한다는 인식에 있다. 유클리드는 제2권 명제 4에서 $(a+b)^2 = a^2 + b^2 + 2ab$처럼 오늘날 우리가 간단한 대수 항등식이라고 여기는 것을 어떻게 증명하는지 보여 주었다. 하지만 그의 명제나 증명에서 (어떤 수를 얼마나 여러 번 자기 자신과 곱해야 하는지를 말해 주며 어깨에 올라가 있는 조그마한 수인) 거듭제곱이나 덧셈을 나타내는 대수기호를 전혀 볼 수 없다. 왜냐하면 그의 서술이나 증명은 기하학적이면서 완전히 이야기 형식이기 때문이다.

알렉산드리아의 디오판토스는 유클리드보다 500년 이상 후에 태어났다. 그의 위대한 책 《산수론Arithmetica》은 미지수가 두 개 있는 특별한 선형 방정식, 예컨대 $x+y=100$과 $x-y=40$ 같은 방정식의 대수적 해에 더 가까운 것을 우리에게 제공했다. 그가 기호의 힘을 전적으로 사용하지는 않았어도 생략된 표기법을 썼다. 단어의 중간에 있는 문자를 생략하는 표기법은 당시 비교적 흔한 관습이었다. 그의 글이 말로 하는 설명에서 완전히 벗어나지는 못했다.[4] 하지만 일상 언어로 수학을 표현하는 데서 벗어나는 첫걸음이었다.

모든 수학은 기호 없이 수행할 수 있다. 일반적으로 법률 조항은 대부분의 사람들이 법률 문서가 아니라면 사용할 꿈도 꾸지 못할 단어, 즉 '종물從

物'이나 '전술前述' 등 난해한 법률 용어는 써도 기호를 포함하지 않는다. 전통적으로 그리고 분명히 의도적으로 법은 정확성을 위해, 기호화의 길을 택하지 않았다. 영어나 라틴어 같은 자연언어에서 단어들은 좁은 의미를 나타낼 수는 있어도 기호 대수학에서처럼 엄격한 정확성은 거의 나타낼 수 없다. 오히려 법률 용어는 수학과 달리 여러 의미로 해석될 수 있기 때문에 영리한 사람들이 빠져나갈 구멍을 찾을 수도 있다.

수학이 잘 만들어진 풍부한 기호 없이 온통 수사적이라면 어떨지 상상해 보라. 알콰리즈미al-Khwārizmī가 820년쯤에 쓴 《대수Hisab aljabr wa'lmuqabala》에서 한 문단을 가져와 보자. 여기서는 숫자도 말로 표현되어 있다.

> 어떤 사람이 당신에게 묻는다. "나는 십을 두 부분으로 나눴다. 그중 하나를 다른 것에 곱하면 그 결과는 이십일이다." 그러면 당신은 그 부분들 중 하나가 무엇이라면, 나머지 하나는 십 빼기 무엇임을 안다.[5]

우리는 이것을 간단히 $x(10-x)=21$ 이라고 쓸 것이다.

알콰리즈미가 썼듯이 문제 풀이를 위한 언어는 그 문제에만 해당하는 것이었다. 그 구절 뒤에 통상적인 절차나 어떤 알고리즘이 숨어 있었을지 몰라도, 알콰리즈미의 《대수》가 특별히 당시 수학을 대표하진 않았기 때문에 그것을 이해하기 쉽게 풀기까지 노력이 필요했을 것이다.

하지만 당시 문제를 푼 사람들은 숨어 있는 절차나 알고리즘을 알았을지도 모른다. 아마 그들이 생각해 내서 끄적거린 내용은 초고와 함께 사라졌을 것이다. 확실하게 알 길은 없지만, 아마 일종의 흑판에서 개인적인 표기법을 쓰며 답을 찾아본 다음에 그것을 설명하는 수사적인 글을 썼을 것이다.

6세기 인도의 위대한 수학자이자 천문학자인 아리아바타Aryabhata는 미지수를 나타내는 데 문자를 썼다. 한편 수학자이며 천문학자인 (또 우연히 0을 수로 쓴 최초의 저술가인) 브라마굽타는 제곱과 제곱근을 위해, 그리고 특정 문제에 나오는 몇몇 미지수를 위해 축약을 활용했다. 아리아바타와 브라마굽타는 다 운문으로 서술했기 때문에, 어떤 기호 체계를 쓰든 운율에 맞아야 했다. 점이 나올 경우, 독자는 점을 가리키는 단어를 읽어야 했을 것이다. 이는 기호를 쓰는 데 제한이 된다.[6] 어쨌든 음수는 점으로 구별되었고, 분수는 분자와 분모 사이의 줄만 없을 뿐 우리가 지금 쓰는 것처럼 쓰였다.

16세기 초반까지만 해도 유럽의 수학 저작물은 본질적으로 수사적이었다. 비록 몇몇 나라에서 수세기 동안 축약된 특정 단어들이 자주 사용되었어도 말이다. 약어는 더 축약되었고 17세기에 비에트François Viète·레코드Robert Recorde·스테빈Simon Stevin과 데카르트René Descartes의 저술까지 거치면서 아주 견고해져, 한때 분명했던 그 기원과의 연관성이 다 사라져 버렸다.

수학에서 수사적 표현을 기호로 표시한 형태는 편리한 속기의 차원을 넘어선다. 먼저, 기호는 특정 언어에 한정되지 않는다. 다른 서체로 쓰일 수는 있어도 전 세계 거의 모든 언어가 같은 표기법을 쓰기 때문이다. 둘째, 아마 자연언어로 적힌 단어 때문에 생기는 모호함과 오역을 극복하도록 돕는다는 것이 가장 중요하다. 기호는 특정 서술을 일반적 형태로 변환한다. 예를 들어, '미지수의 제곱에서 미지수의 두 배를 빼고 일을 더한다'는 문장은 $x^2 - 2x + 1$ 이라고 나타낼 수 있다. 우리가 마음속에서 $x^2 - 2x + 1$ 이라는 개체로부터 일반적인 2차식 $ax^2 + bx + c$를 끌어내는 것처럼, 기호로 나타낸 식은 그 식의 더 총체적인 개념을 암시할지도 모른다. 우리는 $x^2 - 2x + 1$을 그저 어떤 유형의 전형으로 생각한다.

어떤 미지수와 어떤 수의 합의 제곱은 그 미지수의 제곱과 그 수의 제
곱의 합에, 그 미지수와 그 수의 곱의 두 배를 덧붙인 것과 같다.

데카르트 시대에 이르면 이런 서술은 등호를 나타내는 기호 ∞를 써서 다
음과 같이 거의 완벽하게 현대적으로 표현되었다.

$$(x + a)^2 \infty x^2 + a^2 + 2ax$$

마침내 기호가 도래해 대수학을 단어의 비형식성으로부터 자유롭게 한
것이다.

하지만 거의 모든 진보가 그렇듯이 우리는 뭔가를 잃고 말았다. 우리는 현
대 수학을 대개 상징적인 꾸러미, 즉 기호로 표시된 정보들이 담긴 가방을
통해 전달한다. 그 가방은 차곡차곡 포개진 가방들의 집합체인데, 마치 러시
아의 마트료시카 인형처럼 각각이 그다음에 나오는 더 작은 인형의 상징에
의존한다.

농담하는 사람들에 관한 오래된 이야기가 하나 있다. 어떤 사람이 술집
에 들어갔다가 단골들이 둘러앉아 나누는 농담을 들었다. 그중 한 명이 "오
십칠!"이라고 소리치자, 다른 사람들이 마구 웃어 댔다. 다른 사람이 "팔십
이!"라고 소리치자 또 모두 웃어 댔다. 그는 그 광경을 보고 바텐더에게 무
슨 일이 벌어지고 있는 거냐고 물었다.

바텐더가 대답했다. "저 사람들은 여기서 농담을 주고받은 지 하도 오래
돼서 농담마다 번호를 매겨 놨어요. 그래서 농담을 하고 싶으면 그냥 번호만
소리치면 돼요. 시간이 절약되니까요."

그 말을 들은 사람이 "그거 영리한 방법이네요! 나도 한 번 해 볼게요." 하

고는 단골들 쪽으로 소리를 질렀다. "이십이!" 하지만 다들 그를 보기만 하고 웃지는 않았다.

그가 당황해서 자리에 앉고 바텐더에게 다시 물었다. "왜 아무도 웃질 않죠?" 바텐더가 대답했다. "참, 그런 번호는 목록에 없어요."

수학자들은 종종 의미로 가득 찬 가방의 열쇠를 갖지 못한 풋내기로서는 알 수 없는 상징적 메시지의 연속, 즉 암호로 대화한다. 그들은 인간이 이제까지 만들어 낸 그 어떤 자연언어보다 배우기 어려운 표시, 부호, 상징의 홍수 속에서 대중을 잃어버린다.

그들이 말할 때 이해를 돕기 위해, 완벽한 증명을 약간 느슨하게 하는 대가를 치르면서 자신들의 빈틈없는 주장을 누그러뜨리는 경우는 더 잦다. 그들은 '말로 표현된 풍성한 의미'라고 할 수 있는 것, 즉 문화와 상관없는 직업상의 전문지식과 경험을 공유해 서로를 이해한다.

그러나 말로 표현된 풍성한 의미가 있어도, 완벽한 증명 이상의 무언가를 잃는다. 수학뿐 아니라 응용수학·물리학·화학은 도식적 기호 없이, 물리적으로 상상할 수 있는 대상과 전혀 상관없이 할 수 있다. 따라서 물리학자와 수학자 간 수사적 설명의 차이는 개념화의 차이다. 그래서 물리학자들이 일반 대중과 소통하기가 더 쉬울지도 모른다. 그들은 우리에게 이 세상의 갖가지 '물질'에 대해 설명해 줄 수 있다. 그 물질은 은하계·당구공·원자·소립자 또는 끈일 수 있는데, 10차원 공간 속 1미터의 10^{-35}보다 더 작아 인식할 수 없는 끈도 어떤 물질로 상상된다. 심지어 전자기장도 마음에 '어떤 물질'로 그려진다. 물리학자는 대중을 위한 책을 쓸 때, 독자가 자기 언어 속 대상들 중 어떤 것을 접해 봤을 거라고 짐작하고 이야기를 시작한다. 왜냐하면 물리학자가 연구하는 극히 작은 대상들도 독자가 상상할 수 있는 '무엇'

이기 때문이다.

그런데 수학자들이 연구하는 대상은 꼬집어 말할 수 없는 무형의 것이다. 특정 수를 나타내는 기호 N은 단순히 결정되지 않은 수를 나타내는 표기법상의 편리함 이상의 것이다. 오늘날 그것은 세상과 구체적인 관련은 거의 없는 마음속 대상을 나타낸다. (달리 말해, 그 N은 세상에서 명확한 '존재성' 없이 마음속에만 있는 어떤 '존재다.) 따라서 비물질적 대상은 인식을 통해 존재성을 얻는다. 임의의 추상적 개념에 대해 이해하는 과정과 마찬가지로, 인간은 경험할 수 있는 사물의 명백한 수에서 시작해 일반성을 늘리는 단계들을 밟아 올라감으로써 어떤 수(예를 들면 3)에 대해 현대적으로 이해한다. 들판의 양 세 마리, 세 생명체, 세 개……. 이렇게 쭉 올라가 '셋이라는 성질'까지 이해하게 되는 것이다. 일반성이 증가하면서 물질적 대상에 대한 상상은 줄어든다. 따라서 수학기호는 특별한 것들로부터 일반적인 것을 파악하는 과정에 우리를 돕는 시각적인 도우미다.

이 책은 수를 세는 것에서 출발해 현대 수학의 주요 연산자들로 이어지면서, 수학에서 확립된 기호들의 기원과 진화를 추적한다. 주로 수학기호에 관한 역사서지만, 기호가 수학적 사고에 어떻게 영향을 미치며 폭넓고 영구적인 잠재의식의 영감을 어떻게 불러일으키는지에 관한 탐구서이기도 하다.

숫자의 발전과 대수학의 발전을 구분하기 위해, 나는 이 책을 세 부분으로 나누었다. 기호의 정의를 숫자와 대수학을 포함해 더 넓은 영역의 표기법에 맞춰 받아들여지도록 했는데, 이는 저자로서 어렵게 내린 결정이다. 한편 각 부의 연대가 다르다. 1부와 2부가 거의 독립적이지만, 독자는 발전의 초기에 숫자와 대수의 기호가 모두 서로 얽히며 진보했음을 알아야 할 것이다.

차례

1부 숫자의 역사

기호(상징): 관계, 연관, 관례, 우연하지만 의도적이지 않은 유사성이라는 이유에 따라 뭔가 다른 것을 나타내거나 암시하는 것.[1]

'기호'는 복잡한 단어다. 웹스터 사전에 나온 정의는 기호를 사용하며 쌓인 경험에 잘 들어맞지 않는다. 따라서 더 맞아떨어지게 하기 위해, 우리는 앞에 말한 정의에 다음과 같은 의미를 더해야 한다. 즉 기호는 문화적이고 임의적이지 않은 어떤 것, 소리나 모습이 닮지 않은 어떤 물체나 개념을 대표하는 어떤 것, 닮은 것에 대한 선입관을 주지 않은 어떤 것.

대수(학): 수, 변량 또는 (벡터나 행렬 등) 다른 수학 요소들을 나타내는 문자 상징을 써서 산술적 관계를 일반화하고 탐구하는 수학의 한 분야. 특히 지정된 규칙에 따라 문자 상징을 결합시켜 방정식을 만든다.[2]

요즈음 이 단어는 훨씬 더 넓은 의미를 가진다. 그러나 이 책은 주로 18세기 이전 대수의 상징에 대한 것이기 때문에 이 정의가 적절하다.

그림에 관해

기호의 역사를 분명히 보여 주는 주요 출전은 책 전반에 걸쳐 밝혔고, 때로는 그림으로 나타냈다. 이 책에 그림으로 들어간 원고 중 일부는 인쇄 수준의 스캐닝이 가능했지만, 기술적인 이유로 105, 148, 195~196, 214~215, 217쪽에 나온 주요 출전의 원고는 손보는 과정이 필요했다.

1부

숫자의 역사
Numerals

중요한 문헌과 창시자들

바크샬리 필사본(시기에 대해 논쟁이 있지만 대개 400~700년쯤으로 본다.) 인도

인도인들이 700년 이전에 자릿수 체계를 가지고 있었음을 보여 주는 문헌이다.

세보크트Severus Sebokht **주교**(575~666년 무렵) 시리아인. 과학 및 철학 저술가.

인도 이외의 지역에서 현존하는 최초의 힌두-아라비아숫자에 대한 참고 자료로 알려진 문헌의 저자다.

브라마굽타(598~668) 인도인 수학자, 천문학자.

그의 책 《브라마스푸타시단타Brahmasphutasiddhanta》(628)는 처음으로 (작고 검은 점) 0을 자리를 나타내는 게 아니라 수로 썼다고 알려져 있다.

하룬알라시드Harun al-Rashid(8세기) 페르시아인 칼리프

바그다드에 지혜의 전당을 설립한 사람이다. 지혜의 전당은 수많은 언어권의 수학과 철학 문헌들을 아랍어로 번역해 소장한 도서관이자 번역관이었다.

알콰리즈미(780?~850?) 페르시아인 수학자, 천문학자, 지리학자.

지혜의 전당에서 활동한 학자로, 830년에 《대수》를 썼다.

마수디Abū al-Hasan al-Mas'ūdī(896~956년 무렵) 이라크인. 아랍의 역사학자, 탐험가.

그가 쓴 《황금의 초원과 보석 광산Murūj al-Dhahab wa Ma'adin al-Jawhar》(957)은 페르시아인·힌두인·유대인·로마인 등의 역사를 수집한 30권짜리 책인데, 힌두-아라비아숫자 아홉 가지에 대한 10세기의 해석으로 믿을 만하다.

실베스테르 2세 제르베르 도리악 Sylvester II Gerbert d'Aurillac(946~1003) 프랑스인 교황.

수학을 공부하고 가르쳤으며 로마숫자를 이용한 자릿수 체계로 제르베르 주판이라는 셈판을 고안했다.

코덱스 비질라누스 Codex Vigilanus(976년 무렵) 스페인어.

삽화가 있는 필사본이다. 서구 필사본 중 처음으로 아라비아숫자가 포함되었다.

랍비 이븐 에즈라 Abraham ibn Ezra(1089~1164) 스페인인 천문학자, 수학자.

《단위에 관한 책Sefer ha-Ekhad》을 통해 힌두-아라비아숫자를 설명하고, 《수에 관한 책Sefer-ha-Mispar》에서는 자릿수 체계와 0에 대해 설명했다.

체스터의 로버트 Robert of Chester(12세기) 영국인 아랍학자.

알콰리즈미의 《대수》를 1143년 무렵 라틴어로 옮겼는데, 이 책이 19세기에야 발견되었다. 《대수》에는 힌두-아라비아숫자 체계를 알리는 가장 이른 시기의 글로 꼽히는 것이 있다.

히스팔렌시스Johannes Hispalensis 또는 **세비야의 존**John of Seville(12세기) 스페인인 번역가.

그가 쓴 《실용적 산술의 알고리즘에 관한 책Arithmeticae practicae in libro algorithms》에는 힌두-아라비아 자릿수 표기법에 대한 서양 최초의 설명이 있다.

피사노 비골로 Leonardo Pisano Bigollo 또는 **피보나치**Fibonacci(1170~1250?) 이탈리아인 수학자.

그의 《산반서Liber abbaci》(1202)는 힌두-아라비아 수 체계를 썼으며 이탈리아 무역상들을 위한 전문어로 기록되었다.

드 빌라 데이 Alexander de Villa Dei(1175~1240년 무렵) 프랑스인. 프란체스코회 수사이자 시인.

그가 쓴 라틴어 운문 《산술에 관한 시Carmen de Algorismo》에 0과 인도숫자들을 포함한 계산법이 설명되어 있다.

사크로보스코Johannes de Sacrobosco(1195~1256) 영국인 천문학자이자 수도승.

그가 쓴 《알고리스무스Algorismus》는 힌두-아라비아숫자들과 이를 계산에 사용하는 방법에 관한 책으로 유럽의 인기 있는 교재였다.

기이한
시작

인류가 다른 사람과 소통하기 위해 언제 처음으로 표시를 남겼는지는 아무도 정확히 알지 못한다. 털북숭이 매머드 떼가 자유롭게 유럽을 돌아다니고, 온갖 생명체들이 아프리카 평원에서 북쪽으로 퍼져 가는 먹이와 식물을 따라가던 막연한 시기였다는 것은 분명하다.[1] 역사상 기후의 대격변 중 하나가 끝나면서 유럽의 빙하는 수세기 동안 줄고 있었다. 그리고 대부분의 인류는 여전히 남아시아에 살았다.[2]

대략 5만 년 전에서 3만 년 전 사이로, 인류가 하루하루 생존에 필요한 것만 생각해야 하던 때다. 언어와 비유의 힘으로만 형성될 수 있는 심오한 존재론적 생각, 즉 '나는 어디에서 왔는가?' 그리고 '도대체 왜 내가 존재하는가?' 같은 생각은 가능해 보이지 않았다. 그들은 풍성한 언어가 없이도 이야기하려고 하는 자연스러운 욕구, 마음속의 그림을 타인에게 전달하려고 하는 충동이 있었던 것 같다. 천둥, 어둠, 들짐승에 관한 환상이었을 수도 있으며 어리둥절한 꿈이었을 수도 있다. 이런 것들은 언어를 더 멀리까지 나아가게 하는 데 필요한 자양분이었다.[3]

언어가 발전함에 따라 살아 있다는 경험의 사색도 발전했다. 20세기의 걸출한 민속학자 캠벨Joseph Campbell은 (인간이 항상) "추구해 온 것은 살아 있다는 경험이다. 순수하게 물리적인 차원에서 우리가 가진 삶의 경험들이 우리 자신의 가장 내밀한 실체와 현실 안에서 공명하도록, 그리고 우리가 살아 있다는 황홀함을 실제로 느끼도록 말이다."라고 했다.[4]

인류는 자연스러운 인간의 언어를 폭발시킨 불씨 없이도 대부분의 포유류가 과거와 현재 보이는 모습과 마찬가지로 본능과 지능의 결합 덕분에 혹독하고 적대적인 환경 속에서 살아남을 수 있었을지도 모른다. 그들은 표시·부호·상징·그림이 없는 세상에서, 글로 쓴 기록 없이 말로 표현하는 세상에서, 꽁꽁 얼어붙는 추운 겨울과 모든 걸 태워 버릴 듯 더운 여름 동안 살아남았을지도 모른다. 원숭이들이 그랬고, 순록들도 그랬다.

선사시대 동굴 화가들은 대체 무엇에 홀렸기에 앉아서 뭔가를 아로새기고, 끄적거리고, 그림을 그리면서 일상생활의 위험들을 모른 척했을까? 4만 년보다도 더 오래전, 스페인 엘 카스티요의 동굴 근처에 살던 이들은 동굴 벽에 입으로 염료를 불어서 손 모양을 찍어 놓는 수고를 했다.[5] 수만 년간 인류는 나무에 홈을 새기고, 진흙에 발자국을 남겼으며, 가죽에 흠집을 내고, 바위에 색을 칠하는 등 주변에 의미를 나타내는 표시를 남겼다. 단순한 표시가 어떤 생각과 계획을 나타내거나 역사적 사건을 기록한 것일 수 있다. 그런데 말하는 이와 글 쓰는 이가 유한한 표시와 문자의 집합으로부터 사실상 무한한 소리, 주장, 기호, 생각의 집합을 만들어 낼 수 있다는 것이 인간의 말과 글에서 가장 중요하다. 동물은 언어가 있다고 해도, 유한한 소리와 몸

짓으로부터 무한한 의사소통이 가능한 기호 표현을 만들어 낼 수는 없다.[6]

천연물감으로 돌에 그려진 매머드부터 알파벳까지, 글쓰기는 전환적 단계를 거치면서 발전했다. 그림은 그림문자의 실마리가 되었고 변형을 통해 표의문자가 되기도 하면서 초기의 비유적 시와 현대적 문자에 이르기까지 죽 발전해 왔다. 그림문자는 의미를 나타내려고 하는 대상을 닮은 그림으로, 현대 중국과 일본 문자의 토대가 되었다. 오늘날 칼과 포크 그림은 전 세계 어디에서나 식당을 나타낸다. 칼과 포크를 사선이 가로지르는 그림은 음식물 금지를 나타내는 표의문자일 것이다. 그림문자가 대상을 묘사하는 반면, 표의문자는 유사성을 통해 의미를 표현한다. 예를 들어, 집에서 가축을 기른 초기 중국에서는 표의문자로 '집'을 뜻하는 '가家'라는 단어를 나타내기 위해 '지붕'을 뜻하는 상형문자⌒와 '돼지'를 뜻하는 상형문자豕를 결합시켰다. 적어도 3만 년 동안 그림을 통해 이야기들이 전해졌고, 시간이 지나면서 그 이야기들은 더 정교해졌다.

몇 년 전에 한 친구가 타이에 갔다가 난민촌에서 베 짜는 사람이 직접 수놓았다는 몽족의 '이야기 천'을 샀다면서 내게 선물로 주었다. 베트남전쟁 중 일상에 관한 이야기를 그림으로 묘사한 것이었는데, 그 천에서 인생의 순환을 '읽을' 수 있었다. 아이의 탄생, 들판에서 하는 노동, 사랑에 빠진 사람, 결혼식, 새로운 탄생이 묘사된 천의 그림은 글을 전혀 쓰지 않고도 모든 이야기를 하고 있었다.

단순한 이야기로 된 단순한 세상에서는 그림문자를 이해하기가 쉬운데, 이야기가 복잡해지면 문제가 생긴다. 그림문자로 '적힌' 〈오디세이Odyssey〉를 한 번 상상해 보라. 누가 그것을 완벽하게 이해하겠는가? 너무 정교하고 힘들어서 이해하지 못할 것이고, 심각한 시의 복합적인 은유 때문에 그림문자로 변경하는 것 자체가 아마 거의 불가능할 것이다. 따라서 어떤 발음이 다른 발음과 구분되도록, ('아ah'를 위한 a와 '비be'를 위한 b 등) 음소를 나타내는 문자를 갖는 편이 훨씬 더 낫다. 단어를 갖는 것과 단어 자체에 대해 생각하는 것은 전혀 다르다. 또 문장을 쓰는 것은 말하는 것과 아예 다르다. 문자는 사회가 상당히 발전하고, 최초의 문명이 나타나고, 모험심 강한 부족민들이 모험과 무역을 위해 이리저리 돌아다니기 시작하고 한참 뒤에 나타난 게 틀림없다.

당신이 길에서 어떤 사람에게 문명화의 역사에서 가장 중요한 발명이 뭐냐고 묻는다면, 바퀴라는 답을 들을 가능성이 높다. 하지만 놀랍게도 바퀴는 신석기시대 후반까지도 등장하지 않았고, 청동기시대에야 등장했을 가능성이 높다. 기원전 6000년에서 3500년 사이 어느 시기쯤이다. 바퀴 달린 수레에 대한 가장 빠른 묘사는 1976년 폴란드의 브로노치체에서 발굴된 도자기에서 볼 수 있다. 브로노치체 항아리는 대략 기원전 3500~3350년으로 거슬러 올라간다.[7] 그러나 바퀴는 그 시대의 새로운 농업과 함께 당연히 발명되었어야 했다. 어쨌든 원형 도자기와 통나무 조각 들은 실용성이 엄청난 굴러가는 원판의 좋은 실마리가 된 것이 틀림없다. 분명, 굴러가는 통나무는 소박한 형태의 바퀴가 발명되기 전에 사용되었다. 그러나 바퀴는 그냥 굴러가는 원판이 아니다. 바퀴와 회선축이라는 비교적 복잡한 개념이 있고, 이것들이 결합되어야 한다.

알파벳은 어떤가? 분명히 바퀴의 강력한 경쟁자다. 나는 알파벳 또는 적어도 우리가 하는 말을 적을 다른 현명한 방법이 없었다면, 우리 삶을 가능하게 한 중요한 발명들 대부분이 존재할 수 없었다고 믿는다. 사실 길에서 만난 사람이, 노예들을 도운 통나무 모양의 바퀴가 없었다면 이집트의 위대한 피라

미드를 지을 수 없었고 바퀴와 회전축이 없었다면 세계의 거대한 석조 건축을 짓지 못했을 거라고 주장할지도 모른다. 바퀴는 어떤 시기에든 세상에 등장했겠지만, 우리가 만들어 낸 소리를 적는 형태는 모든 것을 능가한다.

현대적인 알파벳 문자는 입말의 대략적인 흉내다. 알파벳의 어떤 흔적보다 앞서 수메르인들의 그림문자가 있었다. 수메르어의 각 음절은 흙판에 쐐기처럼 뾰족한 것으로 뚜렷하게 자국을 낸 그림이다. 본래 그 자국들은 전달하려고 하는 단어와 같은 음절의 소리로 나타내는 물체의 그림이었다. 그것은 단순한 그림문자와는 달랐다. 다행히도 수메르 입말은 많은 음절로 만들어진 단어들의 언어였고, 종종 음절 자체가 구체적인 대상의 이름이었다. 문자는 각각 음절을 나타내는 표시들로 이루어졌다. 예를 들어, 손으로 집을 들고 있는 그림은 '가정'을 나타냈다.

상형문자 같은 그림문자는 이집트 주변 지중해 지역에서 수메르인의 그림문자와 거의 같은 시기에 쓰였다. 그리고 여러 단계를 지나면서 그림의 특징에서 벗어나 순수한 소리-기호 체계로, 결국 알파벳 같은 것으로 진화했다.[8] 기원전 1세기 전 언젠가 페니키아인의 알파벳이 소개될 때까지, 세계의 거의 모든 문화권이 그림 같은 기호를 써서 표상적 기록을 발전시켰다. 그리고 이것은 그 문화권에 즉각적인 의사소통 수단뿐만 아니라 미래 세대를 위해 지식을 기록으로 남길 수단이 되었다.

각 단어의 기호가 입말의 소리를 나타내는 오늘날의 표음문자와 달리, 그림문자는 입말의 뜻을 나타냈다. 그러나 기원전 1세기 중반까지는 표음문자가 그림문자를 대체했다. 단어를 그 소리로 나타내는 데 그림이 쓰이는 예를 들면, 영어에서 '아이 빌리브I believe'를 나타내기 위해 아이eye·비bee·리프 leaf 그림을 나란히 놓는 것이다.[9] 상형문자도 표음문자처럼 의미가 문맥에서 드러난다. 그런데 그림문자에 비해 표음문자는 중요한 이점이 적어도 하나 있다. 바로 생각의 훨씬 더 많은 결합을 표현할 수 있다는 것이다. 어떤 사람은 작가가 풍부한 비유를 만들어 내기에 더 자유로운 무대에서 작업할 수 있다고 주장할 것이다.

이야기가 아니라 기억을 기록하기 위해 글을 써야 했다는 것은 놀라운 일이 아니다. 가장 오래된 기록물의 내용은 회계, 이름, 요리법, 여행 일정이었다. 글쓰기라는 기술이 확산되면서 글을 쓰는 이유도 다양해졌다. 공공건물에 그려진 벽화나 다른 사람에게 전하는 비밀과 마법 공식, 기억을 돕는 글쓰기나 묘비에 새긴 글을 상상할 수 있다. 이런 기억과 비문碑文은 '사람들이 살아 있다는 행위 자체를 더 깊이 인식하게 하고, 시행착오와 충격적인 경험을 통해 탄생에서 죽음까지 우리를 이끌어 준다.'[10]

처음에는 글쓰기가 학식 있는 사람들, 주로 성직자나 교육받은 특수층만의 것이었다. 하지만 본격적으로 기준이 만들어지면서 그 힘은 음성언어에 지대한 영향을 끼쳤다. 거칠게나마 비슷한 언어를 쓰는 교육받은 사람들은 서로 멀리 떨어져 있어도 문자언어를 공유할 수 있었다. 이렇게 언어의 전통이 자리 잡고, 시대와 공간이 달라도 경험의 유대가 형성되었다.

문명화와 도시의 시작은 신전 건축 및 성직자 계급의 부상과 놀랍게 일치한다. 이는 일반 대중으로부터 똑똑한 사람들을 끌어모았고, 원시 농경 사회는 제국을 세운 제사장 왕을 통해 신앙생활을 서서히 받아들였다. 이는 달력에 의존하던 농경 사회가 성장한 결과였을지도 모른다. 달력을 읽을 수 있는 사람은 사제들이었고, 이들이 계절별 의식을 신전에서 올렸다. 따라서 사제들은 신에게 인간을 대표하는 자로서 최초의 문명사회를 지배했다.[11] 그들의 신전은 천문대이자 도서관이었으며 병원, 박물관, 보물 창고였다. 바빌로니아인에게 기원전 1200년까지 비교적 상세한 항성 일람표가 있었는데, 기원전 3000년에 (하늘이 신성하다고 믿고) 항성과 별자리의 지도를 만든 주인공은 바로 이집트의 성직자들이다.[12] 별자리 지도의 복잡한 계산에는 토지를 측량하거나 세금을 계산하고 들판의 양을 세는 데 유용한 작은 수보다 큰 수가 필요했다.

원시인들의 필요성은 단순했다. 맨 처음에는 그들이 아주 작은 수로만 셈을 했다. 목동이 자신이 몰던 양 떼 중 한 마리가 없어진 것을 바로 알 수 있듯이, 유인원도 가족 구성원이 없어지는 것쯤은 쉽게 알 수 있었다. 무엇이 없어졌는지를 아는 것은 집합에 대한 양적인 개념이라기보다는 질적인 개념이다. 원시사회에서는 수에 대한 현실적인 감각이 필요하지 않았고, 수가 무엇인지 알 필요가 없었다.

그러나 인류(심지어 원시인들)에게는 아직도 설명할 수 없을 것 같은 대단한 이유로, 어떤 값을 가리키는 단어의 값보다 더 큰 수를 인식하는 신비한 능력이 있었다. 오늘날 어린이들은 수와 연결된 단어에 대한 감각을 익히기 위해 유치원에서 수를 암기하는 법을 배운다. 어린이들이 1부터 10까지는 쉽게 외울 수 있는데, 수를 외운다고 해서 그 수의 실제 의미를 이해하는 것은 아니다. 세 살짜리가 '일', '이', '삼', '사', '오'라는 단어와 다섯 손가락의 일대일 대응을 이해하지 못해도 5까지 셀 수는 있을지 모른다. 이 대응이 일어나는 것은 어린이에게든 인류의 발전에든 두뇌 성숙의 엄청난 도약이다. 하지만 우리는 그 도약의 순간을 의식하지 못할뿐더러, 그 순간 "아하!" 하는 경험을 못 하는 듯하다. 두 손에 다섯 손가락씩 있다는 것이 열 개의 수와 자연스럽게 일대일 대응을 할 수 있다고 암시하는 것 같지는 않다.

오스트레일리아의 여러 원주민 부족은 지난 세기 중반까지도 수를 나타내는 단어가 없었지만, 모래에 표시하면서 수를 셀 수 있었다.[13] 신기하게도 (적어도 지난 세기 전까지) 오스트레일리아, 태평양의 섬들, 아메리카의 여러 토착 부족들에게는 4보다 큰 수를 가리키는 단어가 없었으며 이는 일대일로 대응하는 수에 대한 현대적 개념이 발달하지 않았음을 암시한다.[14]

동양에서나 서양에서나 수학은 문학보다 기록상 1000년 넘게 앞서 있다. 〈일리아드Iliad〉보다 1000년 이상 앞서 쓰인 수메르인의 시, 즉 현존하는 기록 중 가장 오래된 〈길가메시 서사시The Epic of Gilgamesh〉보다도 앞선다. 우리는 언제 어디서 숫자가 처음 나타났는지에 대해 직접적 증거가 없다. 언제 어디서 문자가 처음 발전했는지에 대해 직접적 증거가 없는 것과 마찬가지다. 어떤 이들은 가장 앞선 숫자 개념이 석기시대 초기까지 거슬러 올라가 중국에서 시작되었을 거라고 본다. 의심스러운 생각이지만, 그것이 기원전 3400년까지 거슬러 올라가는 쐐기꼴 수메르 숫자와 거의 일치한다는 점에서는 타당해 보인다.[15]

프랑스 남부와 스페인 북서부에 있는 동굴들에서 발견된 그림처럼 숫자는 기록하려는 인간을 통해 생겨났다.[16] 세계에서 가장 오래된 것으로 꼽히는 현존 기록 중 하나(독일고고학협회연구소GAI 박물관 번호 W 19408,76+)는 기원전 4000년대 말쯤 쓰였는데, 두 밭의 넓이를 계산하는 문제처럼 보인다. 이것은 수메르 도시 유적 우루그의 재활용된 건물 잔해에서 발견된 점토판 조각들이다. (대략 기원전 3350~3200년에 해당하는) 이 조각들의 탄소 측정 연대는 적어도 우리가 음성언어와 연관 있다고 동의하는 문자에 대한 것으로 알려진 그 어떤 증거보다도 앞선다.

점토판에 적힌 수메르 숫자 1만같이 큰 수의 흔적은 유럽부터 아시아에 이르는 여러 동굴에서 발견되었다. 이집트 상형문자에는 1만이라는 수에 해당하는 뚜렷한 기호가 있었다. 기원전 1600년까지 그 유명한 린드 (아메스) 파피루스의 대수 문제들은 오로지 수를 나타내기 위한 기호 외의 기호는 없는 단순한 방정식을 제시했다.

고대의 놀라운
수 체계

바빌로니아인이든 수메르인이든 아카디아인이라고 불러도 좋다. 우리는 그들의 이야기를 들어 본 적이 있다. 초기 서양 수학의 거의 모든 역사는 바빌로니아인의 수에 대한 인식, 즉 큰 수를 적기 위한 60진법 체계, 곱셈표의 공식화, 천문학을 위한 구상 등에서 시작된다. 바빌로니아인들은 어떤 사람들이었을까? 왜 그들이 인류의 문명, 문화, 예술, 과학을 처음으로 생각해 냈을까?

이 실문에 답하기 위해 '비옥한 초승달 지대'를 조시해 보자. 이곳은 지중해 동쪽과 페르시아 만 사이의 반달 모양 지역으로, 터키 남동부에서 이집트의 위쪽까지 펼쳐져 있다. 야생 에머밀, 야생 외알밀, 야생 보리를 확산시킨 유일무이한 지역으로 농업이 태동하기에 아주 적합한 곳이었다.[1] 바로 이 비옥한 초승달 지대의 티그리스 유프라테스 계곡에 바빌로니아가 있다. 일반적으로 '바빌로니아'라는 말은 고대 도시 바빌론뿐만 아니라 이와 연관된 것들을 나타내며 오늘날의 남부 이라크와 쿠웨이트와 이란 서부를 포함한 넓은 지역을 가리킨다. 바빌로니아는 거대한 두 강 주변과 그 사이 지역으로, 두 강은 오늘날의 바그다드 근처로 모여들었다가 페르시아 만으로 쏟아져 들어가기 전에 이라크 남부이자 쿠웨이트의 바로 북쪽에 있는 바스라에서 만날 때까지 갈라지면서 지그재그로 나아간다. 이 거대한 강들을 지도에서 본다면 구불구불한 모습에 깊은 인상을 받을 것이다. 마치 남동쪽으로 갈지 북서쪽으로 갈지 결정하지 못한 물뱀처럼 티그리스 강은 바그다드 남쪽을 굽이굽이 흐른다. 수웨이라 근처(그림 2-1)에서는 배를 타고 티그리스 강을 따라가는 데 두 시간이 걸릴 곳이라도 지상에서 걸어가면 10분 만에 도착할 수 있다. 다른 데서는 여섯 시간 동안 배를 타고 갈 곳에 30분만 걸어가면

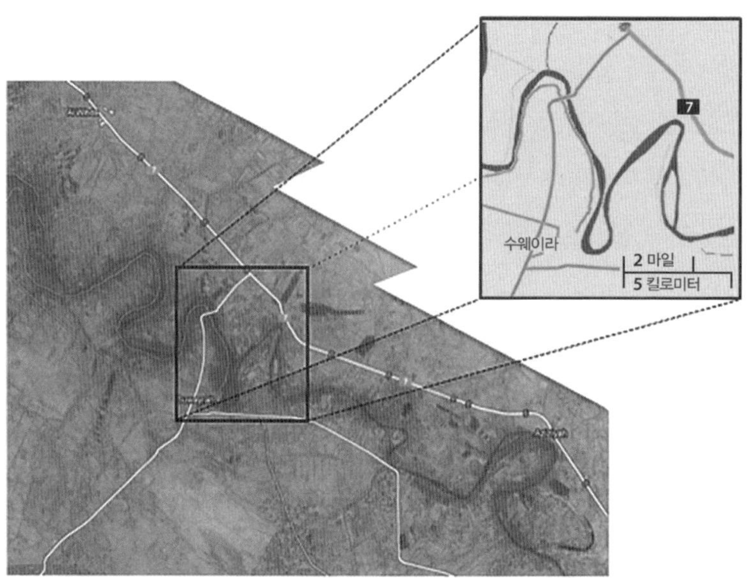

그림 2-1 수웨이라 근처의 티그리스 강(출처: 구글 지도)

도착하기도 한다. 이는 비교적 긴 두 강 사이의 땅에 물을 쉽게 댈 수 있다는 뜻이다. 심지어 오늘날에도 티그리스 강가는 대개 개발되지 않은 농장 지대다. 서구의 강은 아주 꼬불꼬불하고 긴 것이 별로 없고, 대개 높은 데서 낮은 곳으로 흐른다. 북유럽에는 1000킬로미터나 굽이치는 엘베 강이 있지만, 기후가 겨울 작물 재배에 별로 적당하지 않았다. 티그리스 유프라테스 계곡도 농사에 이상적이지는 않지만, 수많은 지류와 수로 들이 합쳐져 천천히 흘러 내려오는 거대한 강이 물을 대기에는 탁월했다. 바그다드 남쪽의 평평한 시골을 가로지르는 강을 따라 작은 마을들이 생겨났고, 이곳이 서구 최초의 도심지가 되었다. 이 시기에는 바그다드 남쪽의 충적토 평야를 따라 오래된 지류들이 많이 흐르고 수로도 있었지만, 지금은 물이 말라 사라져 버렸다.

만약 당신이 (거의 3700년 전) 함무라비Hammurabi 왕 시대에 살았다면, 그리고 가족을 위해 작물을 키우면서 정착하려고 했다면 어디가 좋은 곳이었을까? 바로 남부 메소포타미아다. 평평한 습지, 비옥한 흙이 광활하게 펼쳐진 지역은 보리를 경작하고 양과 염소를 기르는 데 이상적이었다. 이곳에 최초의 도시 문명이 닻을 내렸다.

남부 메소포타미아의 강과 키시, 니푸르, 라가시, 우루크, 에리두, 슈루팍, 우르의 수로를 따라 세워진 주요 도시들의 효율적인 농장 관개시설들과 도시화는 다른 지역보다 앞섰다. 바빌론은 남부 메소포타미아를 훨씬 넘어서 유프라테스 강의 북서쪽 경계까지 확장된 제국의 중심지였다. 뱀처럼 구불구불한 강들과 오래 지속되는 농경기가 도움이 되었지만, 그곳을 아주 특별하게 만든 다른 무엇이 틀림없이 있었다. 토양이었을까? 아니면 무역로나 혈통의 내력이었을까? 《바빌로니아인들은 어떤 사람들이었나?Who were the Babylonians?》의 저자 아놀드Bill Arnold에 따르면, 그것은 토양도 무역로도 아니었다.[2] 그는 이집트가 '나일 계곡에 따라 형성된 좁다란 띠 모양의 쾌적한 땅으로 경계 지어 있었기 때문에 서아시아의 나머지 지역에서 거의 고립되었다'고 주장했다. 따라서 외부의 침입이 거의 없고, 문화적 다양성이 극히 제한된 곳이었다. 반면, 메소포타미아는 거의 모든 국경에서 다른 나라 사람들이 계속 유입되어 풍성하고 다양한 문화적 영향을 받았다. 바빌로니아가 외국인을 환대해서가 아니라, 지형상 경계가 뚜렷하지 않아 외부의 침입에 취약했기 때문에 고대의 '용광로'가 되었다. 남쪽의 뻥 뚫린 평야와 페르시아 만의 수로는 쉬운 진입로였고, 동쪽과 북동쪽의 언덕들은 바빌로니아 도시 중심부로 가기 편한 통행로였다. 반유목민들의 잦은 침입은 전 지역에서 서로 갈등하는 민족들을 계속 한데 어우러지고 융합하게 만들었다.

남부 메소포타미아의 성장하는 대도시는 역사상 처음으로 무역과 노동을 관리하고 조직하고 지출 내역을 보고하기 위해 관리자가 필요한, 전례 없이 폭넓은 사회경제적인 결합으로 유지되었다. 기록들이 보존되어야 했고 회계도 필요했다. 점토판에 쓰인 회계장부들은 토지, 사람, 가축에 대한 그림문자의 설명과 상징을 모은 책이었다.[3]

1900년대 초반 오스만제국이 무너져 가고 (뇌물과 관료적 장애물 이외에) 소소한 유물들의 거래가 통제되고 있을 때 미국의 외교관이자 골동품 수집가, 소설가, 떠돌이 고고학자인 뱅크스Edgar James Banks가 설형문자 판 수백 개를 시장에서 구입했다. 그리고 이것들을 미국으로 보내 박물관·도서관·수집가들에게 팔았는데, 그중 하나가 수학 역사가들의 특별한 흥미를 끌었다. 그것은 라르사와 우르를 비롯한 고대 바빌로니아 도시 근처의 유적지 센케레에서 발견되었다. 그곳은 이라크 남부에 있는 아브라함의 탄생지이기도 했다.

뱅크스는 1922년에 이 판을 뉴욕의 출판인 플림프턴Goerge Arthur Plimpton

에게 10달러(미국 소비자물가지수에 따르면, 오늘날 가치로 130달러 정도)에 팔았다.[4] 역사의 흔적으로부터 어떤 문화를 재구성하는 일이 항상 어렵듯이, 〈플림프턴 322 Plimpton 322〉의 이야기에는 다면성이 있다.[5] 1945년, 수학 역사가 노이게바우어 Otto Neugebauer와 색스 Abraham Sachs는 이 판이 피타고라스 삼중쌍의 목록, 즉 방정식 $a^2 + b^2 = c^2$의 정수해 목록을 포함하고 있다고 해석해 냈다. 이것은 피타고라스 정리에 관한 서구의 구상보다 1000년 넘게 앞섰다는 점에서 놀랍다. 따라서 바빌로니아인들에게 일종의 피타고라스 정리가 분명히 있었다는 것을 암시한다. 하지만 최근 케임브리지대학의 수학 역사가 롭슨 Eleanor Robson은 이 판이 직각삼각형에 관한 문제를 만들기 위해 고안된 교구敎具일 뿐, 절대로 최초의 피타고라스 정리가 아니라고 강력하게 주장했다.[6]

그림 2-2는 펜과 잉크를 이용한 그림으로, 약 3700년 전에 바빌로니아 중심에 자리한 니푸르의 고대 도시에서 만들어진 바빌로니아 점토판에 새겨진 것을 보여 준다. 여기 있는 표시들은 작은 새의 발자국이 아니라 쐐기 모양 바늘로 눌러 만든 자국이다. 젖은 점토판에 바늘로 ⏀ 또는 ⟨ 같은 모양을 새긴[7] 다음, 그 점토판을 구웠을 것이다.

위에서 아래로 읽어 가면서 왼쪽 열부터 살펴보자. 고대 문자에 대해 전혀 몰라도 이 열이 1부터 12까지의 수를 나타낸나고 짐작할 수 있다. 왼쪽에서 두 번째 열은 어떤가? 우리의 처음 추측이 맞다면, 이 열의 첫 번째 기호는 9다. 그 아래에 있는 것은 10을 나타내는 기호와 8을 나타내는 기호가 결합된 것처럼 보인다. 그럼 18일까? 같은 맥락에서 3행의 기호는 27을 나타내는 것 같다. 그럼 두 번째 열은 9의 배수일까? 54로 보이는 6행까지는 맞는 것 같다. 그런데 7행부터 이상한 것 같다. 이 기호는 4처럼 보이는데, 정말

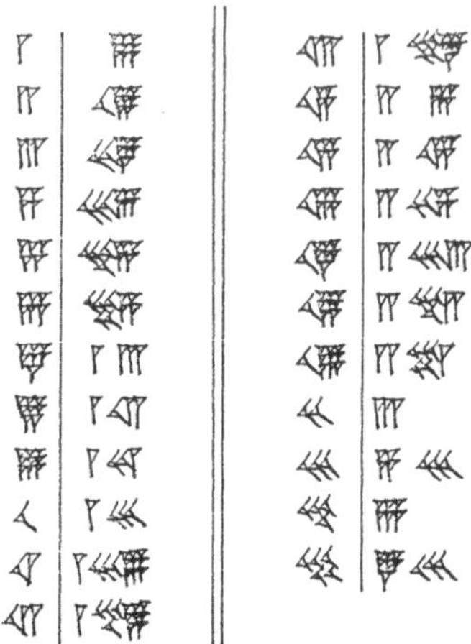

그림 2-2 니푸르 점토판

𒁹는 1, 𒌋는 10을 나타낸다. R. Creighton Buck, "Sherlock Holmes in Babylon", *American Mathematical Monthly*, vol. 87, no.5(1980):335~345. 미국수학협회의 허가를 받아 복제했다.

그럴까? 4가 맞다면, 두 번째 열은 9의 배수의 목록이 아니다. 그럼 대체 뭘까?

이 기호는 첫 번째 쐐기 표시와 그다음 세 쐐기 표시 사이에 공간이 있다. 두 번째 열이 9의 배수 목록이라는 희망을 버리지 않는다면, 이 기호는 63이어야 한다. 아마 빈 공간은 60을 곱한 뒤 쐐기 세 개를 더해야 한다는 뜻일 것이다. 그럼 정확한 9의 배수가 나올 수 있다. 이 가정을 나머지 항들에 적용해 보면, 우리 추론이 잘 맞아떨어지는 것을 알게 된다.

그리고 이 가정은 다음 두 열에서도 성립된다. 여기에서 우리는 아주 초기에 아무것도 없는 '빈칸'이 기호로 현명하게 쓰인 표기법의 예를 본다.

$$8 \times 9 = 1 \times 60 + 12 = 72$$

$$9 \times 9 = 1 \times 60 + 21 = 81$$

$$10 \times 9 = 1 \times 60 + 30 = 90$$

$$11 \times 9 = 1 \times 60 + 39 = 99$$

$$12 \times 9 = 1 \times 60 + 48 = 108$$

우리의 수 기호, 즉 오늘날의 숫자는 이것과 상당히 다르고 훨씬 더 정교하다. 72가 7 곱하기 10 더하기 2를 나타내는 것처럼, 임의의 수를 나타내려면 열 가지 수(0, 1, 2, 3, 4, 5, 6, 7, 8, 9)에 대한 기호가 필요하다. 바빌로니아 수 체계는 두 가지 기호만 필요했어도, 특별한 지식이 없는 사람의 눈에는 쉰아홉 가지 표시가 필요한 것처럼 보일 수 있다. 60보다 작은 수를 나타내는 데 더 작은 수의 기호가 서로서로 거의 닿을 듯이 체계적으로 무리 지어 있었다. 예를 들어, 39는 이렇게 쓰였을 것이다.

우리는 육십일을 61이라고 쓰고, 이것이 3601을 뜻하지 않는다는 걸 안다. 그런데 바빌로니아인은 어떻게 61과 3601을 구별했을까? 61은 𒐕𒐕, 3601은 𒐕 𒐕로 표현된다. 유일한 차이는 쐐기 표시들을 분리하는 빈칸의 수다. 𒐕𒐕에는 빈칸이 하나 있고, 𒐕 𒐕에는 빈칸이 두 개 있다. 그러나 빈칸에 보이는 경계가 있지는 않기 때문에, 얼마나 많은 빈칸이 각 표시를 갈라놓는지 (특히 그 표시를 손으로 쓸 때) 알기가 힘들다. 여기에 문제가 있다. 빈칸이 그냥 하나인데, 빈칸이 두 개라도 하나처럼 보일 수도 있다는 것이다.

어떤 사람은 상대적 값의 크기로 수를 구분하려면 문맥이 어떤 구실을 해야 한다고 생각할지도 모른다. 마치 애매모호한 글에서 문맥으로 의미를 파악하는 것처럼 말이다. 예를 들어, 𒁹 염소들을 𒁹 염소와 구별하기는 쉽다. 첫 번째 것은 복수라는 힌트가 있기 때문에 염소 60마리를 뜻해야 하는 반면, 두 번째 것은 단수로 한 마리를 뜻해야 한다. 맥락을 통해 𒁹 𒁹(3601)과 𒁹 𒁹(21만 6001)을 구별할 수 있을까? 어쩌면 가능하다.

하지만 누군가가 이 체계를 제대로 작동시킬 수단을 고안해야 했다. 21세기를 돌이켜보면 우리는 그 수단이 무엇인지 분명히 알 수 있다. 𒌨 같은 아무 낙서나 가져다 빈칸을 채우자. 그러면 𒁹𒌨𒁹과 𒁹𒌨𒌨𒁹을 쉽게 구별할 수 있다. 그럼 왜 빈칸을 위한 기호를 만들지 않았을까?

사실은 만들었다. 그러나 로마처럼, 이 기호가 하루아침에 갑자기 생기지는 않았다. 누군가 현명한 계획을 세워야 했고, 그것이 실행되기까지 1000년 넘게 걸렸다. 기원전 700년과 기원전 300년 사이 어느 시기에 누군가 𒌨와 아주 닮은 기호로 빈칸을 나타낼 생각을 했다. 바로 자리지킴이, 즉 바빌로니아인들이 발명한 0이다. 비록 현대적 개념의 0은 아니지만, 그 덕에 문맥에 기댈지 않고도 𒁹 𒁹과 𒁹 𒁹을 구별할 수 있었다.

이 체계는 우리에게 이상해 보이는 만큼 뛰어났다. 빈칸을 구별할 수 있게 된 바빌로니아 산술가들은 딱 두 가지 기호와 빈칸의 경계를 가르는 이 특이한 표시를 이용해 임의의 값을 갖는 수를 쓸 수 있었다.[8]

바빌로니아 필경사들이 니푸르의 뜨거운 햇볕 아래에서 점토판에 갈대를 눌러 새기는 작업을 하기 한참 전에 이집트인들은 돌, 쇠, 나무 기념물에 상형문자를 새겨 넣고 있었다. 그때 수는 그냥 물체들의 그림이었고, 10의 각 거듭제곱마다 다른 기호를 썼다. 1은 똑바른 지팡이로, 10은 반원형의 구부러진 지팡이로 묘사되었다. 100은 달팽이, 1000은 연꽃잎, 1만은 손가락, 10만은 작은 새 같은 모양, 100만은 마치 거대한 크기에 당황한 듯 양손을

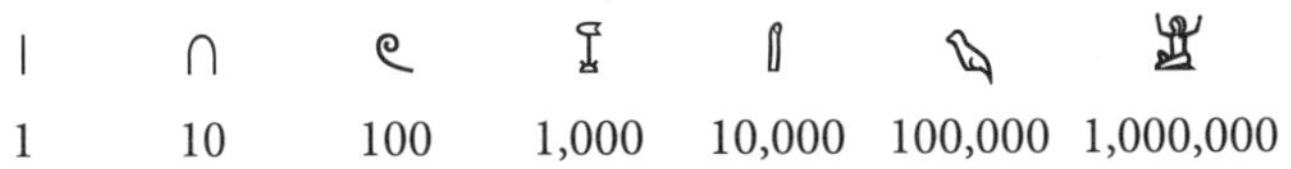

	⌒	ℓ	𓏌	𓎆	𓂭	𓁨
1	10	100	1,000	10,000	100,000	1,000,000

그림 2-3 초기 이집트 숫자

Florian Cajori, *A History of Mathematical Notations*(New York: Dover, 1993), 12.

들고 있는 사람으로 묘사되었다(그림 2-3).[9]

초기 이집트 숫자는 일종의 덧셈 체계였다. 이집트인들은 1005를 쓰기 위해 연꽃잎 하나에 수직 지팡이 다섯 개를 붙이는데, 지팡이 네 개 이상을 연꽃잎에 바로 붙이지는 않았다. 필경사는 지팡이를 두 묶음으로 나눴다. 기원전 2세기 이후 어느 시기부터 곱셈 체계가 존재했다. 필경사는 200만을 쓰기 위해 파피루스에 지팡이 두 개와 사람 한 명을 그렸다. 그러나 이집트 학자들이 대답할 수 없는 아리송한 질문이 여전히 아주 많다. 예를 들면, 상형문자에서 분수 $\frac{1}{2}$을 그림 𓐍로 $\frac{2}{3}$를 𓂀로 적은 것이다.

히브리인은 또 다른 체계를 가지고 있었다. 그들에게는 알파벳 스물두 자가 있었는데, 각 글자가 수를 나타냈다. 그리고 단어의 맨 끝에만 쓰는 글자가 ך, ן, ם, ך, ץ 등 다섯 개 더 있었으며 이것들이 각각 500, 600, 700, 800, 900을 나타냈다.

히브리인은 천 단위 수를 나타내기 위해 1000은 א̈, 2000은 ב̈처럼 문자 위에 짐을 두 개 찍었다. 하지만 까다로운 문제가 있다. 히브리어는 오른쪽에서 왼쪽으로 읽고, 1000이 넘는 수는 두 가지 방식으로 적을 수 있다. 앞에서 말한 모든 수 체계와 마찬가지로, 각 문화권의 수 체계는 몇 세기 동안 많은 시행착오와 변화를 거쳤다. 8세기까지 두 문자로 된 기호 אה는 5001을 뜻하고, א는 대개 1을 나타냈을 것이다. 하지만 이것이 다른 문자, 즉 ה의 오른쪽에 등장하면 1000을 나타낸다. 문자를 오른쪽에서 왼쪽으로 읽어

א	(알레프)	1	ל	(라메드)	30
ב	(베트)	2	מ	(멤)	40
ג	(기멜)	3	נ	(눈)	50
ד	(달레트)	4	ס	(사메크)	60
ה	(헤)	5	ע	(아인)	70
ו	(바브)	6	פ	(페)	80
ז	(자인)	7	צ	(차데)	90
ח	(헤트)	8	ק	(코프)	100
ט	(테트)	9	ר	(레쉬)	200
י	(요드)	10	ש	(쉰)	300
כ	(카프)	20	ת	(타브)	400

도 그것이 수라면 값이 점점 내려간다고 이해했기 때문에 혼동은 없었을 것이다. 따라서 א의 왼쪽에 ה가 있으면 1005를 의미했을 것이다.

이 체계는 잘 작동했다. 9686은 וחטו로 쓰였을 것이다. ו가 두 번 나타나지만 서로 다른 수로 여겨진다는 점을 유의하라. 이 문자가 하나만 있으면 6을 나타낸다. 오른쪽에서 왼쪽으로 읽으면 첫 번째 ו가 ט와 ח의 값 사이의 값을 가져야 하기 때문에 9000과 80 사이의 수를 뜻해야 한다. 따라서 이 ו는 600이어야 한다. 그리고 끝자리에 있는 ו는 그것이 나타낼 수 있는 가장 작은 수, 즉 6을 뜻해야 한다.

어떤 심상을 만들기 위해 상관없는 의미들을 연결하는 것이 상징의 일반적인 속성이다. 히브리어에서 15는 당연히 오른쪽에서 왼쪽으로 י(10을 나타내는 기호) 더하기 ה(5를 나타내는 기호)로 표현될 것이다. 그러나 이렇게 15를 쓰면 신의 이름 중 앞의 두 글자가 되기 때문에, 그 대신 6+9를 뜻하는 טו라고 썼다. (지금도 여전히 이렇게 쓴다.)

그리스인은 수를 나타내기 위해 히브리의 수 체계를 빌렸다. 그리스 알파벳도 수를 나타낼 수 있지만, 큰 수를 나타내기에는 끔찍하게 불편했다.

$$\alpha \quad \beta \quad \gamma \quad \delta \quad \ldots$$
$$1 \quad 2 \quad 3 \quad 4 \quad \ldots$$

자리지킴이가 있어서 큰 수를 쓰기에 비교적 쉬운 바빌로니아 체계의 장점을 그리스인은 왜 채택하지 않았을까? 바빌로니아인은 자릿수 표기법에 대해 제대로 된 생각이 있었고, 60의 다른 거듭제곱들의 배수를 나타내는 데 같은 숫자를 쓴다는 기발한 발상을 했다. 그런데 수학적 자산이 풍부한 그리스인이 어떻게 그렇게 탁월한 발상을 놓칠 수 있었단 말인가? 이들은 논리적 사고·증거·증명을 구성하고, 기하학과 무리수를 이해하며, 정수론의 문제를 기하학으로 해결하는 능력을 갖고도 왜 산술을 더 쉽게 하기 위해 수를 다루는 좋은 방법을 알아보지 못했을까? 어떤 주판이 대부분의 계산에 사용되었기 때문이라는 것이 답일 수 있다.

어쩌면 그들의 관심사가 거대한 범위의 수학 자체를 완전히 파악하려고 하는 것이었기 때문일 수도 있다. 비연역적 수학을 연구하는 위대한 수학자들이 분명히 많았겠지만, 계산은 그들의 진정한 관심사가 아니었다. 그들의 관심사는 극히 연역적인 과학, 증명, 해법, 우주, 완벽성의 발전, 유클리드 공간과 그 공간을 채우는 대상들의 관계를 이해하는 것 등이었다. 이 모든 것이 상당히 괴상한 수 체계를 통해 수 체계가 거의 필요하지 않을 만큼 복잡한 수준에서 진행되었다!

기원전 8세기 무렵 그리스인은 페니키아 문자를 받아들이고 '두음 서법' 숫자, 즉 수를 나타내는 단어의 첫 글자에서 파생된 기호도 채택했다.

표 2-2 그리스의 두음 서법 체계

1	I	Ἰῶτα	(이오타)
5	Π	Πέντε	(펜테)
10	Δ	Δέκα	(데카)
100	H	Ἑκατόν	(헤카톤)
1,000	X	Ξίλιοι/χιλιάς	(킬리오이)
10,000	M	Μύριον	(뮈리오이)

5 곱하기 어떤 수를 쓴다면 그 수를 우산 모양 기호 ⌐ 밑에 둔다. 예를 들어, ⊞은 500을 나타낸다.

고유한 문자를 가지고 있던 히브리인, 시리아인, 페니키아인과 무역이 늘었던 기원전 5세기에 대중성이 있는 다른 체계로 이어지는 과정은 더뎠다. 마침 문자에 대해 영리했던 페니키아인은 이집트의 상형문자 기호를 가져다 고유한 소리를 부여하고, 그 소리를 문자로 표현했다. 그러나 이상하게도 수를 표현하는 데 그들 고유의 문자를 쓰지는 않았다. 오히려 그들은 수직 작대기 체계를 썼다. 기원전 4세기 이후에야 그리스인의 순차적인 알파벳 수 체계가 경쟁에서 승리하고 오래된 두음 서법 체계를 대신했다. 히브리 체계처럼 그리스 알파벳 체계가 표준이 된 것이다.[10]

하지만 이 체계는 큰 수를 나타낼 때 상당히 불편했다. 심지어 아르키메데스Archimedes도 독창적인 책《모래 계산자Psammites》를 쓸 때, 우주를 가득 채우기 위해 필요한 모래알의 수를 추정하는 데 기호 대신 말을 사용했다. 그의 답은 우리의 통상적 표기법으로 10^{51}에 가까웠다. 약 10^{90}이라는 더 정확한 답보다 한참 작은 값이다.[11]

그런데도 순차적인 알파벳 숫자 체계가 이긴 이유는 뭘까? 왜 그리스인은 알파벳 체계를 위해 두음 서법 체계를 버렸을까? 단순히 더 짧게 나타내기

위해서? 두음 서법 표기법에서 1884는 χH̅|HHHΔ̅|ΔΔΔIIII다. 알파벳 표기법으로는 αωπδ가 된다. 수를 나타내는 상징 스물일곱 가지를 기억하는 것이 여섯 가지만 기억하는 것보다 어렵지 않았을까? 물론 그렇다. 하지만 시간이 흐르면서 학생들은 글자의 순서를 외울 수 있는 것처럼 그 값도 외울 수 있었을 것이다.

하지만 개념적인 차이가 있는 것 같다. 20세기 초반의 수학 역사가 카조리Florian Cajori는 그의 책《수학 표기법의 역사A History of Mathematical Notations》에서 다음 두 산술 항등식을 들여다보았다. (더하기 기호와 등호는 15세기까지 나타나지 않았음을 기억하라.)

$$HHHH+HH = \overline{H}|H,$$

$$\Delta\Delta\Delta\Delta+\Delta\Delta = \overline{\Delta}|\Delta.$$

이 식을 문자로 표현하면 이렇다.

$$\upsilon + \varsigma = \chi,$$

$$\mu + \kappa = \xi.$$

두 표현 모두 인간이 만들었고 그것을 써야 했던 산술가와 필경사 들의 마음에 들기까지 경쟁하면서 하나가 선택되어야 했다. 둘 다 다루기 힘들었는데, 결국 하나만 승리하고 살아남았다. 왜 그리스인은 바빌로니아 체계에 대해 분명히 알고 있었는데도, 자리지킴이를 쓰는 현명한 체계를 찾아내지 않았을까? 왜 펀자브 서쪽의 인도인들이 가장 현명한 체계를 찾도록 내버려뒀을까?

우리는 그림 2-4에서 자릿수 체계의 희미한 암시를 눈치챌 수 있다. 그리스 문자 중 처음 열 개는 열 가지 수를 나타냈다. 11부터 19까지는 ια, ιβ, ιγ, ιδ, ιε, ιϛ, ιζ, ιη, ιϑ라고 썼으며 이것이 10+1, 10+2, 10+3 등을 의미했을 것이다. 20부터 29까지는 κ, κα, κβ, κγ, κδ, κε, κϛ, κζ, κη, κϑ라고 썼으며 이것은 20, 20+1, 20+2, 20+3 등을 나타냈을 것이다.[12] 90과 900을 나타내는 이상한 기호들이 발명되기도 했지만, 그 창안자들은 기호가 놓이는 자리가 기호의 값에 영향을 미칠 수 있다는 것을 깨달았어야 했다. 숫자가 놓인 자리가 그 값에 영향을 미치지 않는 그리스식 체계에서는 23이라는 수를 쓰기 위해 20을 나타내는 새로운 기호 κ를 도입해야만 했다. 숫자가 놓인 자리가 그 값에 영향을 미치는 체계에서는 23을 쓰는 데 베타 β, 즉 2를 나타내는 기호만 필요했다. β는 이미 잘 정의되어 있는 기호였다. β가 두 번째 자리에 있으면, 그것은 2가 아니라 20을 뜻한다. 따라서 23은 βγ로 적을 수 있었다.[13] 이 이야기를 하는 것은 어떤 기호 표기법을 선택하는지가 미래의 진보에 방해물이 될 수 있음을 보여 주기 위해서다. 다른 알파벳 수 체계와 마찬가지로 그리스 방식은 작은 수를 표기할 때는 괜찮아도 큰 수를 나타내기에는 불편했다.

　　고대 알파벳은 개별적 정체성을 띤 실제 언어 요소의 집합이 아니라, 다중

α	β	γ	δ	ϵ	ς	ζ	η	θ	ι	κ	λ	μ	ν	ξ	o	π	ϱ
1	2	3	4	5	6	7	8	9	10	20	30	40	50	60	70	80	90

ρ	σ	τ	υ	ϕ	χ	ψ	ω	$\backepsilon$	$_{\prime}\alpha$	$_{\prime}\beta$	$_{\prime}\gamma_{\prime}$	
100	200	300	400	500	600	700	800	900	1,000	2,000	3,000	……

M	$\overset{\beta}{\mathrm{M}}$	$\overset{\gamma}{\mathrm{M}}_{\prime}$	
10,000	20,000	30,000	……

그림 2-4 그리스의 순차적 알파벳 체계

6을 나타내는 필기체 문자 디감마 ϛ는, 그리스 알파벳에서 기원전 7세기가 도래하기 전에 사라진 고대 문자다. 이것이 단어의 끝에 쓰인 시그마처럼 보이지만, 소리가 아주 다르다. 2부에서 숫자가 아닌 기호가 되는 시그마에 대해 이야기할 때, 이를 기억하는 것이 중요하다. 실제 문자에 숫자를 대응시키는 순서로는 제타 ζ가 6을 나타내야 하지만, 6이 ϛ로 표시된다는 점을 기억하라.

적 의미를 지닐 만큼 무르익은 구성 요소들이었다. 기원전 5세기에 그리스인은 세상의 모든 것을 정수와 연관시킬 수 있다고 믿었다. 2(β)는 의견, 3(γ)은 조화, 4(δ)는 정의를 뜻했다. 홀수는 남성, 짝수는 여성이었다. 5(ε)는 결혼을 상징했는데, 아마 첫 번째 짝수와 첫 번째 홀수의 합이기 때문인 것 같다. 그리고 10(κ)은 신성한 수로 여겨졌는데, (점, 선, 삼각형, 사면체 등) 네 가지 차원의 합으로 1+2+3+4=10이기 때문이다. 따라서 우리는 온갖 비유적 심상이 이런 고대 수 체계를 통해 풍성해졌다는 것을 알게 되었다.

로마 체계는 그리스의 두음 서법 체계와 밀접하게 관련되었는데, 큰 수를 나타내기 위해 덧셈 규칙을 뺄셈 규칙이라는 현명한 생각과 함께 사용했다. 작은 수가 큰 수의 왼쪽에 놓일 때, 그것은 큰 수에서 작은 수를 뺀 것을 뜻했다.

따라서 83은 기다란 LXXXIII 대신 XXCIII으로 쓸 수 있었다. 좋은 수의 문법은 수를 가능한 한 짧게 나타내도록 요구했지만, 항상 적용되지는 않았으며 변형이 존재했다. 예를 들어, 4세기까지는 어떤 수 위에 막대를 그려서 1000 곱하기 어떤 수를 나타내기도 했다. 따라서 $\overline{\mathrm{X}}$은 10이 아니라 1만을 뜻한다. 어떤 수 위에 막대가 있고 왼쪽과 오른쪽에 수직선이 있으면, 그

표 2-3 후기 로마의 수 기호

1	I
5	V
10	X
50	L
100	C
1000	M

수는 10만 곱하기 어떤 수를 나타냈다. 따라서 $|\overline{X}|$은 100만이다. 그리스 방식처럼 이 방식도 큰 수를 표현하는 데 너무 불편했다.[14] 우리가 날짜를 나타내는 데 여전히 로마숫자를 쓰는 것이 나는 참 의아하다.

아즈텍 숫자는 아시아, 아프리카, 유럽의 숫자와 역사적으로 직접 연결되지 않지만 유사성이 보인다. 아즈텍 숫자는 9까지 단위를 나타내는 점이 있고, 9 뒤로는 그림문자가 된다. 예컨대 온전한 깃털은 400, 깃털 1/4은 100, 깃털 1/2은 200, 깃털 3/4은 300으로 보았다. 8000은 20 곱하기 400을 포함한 것으로 보이는 지갑이었다. 물론 지갑이 이 곱을 분명히 나타내지는 않았다.

아즈텍 체계도 다른 대륙의 수 체계처럼 덧셈을 이용했다. 하지만 바빌로

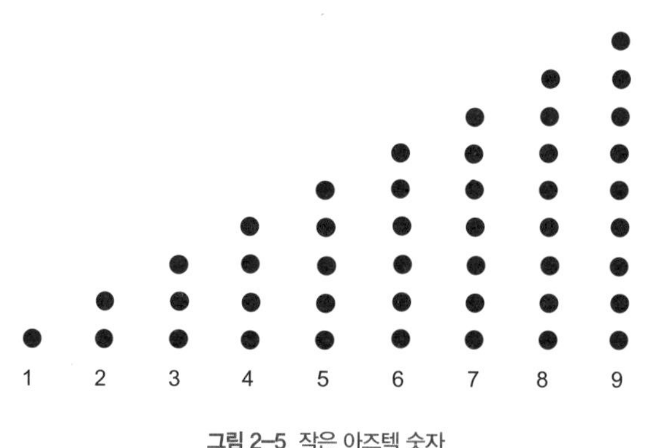

그림 2-5 작은 아즈텍 숫자

그림 2-6 큰 아즈텍 숫자

니아의 단일 진법과 달리 아즈텍 체계에는 20, 40, 8000 등 세 가지 진수가
있었다. 아즈텍인은 2만 6504를 다음과 같이 썼을 것이다.

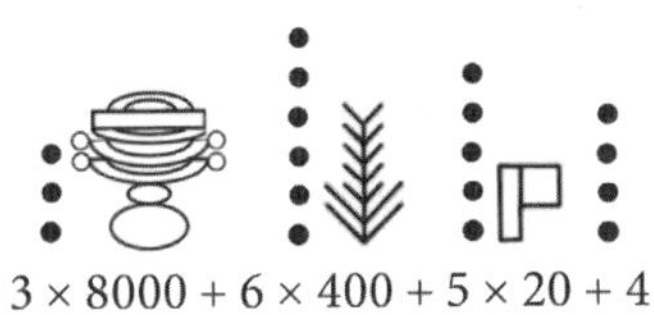

$$3 \times 8000 + 6 \times 400 + 5 \times 20 + 4$$

그림 2-7 아즈텍 체계로 2만 6504 쓰기

마야인이 (시기가 정확히 알려지지 않았지만 고전기인 250~900년 무렵에) 쓴 방식은 20
진법과 가까웠다. 마야의 이 산술 체계는 콜럼버스Christopher Columbus가 신
대륙을 발견하기 전의 것이지만, 5만 년 넘게 인간의 접촉이 없던 두 대륙에
서 문자를 추가하고 전달하는 개념이 비슷했다. 바빌로니아 체계와 비슷하
게도 점, 막대기, 열 들의 체계에서 0의 자리지킴이 방법을 썼다. 점은 한 단
위, 막대기는 다섯 단위를 나타냈다. 즉 321만 2199라면 그림 2-8처럼 썼
을 것이다.

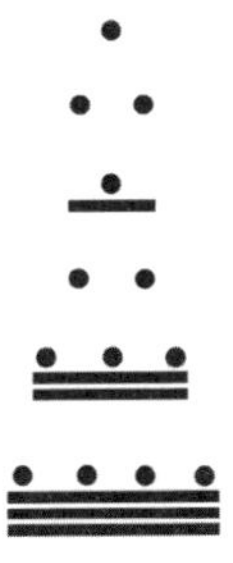

그림 2-8 마야 숫자

이것은 위에서 아래로 다음을 뜻한다.

$$18 \times 20 \times 20 \times 20 \times 20 \text{에 } 1 \text{ 곱하기}$$

$$18 \times 20 \times 20 \times 20 \text{에 } 2 \text{ 곱하기}$$

$$18 \times 20 \times 20 \text{에 } 6 \text{ 곱하기}$$

$$18 \times 20 \text{에 } 2 \text{ 곱하기}$$

$$20 \text{에 } 13 \text{ 곱하기}$$

$$\text{단위 수준}[19]$$

그리고 합은 아래에서 위로 다음과 같다.

$$19+260+720+43,200+288,000+2,880,000=3,212,199$$

이 체계는 산술을 쉽게 만든다. 두 수를 더하기 위해 숫자를 세로 열로 쓰고 그 각각의 행을 더한 다음, 그 결과 나오는 열을 더한다. 이때 우리의 현대 덧셈 체계처럼 받아올림을 쓴다. 예를 들어, 151에 55를 더하기 위해 마야인은 다음과 같이 쓸 것이다.

151　　55

그리고 각 행에 나오는 모양을 더해 다음을 얻는다.

206

앞의 그림 중 밑에 있는 막대기 네 개는 '받아올림해' 다음 단계의 점 하나
가 될 것이다.

$$=$$
$$\dot{-}$$
$$206$$

206은 쉽게 쓸 수 있지만 20처럼 작은 수는 문제가 있다. 마야인은 아무
것도 없는 두 번째 단위 수준에 그냥 점 하나를 넣을 수는 없었다. 따라서 현
명한 그들은 비어 있는 단위를 나타낼 기호, 즉 ☉처럼 보이는 일종의 0을
고안했다. 그러면 20은 ☉라고 쓸 수 있었다.

실크로드와
로열로드를 따라

손자孫子가 말하길 (수학의 기능은) (자연의) 다양한 질서가 모이고 흩어짐
을 살피며 두 태극(즉 음과 양)의 오르내림을 조사하는 것이다.

–《구장산술九章算術》[1]

사람과 말의 잦은 발걸음과 지형적 특성이 중국에서 인도로, 인도에서 페르
시아로 이어지는 동서양 연결로를 만들어 냈다. 길을 안내하는 사람은 없었
다. 실크로드는 특정한 길 하나가 아니라 유라시아를 가로지르는 일련의 육
로와 바닷길로, 광활하게 펼쳐진 영역을 7000킬로미터 넘게 지나면서 주로
인도 상인·중개인·탐험가 들이 여행한 길을 연결했다. 기원전 2세기쯤 만들
어진 이 길이 페르시아의 자그로스 산맥에 있는 로열로드까지 연결되었다.
이곳의 우체국은 이어달리기 방식으로 편지를 배달했고, 사람들은 지중해
까지 여행하기 위해 생생한 말을 찾을 수 있었다. 비단·대마·향수·향신료·보
석·유리·약재 들은 서쪽으로, 금·은·양탄자·포도주 들은 동쪽으로 운송되었

다. 주요 무역로가 다 그렇듯이 실크로드와 로열로드는 사소하거나 심각한 질병을 일으키는 세균이 이동하는 길이었을 뿐만 아니라, 문화와 종교와 철학이 소통되는 길이었다.

철학·과학·수학의 가르침과 지식도 여러 나라에 걸쳐 있는 이 길을 통해 전해졌고, 상업적 교류는 대부분 물물교환이었다. 공정한 물물교환을 위해서는 가치를 대략적으로라도 추정할 수 있어야 했고, 비단의 폭이나 금의 무게나 동전의 가치 같은 측정 단위와 무게의 변환을 이해해야 했다. 페르시아와 중국의 중개상들과 물물교환을 한 인도인은 상업에 관한 수학을 이해해야 했으며 동서양의 숫자로 된 가격표 간의 변환을 통해 수치 정보를 이해하고 전달할 수 있어야 했다.

중국 수학의 역사에서는 정말 많은 것들이 여러 세기를 거치며 사라지거나 파괴되었다. 대개 독재적인 황제의 명령으로 책이 불살라졌기 때문이다. 따라서 서양에서는 수학의 기원에 관한 한 서양이 우월하다고 믿는 경향이 있다. 기록으로 남아 있는 가장 오래된 중국 수학은 글로 표현된 최초의 숫자를 포함하는데, 상나라(기원전 1600~1046년)까지 거슬러 올라간다. 1899년, 고고학자들은 중국 남중부 샤오툰에 있는 상나라의 수도 유적에서 갑골 수천 개를 발굴했다. 이곳에서는 지금까지 새로운 유물이 수만 개 발굴되어 연구되고 있다. 이 유물에서는 전투에서 잡히거나 사살된 적군의 수, 사냥한 동물의 수, 제물로 바쳐진 동물의 수, 여러 공적의 기록을 숫자로 나타낸 기호들이 발견되었다.[2]

한나라(기원전 206년~서기 9년)가 시작될 때까지 중국 숫자는 오늘날 쓰이는 중국 숫자와 아주 비슷해 보이는 10진법으로 확립되었다.

1	2	3	4	5	6	7	8	9	10
一	二	三	四	五	六	七	八	九	十

10^2	10^3	10^4
百	千	萬

그림 3–1 중국 숫자

예를 들어, 2만 6999는 이렇게 쓴다.

二 萬 六 千 九 百 九 十 九

이 방법의 영리함은 정말 찬미받아 마땅하다. 이것을 왼쪽부터 읽으면 이만육천구백구십구다. 어느 모로 보나 10진법이고, 자리지킴이로서 0은 필요 없다. 2만9를 쓴다면 이렇게 간단하다.

二 萬 九

정말 중국인을 존경해야 한다. 10이나 100, 1000의 자릿수가 없을 때는 그냥 그것들을 포함하지 않으면 된다. 0이 전혀 필요 없다! 과연 누가, 상업을 위한 숫자 체계뿐만 아니라 토지측량술과 천문학까지 포함하는 탁월하고 간단한 생각을 했을까? 안타깝게도 전쟁으로 책과 기록 들이 불타고 파괴되었기 때문에 가장 중요한 창조의 공헌자에 대해서는 거의 알려지지 않았다.

이 독창적인 수 체계로 중국인은 큰 수에 '이름을 붙이는' 방식을 얻었지만, 실질적인 계산에는 또 다른 방식이 필요했다. 그리고 중국인은 놀라운 방식을 또 찾아냈다. 바로 산가지다. 기원전 중국인은 동물 뼈나 대나무로 만든 산가지로 10진법 자릿수 체계에서 1부터 9까지 수를 나타냈다(그림 3-2).[3] 이것은 막대기의 수직·수평 배열로, 우리가 쓰는 10진법과 아주 닮은 체계였다. 자리지킴이 기호가 아직 없다는 것만 달랐다.

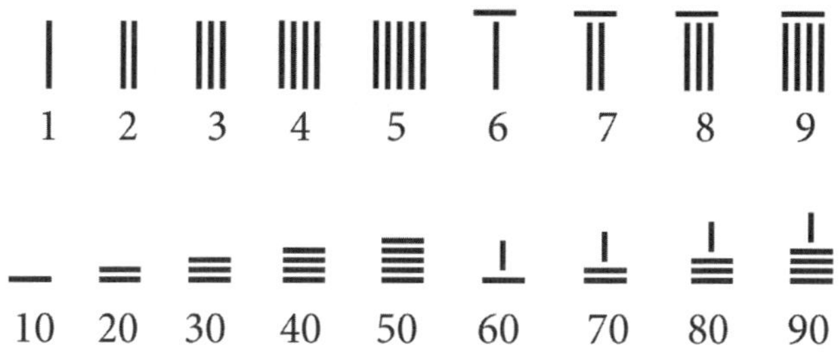

그림 3-2 중국의 산가지

수에 이름을 붙이고 손가락으로 수를 세는 것은 작은 양을 나타내는 데 좋을 수 있다. 하지만 덧셈, 곱셈, 나눗셈은 쓰기, 지우기, 다시 쓰기 같은 이동과 제거가 필요하다. 기원전 1세기에는 값싼 종이가 없었기 때문에 계산 과정에서 쉽게 움직이고 없앨 수 있는 산가지가 아주 효과적이었다. 힌두-아라비아 체계와 마찬가지로 중국의 글로 쓴 숫자와 산가지 숫자는 위치와 관련되어 있으며 이용하기가 쉬웠다. 단순히 수를 나타내는 데서 그치지 않고 계산과 수학적 개념을 이해하기 쉽게 만든 것이다.

한나라 때의 필사본 《구장산술》[4]은 산가지의 사용법에 관한 지식을 당연한 것으로 여겼다. 《구장산술》은 전통적 방식으로 연결된 대나무 조각에 246개의 문제를 모아 적은 방대한 책이다.[5] 역사가들은 《구장산술》이 그 전에 존재했다고 알려진 모든 수학을 혼신을 다해 모아 놓은 가장 오래된 중국 교과서라고 믿는다. 중국판 유클리드의 《원론》인 셈인데, 피타고라스 정리에 대해 (유클리드식 공리적 논리의 의미에서 증명은 아니지만) 진지하고 설득력 있는 주장으로 끝난다. 중국 수학의 방식은 예시와 비유를 통한 설득과 유클리드의 증명 못지않게 유효한 증명(또는 적어도 설득)에 기초한 것이었다.

기원전 1세기의 책들이 거의 다 그렇듯이 원본의 완벽한 사본은 현존하지 않는다. 아마도 원본은 기원전 213년, 새로운 것을 만들기 위해 오래된 것을 없앤다는 미명하에 진나라 시황제始皇帝의 명령으로 불타 사라졌을 것이다. 불안감을 느끼는 독재자답게 시황제가 자신의 통치를 과거 다른 황제들의 치세와 비교할 수 있는 증거라면 남기지 않고 없애 버리려고 했을 가능성이 더 크지만 말이다. 하지만 다행스럽게도 1세기에 장창張蒼과 경수창耿壽昌이 수집한 결과에 유휘劉徽가 주석을 단 기록이 남았다. 유휘는 263년에 《구장산술》에 주석과 설명을 보태면서[6] 서문에 이렇게 썼다.

나는 아이였을 때 《구장산술》을 읽었고, 더 크고 나서 그것을 자세하게 공부했다. (나는) 수학의 근본을 압축적으로 보여 주는 음과 양의 쌍대적 성질들 (즉 긍정적 측면과 부정적 측면) 사이의 분열을 관찰했다.[7]

《순간적인 발자국Fleeting Footsteps》이라는 책에서 중국 수학에 관한 권위자들은 힌두-아라비아 수 체계가 중국 산가지에서 나왔을지도 모른다는 가설이 터무니없지 않다고 말한다.[8]

산가지를 평평한 셈판에 놓인 이쑤시개라고 생각해 보라. 중국 초기의 수학 저술들은 중국 산술에 대한 새로운 정보를 준다. 특히 4세기 또는 5세기 초반의 《손자산경孫子算經》은 수직·수평 방향 산가지로 숫자를 나타낸다.[9] 빨간 산가지와 검은 산가지가 각각 양의 계수와 음의 계수에 쓰였는데, 그것을 셈판에 놓거나 없애면서 사칙연산을 수행했다.[10]

이는 자릿수 체계로, 2만 6999라면 다음과 같이 쓰였을 것이다.

이 방법은 힌두-아라비아 10진법 체계와 놀라울 만큼 유사하다. 문제는 260만 999 같은 수를 나타내려고 할 때 생긴다. 여전히 0인 자리를 나타낼 기호가 없다. 원래 힌두-아라비아 10진법 체계에 0을 위한 기호는 없지만 빈 곳을 뜻하는 단어(인도어로 수냐sunya, 이슬람어로 시프르sifr)가 있었다. 빈 곳을 뜻하는 단어인 '공空'이 있는 중국의 산가지 체계도 빈칸을 자리지킴으로 이용했다.[11] 바빌로니아 체계에서처럼 빈칸이 인정되었다. 하지만 손으로 쓸 때는 공간을 비우기가 종종 애매모호하다. 그림 3-3의 중국 산가지 수는 260만 999일까, 26만 999일까?

이에 대해서도 중국인은 창의적이었다. 만의 자리에 있는 6과 백의 자리에 있는 9 사이에 빈칸(일종의 0)이 있다. 하지만 그 수가 260만 999가 아니라 26만 999를 나타낸다는 것을 확실히 하기 위해 막대기들이 자리마다 방향을 바꾸며 나온다. 6과 9를 나타내는 막대기가 같은 방향인 것은 6과 9 사이에 0이 있다는 뜻이다. 2만 6000을 쓰는 데 문제가 조금 있지만, 간단한 해결책은 ∥丄一干이라고 쓰는 것이다. 이것이 2만 6000으로 번역된다.

바빌로니아 체계가 어떻게 빈칸 하나를 0을 나타내는 자리지킴으로 썼으며 0 두 개를 위해 빈칸 두 개를 썼는지 기억하는가? 중국 체계는 영리하게 방향을 바꿔서 그런 필요를 비켜 간다. 따라서 0 두 개가 6과 9 사이에 있다면, 산가지의 방향이 그것을 암시한다.

얼마나 영리한가! 음과 양이라는 개념. 이 효과적이고 간단한 방법은 0

하나와 두 개를 구별할 때도 잘 작동한다. 그림 3-3의 수는 26만 999고, 260만 999는 다음과 같이 표현될 것이다.

이 기호는 6과 9 사이에 빈칸이 두 개 있는 것처럼 보이게 한다. 따라서 이 것은 260만 999일 것이다. 하지만 확실히 하기 위해 산가지들의 엇갈린 방향을 보라.

6과 9 사이에 빈칸이 하나라면 2와 6의 방향은 그림 3-3과 같다. 이 체계는 2만 6990과 2699를 구별하는 데 도움이 된다.

2만 6990은 이렇게 표현된다.

2699는 이렇게 표현된다.

중요한 수학책으로 《산수서算數書》도 있다. 이 책은 고고학자들이 1983년에 발굴한, 기원전 1세기 이래 봉해져 있던 중국 중부의 고대 무덤에서 발견되었다.[12] 발굴 당시 200개 정도 되는 대나무 조각이 있었는데, 이것들을 연결하니 《산수서》가 되었다. 이 책에는 영리한 산가지 체계뿐만 아니라 그보다 뛰어난 것이 있었다. 바로 산술을 위한 행렬 체계다.[13] 그림 3-4는 6538

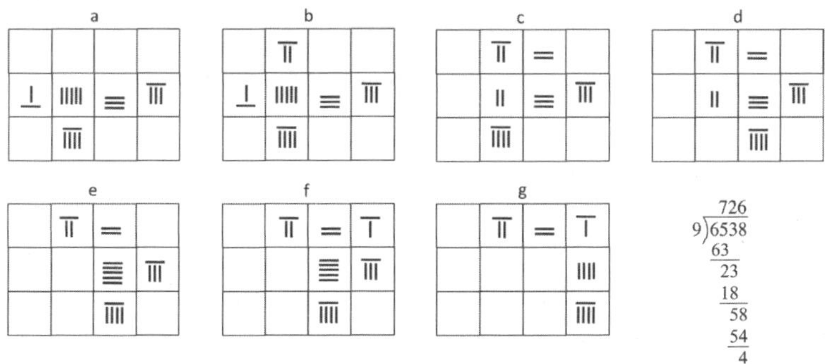

그림 3-4 6538을 9로 나누기

을 9로 나누는 법을 보여 준다.

사각형 a에서, 마치 우리가 긴 나눗셈에서 맨 윗줄을 비우듯 첫 행이 빈 채로 시작한다. 두 번째 행은 6538을 나타낸다. 세 번째 행에 있는 9는 5 아래, 즉 백의 자리에 놓인다. 사각형 b에서 7은 65를 9로 나눈 몫이다. 그리고 사각형 c에서 6과 5는 없어지고 백의 자리 열에 나머지 2가 놓인다. 힌두-아라비아숫자를 사용하는 긴 나눗셈처럼 과정이 계속 이어진다.

이 산가지 체계에서 기본 연산은 힌두-아라비아 수 체계의 연산과 동일하다. 상인, 과학자, 여행가 들은 중국에서 기원전 4세기부터 주판이 산가지 체계를 대체한 16세기 무렵까지 산가지를 이용했다. 산가지가 들어 있는 주머니가 7세기에는 군인들에게 일반적으로 지급되었다.[14] 《손자산경》은 산가지로 어떻게 곱셈과 나눗셈을 하고 제곱근과 세제곱근을 구해 내는지에 대해 구체적으로 자세하게 설명한다.[15] 《손자산경》에 나온 곱셈과 나눗셈 방법은 알콰리즈미가 힌두-아라비아숫자로 계산한 방법과 같다. 두 체계에서 계산에 대한 설명이 거의 같기 때문에 어떤 전문가들은 힌두-아라비아 체계가 중국에서 인도로 전파되었을 수도 있다고 믿었다. 《순간적인 발자국》의 저자들은 이렇게 말한다. "그것은 힌두-아라비아숫자 체계와 개념적으로 동일하다고 알려진 유일한 숫자 체계다."[16]

대부분의 고대 문화권에서 처음 세 가지 숫자를 나타내는 기호는 수평선이나 수직선으로 손가락이나 막대기를 표현하는 데서 진화된 것 같다. 4를 나타내는 기호에 이르면 일반적으로 수직선이나 수평선은 사라지고 네 개인 것 같은 선의 배열이 보인다. 어떤 문화권에서는 평행선 표시에서 다른 형태로 가는 전환이 6부터 시작된다. 중국 체계는 논리적인 손가락셈이나 막대기 셈의 발전을 볼 수 있는 가장 오래된 체계로 꼽힌다.[17] 6을 위한 기호가 수직 막대기 여섯 개여선 안 된다. 왜냐하면 세어 보지 않고는 수직 막대기 다섯 개와 여섯 개를 구별하기가 어렵기 때문이다. 숫자 체계를 만드는 핵심적 이유는 세어 볼 필요가 없다는 점이다. 이것은 네 개의 수직선과 그것을 가로지르는 다섯 번째 수평선으로 5를 표시하는 요즘의 총계 기록 방법과 아주 닮았다.

아이들은 색이 무엇을 뜻하는지 이해하기 한참 전부터 무지개 색을 배운다. 숫자나 수에 대한 개념도 마찬가지다. 한 번도 못 본 수 체계를 발명하라는 요구를 받는다면, 우리 모두 그리스나 히브리의 수 체계를 떠올릴지 모른다. 그것이 발명하기는 (거의 자연스러울 만큼) 간단하지만, 초기 데스크톱 컴퓨터처럼 쓰기에 불편하다.

진법을 이용해 수를 쓸 생각을 해내기 한참 전에 누군가 표시를 이용해 수를 기록했고, 종종 다섯 개씩 함께 묶어서 나타냈다. 묶음의 수가 아주 크지 않다면, 수는 개별적인 기호를 가질 필요가 없었다. '묶음의 수'를 표시하는 단어나 기호가 없을 때 '아주 크지 않다'는 무엇을 의미할 수 있을까? 이런 체계는 열 개나 스무 개를 표시하는 데는 괜찮을 것이다. 개별적인 수의 이름이나 그림이 없는 체계는 큰 수를 기록하는 데 실패하고 만다.

최근에 내가 손녀 둘이 나누는 이야기를 들었다. 다섯 살인 레나가 열 살인 사촌 소피에게 "왜 오른손에 손가락이 다섯 개 있는지 알아?" 하고 물었다. 그러자 소피가 최고라고 할 만한 기막힌 대답을 했다. "그래야 우리가 제대로 셀 수 있으니까." 아이들 말고 누가 이렇게 앞뒤가 바뀐 멋진 대답을 할 수 있겠는가?

플라톤Platon의 짧은 대화 중 한 편에서 어떤 아테네 사람이 지혜롭게 세는 것을 배우는 방법에 대해 묻는다.

우리는 어떻게 세는 것을 배웠는가? 당신에게 묻노니, 어떻게 우리가 하나와 둘이라는 개념을 갖게 되었는가? 우주의 구조가 우리에게 이런 개념에 대한 이해력을 타고나게 했는가? 세상에는 자신의 타고난 능력을 하늘의 아버지로부터 세는 방법을 배우는 능력으로 확장하지 못하는 생명체들이 많다. 그러나 신은 애초에 우리가 본 것을 이해하는 능력을 갖도록 우리를 창조했고, 우리에게 여전히 보여 주는 광경을 보여 주었다.[18]

순수수학은 '수'의 의미에 의존한다. 우리가 수와 처음 마주칠 때부터 올바르게 이해한다는 것이 기이하지 않은가? 또한 수가 무엇인지를 알기도 전에 그걸 사용하는 데 익숙해진다는 것이 정말 놀랍지 않은가?

그 아테네인은 이렇게 주장했다.

만약 수가 없었다면 인류가 결코 현명해질 수 없었다는 것을 쉽게 알 수 있다. 어떤 생명체가 이성적인 깨달음 없이 존재한다면 그 생명체의 영혼은 완전한 미덕을 절대로 얻을 수 없을 것이기 때문이다. 2와 3 그리고 홀수와 짝수를 인식할 수 있지만 수에 전혀 익숙하지 않은 생명체라면, 느낌과 기억만 있는 사물에 대해 미덕과 용기와 냉철함이 남아 있어도 이성적인 설명을 전혀 할 수 없기 때문이다.[19]

우리는 수가 무엇을 뜻하는지 정의할 수 있다. 그러나 우리가 수를 어떻게 정의하건 간에 그 의미는 우리가 의도적으로 확립한 원칙과 모순을 일으키지 않는 정상적인 세상과 통해야 한다. 즉 내 손녀의 말과 일치하고 언젠가 러셀Bertrand Russell이 참이어야 한다고 말한 것, 바로 '우리가 손가락 열 개와 눈 두 개와 코 하나를 갖고 싶어 한다'는 것이다.

Enlightening Symbols **04**

인도인의 선물

브라흐미 숫자 중 작은 수 몇몇은 그 생김새가 오늘날 우리의 작은 수와 비슷하다. 하지만 개념적으로 아주 다르다. 브라흐미 체계는 자릿수 체계가 아니라 알파벳에 기초한 숫자 체계에 가깝고, 비교적 작은 수를 나타내는 데도 길게 이어진 줄(끈)이 필요했다.

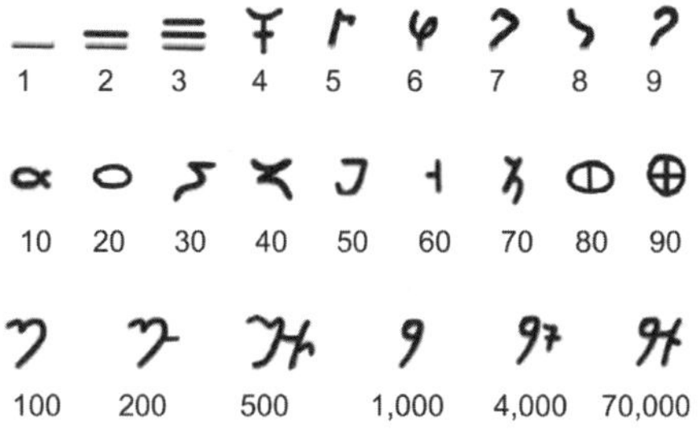

그림 4-1 브라흐미 숫자

한때 4 다음 수들의 모양이 기원전 3세기 브라흐미 알파벳 숫자의 첫 번째 글자 또는 음절의 형태에서 왔는지에 대한 추측이 있었다. 어쩌면 자취를 찾을 수 없는 오래된 숫자에서 왔을지도 모른다.[1] 더 잘 들어맞는 기원은 산스크리트 문자 데바나가리로, 원래 펀자브 지방의 음성언어였는데 나중에 '베다'(지식)로 갈라져 나갔다. 이는 일반적으로 수트라라는 운문의 형태나 짧은 문장인데, 종교적인 노래와 기도를 적기 위한 수단이었다. 이 베다 문헌에서 숫자가 꼭 필요했는데, 보통 아흔아홉 도시를 파괴하거나 말 6만 필을 사라지게 한 인도 신들의 성취를 언급했다. 어떤 베다 문헌은 1조처럼 큰 수를 설명했다.[2] 나중에 베다 문헌은 하루 중 제물 바칠 시간을 설명하는 정교한 천문학을 포함하는 신성한 지식으로 여겨졌다. 베다 문헌 중에는 큰 수를 나타내기 위해 10의 거듭제곱을 이용한 것도 있다.

불행하게도, 가혹한 아열대 기후 때문에 기원전 1세기 전 인도 수학의 유산은 대개 흔적을 찾을 수 없다. 고고학적 단서가 거의 남아 있지 않아서, 인도숫자의 기원은 거의 예외적으로 돌에 새겨진 형태로 살아남은 적은 양의 기록에 의존할 따름이다. 그래서 우리의 수가 어떻게 진화되었는지에 관한 이야기는 매우 불확실하다. 그러나 돌(비석)에 새겨진 글 중 일부는 10진법 자릿수를 사용했고, 이는 고대 인도인이 일종의 자릿수 체계에 익숙했다는 증거를 어느 정도 제공한다.

산스크리트 숫자를 조사해 보면 우리의 수가 어떻게 진화되었는지 조금은 알 수 있을지도 모른다. 이 숫자 단어의 어떤 조합은 우리가 현재 쓰는 글자 형태의 초기 역사를 보여 줄 수도 있다(그림 4-2).

산스크리트 숫자들은 0을 수로 다루는 체계뿐만 아니라 자릿값 체계에 대해 완벽한 그림을 제공한다. 자릿값 체계에서 숫자는 상대적인 위치에 따라

힌두-아라비아숫자	1	2	3	4	5	6	7	8	9	0
산스크리트어	예카	드바우	트라	카드바라	판차	사트	삽타	아슈타	나바	수냐
산스크리트 숫자	१	२	३	४	५	६	७	८	९	०

그림 4-2 힌두-아라비아숫자 대 산스크리트 숫자

값이 다르다. 오늘날 전 세계의 과학계는 힌두-아라비아 수 체계를 채택했다. 그러나 서아시아나 동아시아 지역에서 쓰는 숫자에는 크고 작은 변형이 있다. 동아라비아나 인도 글자체가 현재 파키스탄과 이란에서 쓰인다. 일본에서는 힌두-아라비아숫자와 한자를 함께 쓰는데 아라비아숫자는 가로쓰기에, 한자는 세로쓰기에 쓴다. 그리고 한자의 숫자들과 별개로 '갖은자'라는 특별한 글자가 있는데, 이는 법률적·재정적 문서에서 누군가 글자에 획을 더해 이二를 삼三으로 바꾸는 것 같은 일을 막기 위해 쓴다.

그림 4-3은 브라흐미 문자에서 출발한 우리의 힌두-아라비아 문자가 어떻게 형성되었는지를 부분적으로 보여 준다.

역사적으로 잘 정의되고 계속 이어져 내려오는 것들은 매우 드물다. 숫자가 만들어진 역사는 그림 4-3이 보여 주는 것보다 훨씬 더 복잡하다. 미스터리는, 초기 글씨체에서부터 현대의 글씨체까지 분명하게 확립되고 매끈하게 정의된 계통이 없다는 것이다. 필기 도중 저지른 실수와 필기도구 때문에 원래 모양과 조금도 닮지 않은 숫자 모양이 만들어진 게 틀림없다.

확실한 증거는 없지만 손가락셈이 숫자의 모양과 진화의 원인이 되었다고 추측한다. 아브라함 시대에 우르에서 생선 한 마리를 사러 시장에 간다고 상상해 보라. 한 마리는 손가락 하나를 신호로 들어 올릴 테고, 두 마리라면 손가락 두 개를 들어 올릴 것이다. 손가락이 가리키는 방향은 수직이나 수평

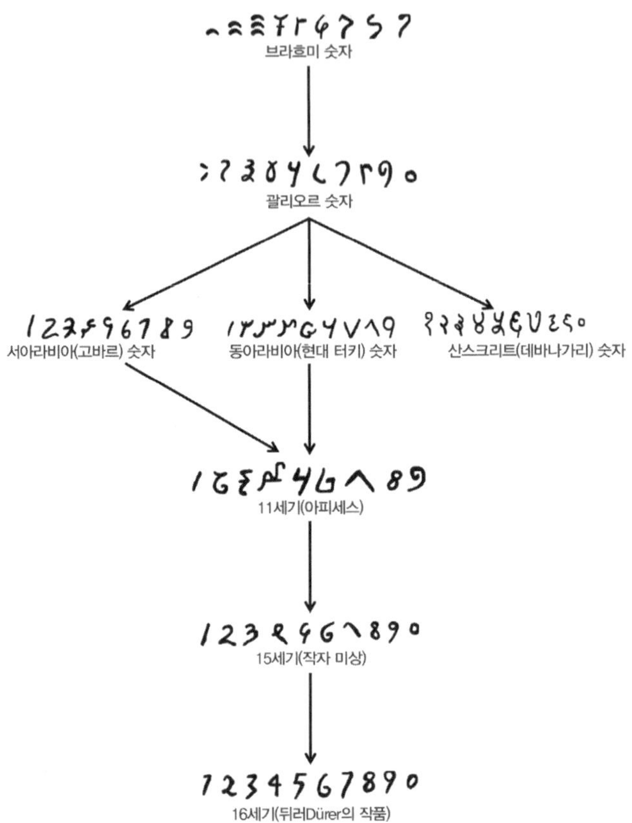

그림 4-3 현대 숫자의 계보

Karl Menninger, *Number Words and Number Symbols: A Cultural History of Numbers*, trans. Paul Broneer(Cambridge, MA: MIT Press, 1969), 418의 그림을 다시 그렸다.

일 수 있다. 따라서 '2'를 나타내는 기호는 수직 또는 수평 방향 손가락 두 개로 표기되었을 수 있다. 이것이 수평선 두 개로 재빨리 그려졌을 텐데, 시간이 흐르면서 점점 더 빨리 나타내다 보니 모양이 변했을 것이다.

우리는 브라흐미 체계의 진짜 기원을 모를 뿐만 아니라 역사적 기록에서 무시된 수많은 중간 경로도 모른다. 기원전 3세기의 브라흐미 체계는 브라흐미 알파벳이나 다른 알파벳에서 왔을까? 옛 이집트 숫자나 초기 인더스 문화나 더 고대의 숫자에서 왔을까? 괄리오르 숫자, 자릿값 체계는 수학사가 램Lay Young Lam이 주장한 것처럼 중국에서 왔을까?[3] 그녀는 1세기에 중국인이 아홉 가지 기호 및 0에 대한 개념과 더불어 10진법 자릿수 체계를 가지고 있었다고 말한다.

조지프G. G. Joseph는 자신의 책《공작의 볏The Crest of the Peacock》에서 바빌로니아인의 영리한 60진법 자릿수 체계 이외에 우리의 현대적인 자릿값 체계는 인도 것뿐이라고 말한다.[4] 그러나 캐플런Robert Kaplan은《존재하는 무의 세계The Nothing That Is: A Natural History of Zero》에서 우리의 수 체계가 그리스에서 유래한 인도의 수 체계라고 말한다. 분명하게 기록된 증거가 없다면 역사의 빈칸을 채울 방법이 없다. 우리가 확실히 아는 사실은, 언제 어디에서 어찌어찌하여 자릿값이라는 영리한 생각이 인도인으로부터 아랍인에게 그리고 유럽인에 전해졌다는 것이다.

프랑스 수학자 라플라스Pierre Simon Laplace는 이렇게 주장했다.

모든 수를 열 가지 기호로 표현하는 창의적인 방법을 우리에게 준 것은 바로 인도다. 각 기호는 절대적인 값뿐만 아니라 자릿값도 받는다. 이 심오하고도 중요한 생각은 현재 우리에게 아주 단순하게 보여서, 우리가 그 진정한 훌륭함을 무시한다. 그러나 그것이 모든 계산을 아주 단순하고 쉽게 만들어 주면서 우리의 산술을 유용한 발명의 가장 높은 자리에 올려놓았다. 우리가 고대로부터 가장 위대한 사람으로 꼽는 아르키메데스와 아폴로니오스Apollonios 같은 천재도 생각해 내지 못했다는 사실을 기억한다면, 이 업적이 얼마나 위대한지를 확실

히 느낄 수 있을 것이다.[5]

동아라비아숫자는 이집트 동쪽의 아랍 국가들이 여전히 쓰고 있는데, 거기서 이 수들은 인도숫자로 알려져 있다. 모로코에서는 서아라비아(고바르)숫자를 쓰고 이를 아라비아 수라고 부른다.[6] 직접적인 증거는 없지만, 고바르 숫자와 비슷한 아피세스는 인도에서 유래한 것 같다. 고바르 숫자는 인도숫자로 알려졌지만 아피세스에 대해서는 항상 논쟁이 있었다. 20세기 초반 독일 수학사가 칸토어Moritz Cantor는 보에티우스Anicius Manlius Severinus Boethius가 고바르 숫자에 기초해 아피세스를 만들었고, 그에 앞서 4세기 말이 되기 전에 인도숫자가 알렉산드리아로 건너갔다고 주장했다.[7] 칸토어는 인도숫자가 (0 없이) 알콰리즈미의《대수》가 라틴어로 번역된 때보다 100년도 더 전에 기독교 유럽에 도착했다고 주장했다. 그렇다면 11세기에 전해진 셈이다.[8]

동양에서 서양에 이르기까지 변형이 있었지만 인도에서 전 세계로, 이 문화에서 저 문화로, 이 나라에서 저 나라로 옮겨 가는 1500년이라는 긴 시간 동안 기본 글자체가 거의 변하지 않고 남아 있는 이유가 궁금할 것이다. 기호 자체는 다르게 보일지 몰라도, 브라흐미 체계 이후 각 체계가 10의 거듭제곱을 위한 자릿값과 0을 사용한다는 점이 중요하다. 브라흐미 체계는 발전된 자릿값 체계가 아니었으며 10, 20, 30, 40, ……, 90 그리고 100, 200, 300, 400, ……, 1000을 위해 각각 다른 기호가 있었다. 222를 자리지킴이 체계에서라면 ၃၃၃로 썼을 텐데, 브라흐미인은 Ƴ⊙၃로 썼다. Ƴ이 200을 위한 기호고, ⊙이 20을 위한 기호이기 때문이다.[9]

그럼 어떻게 0이 있는 서양 숫자 체계가 생겼는가라는 질문이 남는다. 이 질문에 답하려면 우리가 우선 손가락셈, 점토판과 주판으로 돌아가야 한다.

2세기 전반기쯤 상인들은 손가락을 접으면서 수를 세고 간단한 계산을 했다. 상인들은 손바닥이 바깥을 향하도록 두 손을 들고 다음과 같이 수를 나타냈다(그림 4-4).

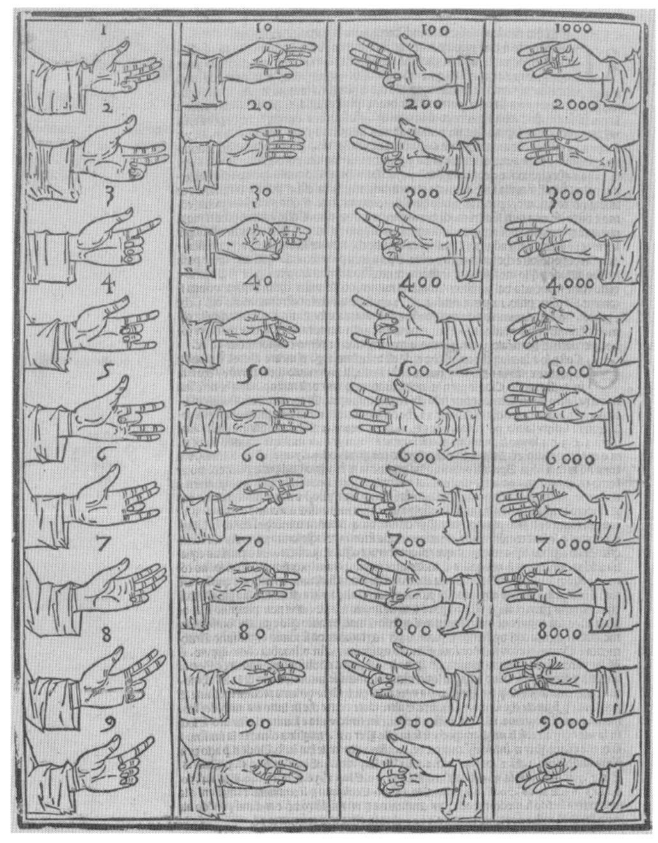

그림 4-4 파치올리Luca Pacioli의 《산술집성Summa de Arithmetica》(1494)에 나온 손가락셈

1. 왼손으로 1을 나타내기 위해, 다섯 번째 손가락만 반으로 접는다.

2는 네 번째와 다섯 번째 손가락을 반으로 접는다.

3은 세 번째, 네 번째, 다섯 번째 손가락을 반으로 접는다.

4는 세 번째, 네 번째 손가락을 반으로 접는다.

5는 세 번째 손가락만 반으로 접는다.

6은 네 번째 손가락만 반으로 접는다.

7은 다섯 번째 손가락만 접는다.

8은 네 번째와 다섯 번째 손가락을 접는다.

9는 세 번째, 네 번째, 다섯 번째 손가락을 접는다.

2. 왼손으로 서로 다른 기호들을 표현하면서 10부터 90에 이르는 수를 나타냈다. 두 번째 손가락 끝을 엄지손가락 밑에 놓으면 손가락 모양이 그리스 문자 δ와 비슷해지며 10을 나타낸다.[10]

손 기호는 서로 다른 언어를 쓰는 상인들을 위해 그저 숫자를 나타내는 몸짓 언어를 제공했을 뿐이다. 왜냐하면 그 결과로 나오는 산술 계산이 없었기 때문이다. 수신호는 지금도 뉴욕의 상품거래소, 미국과 여러 나라의 증권거래소에서 쓰이고, '공개호가' 수신호는 매매 주문을 나타낸다. 이것은 폭넓은 거래 가능성을 나타낼 수 있는 복잡한 몸짓으로, 거래자가 판매자를 등지고 구매자 쪽으로 손바닥을 향하게 한 뒤 손가락을 든다.

거의 50년 전에 내가 베네수엘라 오리노코 강가의 카브루타를 여행하다 겪은 일이 생각난다. 어느 날 아침에 일찍 일어났다. 그날이 장날이라서 모든 사람이 마을 광장에 커피를 마시러 나갔다. 그 지역 토착민이 앵무새·원숭이·새끼 오실롯·강돌고래를 팔았는데, 그들의 언어에서 신체 부위를 표현하는 단어가 수를 나타내는 데 쓰인다는 걸 알게 되었다. 손에 해당하는 단어는 5를 뜻했고, '다른 손'을 표현하는 단어는 6을 뜻했다. '양손'을 나타내는 단어는 10을 뜻했고, '발', '다른 발', '양발' 같이 신체 일부에 관한 표현은 더 큰 수를 뜻했다. 11, 16, 20이었던 것 같다.

더하고 곱하는 인류의 능력은 분명히 어떤 표시 체계와 함께 시작되었다. 손가락이나 돌멩이를 세는 것이나 가상의 어떤 것에서 시작되었어도 말이다. 초기의 셈은 분명히 구체적인 대상을 하나하나 가리키면서 했다. 남아 있는 아즈텍 언어는 수를 돌 하나, 돌 둘, 돌 셋 하는 식으로 사용한다. 남태평양 언어들은 과일 하나, 과일 둘, 과일 셋 하는 식으로 센다. 그러나 시간이 지나면서 셈은 손가락, 돌, 과일, 낱알 같은 대상의 특성이 더는 중요하지 않은 추상적인 단계로 발전했다. 이것이 바로 수학이다. 추상적인 의미에서 수라는 아이디어는 반복되는 손가락셈의 결과로 또는 다른 표시 체계를 통해 형성되고 발전되었다.

모든 수 체계가 손가락, 발가락 등 신체 부위를 세는 데서 진화했음을 보여 주는 강력한 증거가 있다. 어린이들이 자연스럽게 손가락을 수의 이름과 일대일로 대응시킨다. 아마 이런 행동이 산술 발전에 꼭 필요했을 것이다.

뉴기니의 외딴 고산지대에 사는 오스트레일리아 원주민 부족 유프노는 일정한 순서대로 각 손가락을 센 다음 이쪽에서 저쪽으로 번갈아 가며 신체 부위를 세는 정교한 체계로 33까지 센다.[11] 이 셈법에는 분명한 장점이 있다. 미국 아이들은 손가락을 이용해 셀 때, 주먹을 쥐는 데서 시작해 각 손가락을 순서대로 펴다가 마지막 셈에서 멈춘다. 맨 끝에 펴진 상태로 있는 손가락의 수가 답이 된다. 여기에는 정해진 순서가 없다. 어떤 손가락에서 시작해도 되고, 아직 펴지 않은 손가락 중 아무거나 펼 수 있다. 물론 문화마다 어떤 규칙이 있긴 하다. 유프노 체계에서는 분명한 순서대로 세야 하기 때문에 답은 맨 마지막에 세는 신체 부위와 연관된다는 이점이 있다.

시장에서 기록하기가 불편하던 시기에는 손가락셈을 일상적으로 했다. 1920년대의 사료에 따르면 미국 수학자 스미스David Eugene Smith가 이렇게 적었다. "10진법 표기의 일반적 목표는 대규모 국제박람회에서 언어가 안 통하는 사람들과 흥정하는 데 도움이 되고, 수판으로 계산하는 수를 기억하며, 단순한 계산을 하는 것이다."[12] 고대 손가락셈에 대한 기록 중 현재 남아 있는 유일하고도 완전한 것은 비드 신부Venerable Bede가 쓴 고문서《손가락으로 계산하고 말하기에 대하여De computo vel loquela digitorum》다. 그는 일정치 않은 부활절 날짜를 계산한 것으로 특히 유명한 8세기의 베네딕트회 신부다. 그의 계산으로 부활절은 유대인의 유월절과 겹치는 일이 없게 되었다. 교회의 모든 명절이 부활절에 따라 결정되기 때문에 비드의 계산이 아주 중요하게 여겨졌다. 그는 1부터 100만에 이르는 수를 그저 손가락을 펴거나 구부려서 나타내는 방법을 분명하게 보여 준다.[13] 손가락 기호는 손가락셈으로 이어졌다. 실제로 우리는 두 수를 곱할 때 5×10 이후 곱셈표를 알 필요가 없다. 작은 수의 곱셈은 10을 곱하고 100을 더해 손가락셈으로 바꿀 수 있다. 예를 들면, 6 곱하기 8을 위해 두 수에서 5를 빼고 1과 3을 얻는다. 그리고 왼손에서 손가락 하나를 들고 오른손에서 손가락 세 개를 든다. 들어 올린 손가락들을 센(1+3=4) 다음 10을 곱하면 40이 나온다. 이제 각 손에서 구부린 손가락을 곱하고(4×2=8) 그 결과를 40에 더하면 48을 얻게 된다.[14] 11과 15를 곱하려면 먼저 각 수에서 10을 빼고, 그 두 수를 손가락을 들어 올려서 나타내자. 들어 올린 손가락의 수를 더하고 10을 곱한 뒤, 그 결과를 각 손에서 들어 올린 손가락 수의 곱에 더하고 나서 100을 더한다. 12와 14를 곱하려면 각각에서 10을 빼서 2와 4를 만들고, 왼손의 손가락 두 개와 오른손의 손가락 네 개를 들어 올린다. 들어 올린 손가락의 수를 세고(2+4=6) 10

을 곱하면 60이 나온다. 각 손에서 들어 올린 손가락의 수를 곱하면 8이 나오고(2×4=8) 여기에 100과 60을 차례로 더해 168을 얻는다.[15]

16세기 교과서들은 필기가 가능할 때 이 간단한 곱셈을 하는 방법을 보여 준다.[16] 심지어 곱셈 기호의 유래를 암시할지도 모른다. 6과 8을 곱하고 싶다면 각 수를 10에서 빼서 보수인 4와 2를 만들고, 네 수를 다음과 같이 사각형 안에 쓴다. 48이라는 답을 얻기 위해 6에서 2를 빼면 10의 열에서 4를 얻는다. 그다음 오른쪽 열에 있는 두 수를 곱해 8을 얻는다.

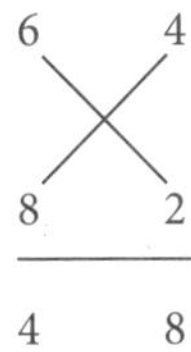

《무엇이 중요한가: 우리의 뇌는 어떻게 수학을 위해 고정되었나What Counts: How Every Brain Is Hardwired for Math》에서 버터워스Brain Butterworth는 이렇게 묻는다. (뇌에서 손가락의 활동이 집중된 부분인) 왼쪽 두정엽이 왜 계산을 담당할까?[17] 보기 위해 눈이 필요한 것처럼 수를 세기 위해 손가락을 움직여야 한다는 것일까? "계산 능력은 손가락셈에서 왔다고 할 수 있을까?"라는 버터워스의 질문에 대한 답이 있다. 그의 가정은 바로 그렇다는 것이다. 답에 가까이 가기 위해 우리는 여러 조각의 손가락 퍼즐을 맞춰야 한다. 운동 피질, 즉 뇌에서 신체의 운동 기능을 제어하는 부분에 관한 펜필드Wilder Penfield의 유명한 지도는 이웃한 신체 부위를 제어하는 세포들이 운동 피질에서도 이웃해 있음을 보여 주었다.[18]

그러나 그 이상이 있다. 더 복잡하게 움직이는 신체 부위는 더 큰 영역의 운동 피질을 차지한다. 손가락처럼 복잡하게 움직이는 작은 신체 부위는 팔처럼 덜 복잡한 운동을 하는 큰 신체 부위보다 더 큰 운동 피질과 연결된다. 중요하게 고려할 만한 또 다른 사항은 손가락으로 점자를 읽는 사람들에 관한 연구 결과다. 그 결과가 비상하고 놀랍다. 그들은 손가락에 해당하는 뇌의 영역에서 더 큰 운동 피질을 갖는다. 피아노를 치는 사람의 운동 피질에서도 같은 현상이 일어날까? 속기사는 어떨까? 결국 우리 손녀가 옳았을지도 모른다. 어쩌면 우리는 '제대로 세기 위해' 손마다 다섯 손가락씩 가지고 있는 것이다.

손가락셈의 원칙은 조약돌 표시로 이어졌고, 그 뒤 모래 계산과 주판이 나왔을지도 모른다. 최근의 몇몇 역사적 유산 말고는 믿을 만한 증거가 없기 때문에 그럴지도 모른다고 말했다. 그러나 한번 고려해 볼 만한 견해다. 여기저기 흩어져 있는 양 100마리보다는 조약돌 100개를 세는 편이 훨씬 더 쉽다. 또 조약돌 100개를 무작정 세는 것보다는 조약돌을 열 개씩 묶은 더미 열 개를 세는 편이 훨씬 더 쉽다. 이집트인, 그리스인, 중국인은 크기가 다른 조약돌을 세는 기술로 일상적인 계산을 했다. 어떤 크기의 조약돌 하나하나가 그것보다 작은 조약돌의 무더기를 나타냈다. 따라서 조약돌 열 개로 그것보다 작은 조약돌 100개를 나타낼 수 있다. 이런 체계는 크기를 구분할 필요가 없는 것으로 진화했다. 조약돌을 세는 사람이 낱개를 나타내는 조약돌과 열 개 묶음을 나타내는 조약돌을 따로 두면 된다는 걸 깨달았기 때문이다.

대단해 보이지 않을 수도 있을 이 진보가 바로 주판이라는 개념을 암시한다. 초기의 주판은 단순히 조약돌을 세는 방법이었으며 조약돌은 그 낱낱을 위한 선, 열 개짜리에 해당하는 선, 100개짜리의 선 등 선을 따라 놓였다. 조약돌 더미 423개를 센다면 현실적이지 않을 것이다. 하지만 큰 돌 하나하나가 100, 중간 크기 돌이 10, 작은 돌이 1을 나타낸다면 큰 돌 네 개, 중간 크기 돌 두 개, 작은 돌 세 개로 423을 나타낼 수 있다(그림 4-5).

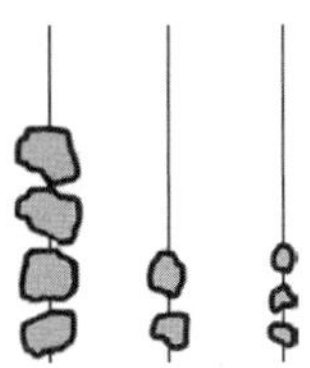

그림 4-5 조약돌을 세기 위해 모래에 표시된 선
Georges Ifrah, *The Universal History of Computing: From the Abacus to the Quantum Computer*(New York: John Wiley & Sons, 2001), 11.

계산할 때 수를 쉽게 쓰거나 옮기고 지우기 위해 얇은 모래상자 같은 흙판을 썼다. 그러면 마치 100년 전에 문법을 배운 학생의 칠판과 지우개나 오늘날의 화이트보드처럼 계산 과정에 수를 쓰거나 옮기고 지울 수 있었다. 셈판의 기원은 바빌로니아 시대까지 거슬러 올라간다. 하지만 실제로 남아 있는 것은 그리스에서 나온 것 몇 개뿐이다. 평행선이 새겨진 하얀 대리석 판이 1846년에 그리스의 살라미스 섬에서 발견되었는데, (현재 아테네의 국립박물관에 소장된) 이것이 조약돌을 쓴 셈판의 기원이 적어도 기원전 300년까지 올라간다는 직접적 증거다. 또 다리우스 화병은 셈판의 기원이 기원전 4세기까지도 거슬러 올라간다는 것을 간접적으로 보여 주는 증거다(그림 4-6).

바빌로니아, 그리스, 로마의 셈판에서 수의 표현은 자릿값 법칙을 따랐다. 0을 위한 상징이 없는데, 필요가 없었다. 왜냐하면 비어 있는 열이 그 자리에 어떤 수도 없다는 걸 나타냈기 때문이다. 이 법칙은 팽팽히 당긴 철사에 꿴 구슬, 즉 더 현대적인 주판으로 이어졌다.

로마 주판은 홈에서 미끄러지는 쇠구슬들로 되어 있었다.[19] 그림 4-7의 주

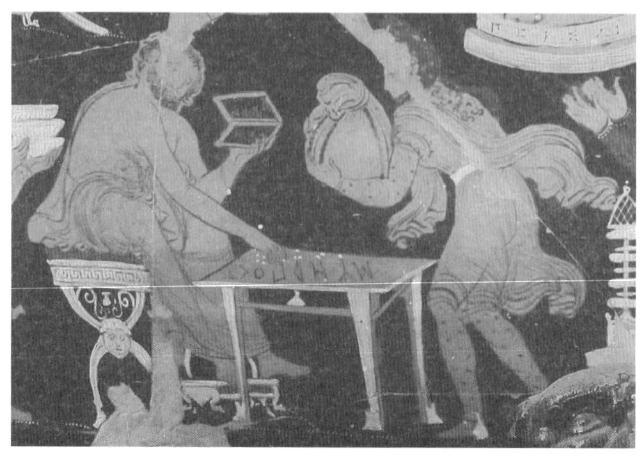

그림 4-6 기원전 4세기, 다리우스 궁정의 회계 담당자와 그의 셈판
서 있는 남자가 점령지에서 전리품을 가져오고 있다. 여기서 산가지들은 열에 놓이지 않고 숫자 등급을
나타내는 기호의 바로 밑에 놓여 있다. 남자의 왼손에 있는 아이패드처럼 생긴 것은 주판으로 찾은 수를
기록한 판이다. 나폴리 이탈리아국립박물관의 다리우스 화병 세부.

판은 (오른쪽에서 왼쪽으로) 일, 십, 백, 천, ……, 천만까지 대응되는 I, X, C, ∞ 등이 표시된 여덟 자리가 있다. 그림 4-7의 오른쪽에 있는 처음 두 홈은 잠깐 무시하자.[20] 각 표시 위의 홈에는 미끄러지며 움직이는 쇠구슬이나 산가지가 하나 있다. 5보다 작은 수를 나타내려면 구슬을 그 수만큼 문자 표시 쪽으로 움직이면 된다. 5부터 9까지는 그 자릿수에 해당하는 구슬을 위로 움직여서 5를 나타낸 뒤 그 선에 있는 다른 구슬들을 위로 움직이면 된다.

1000만 아래의 모든 수를 이런 식으로 나타낼 수 있다. 그림 4-8은 5372 의 배열 형태를 보여 준다.

주판에서 영감을 얻은 10세기 서양의 수는 순서에 따라 로마숫자로 쓰였다. 예를 들어, 5372는 그림 4-7에서 주판에 ∞·C·X·I로 표시된 네 자리의 구슬들을 본떠 V·III·VII·II라고 썼다.

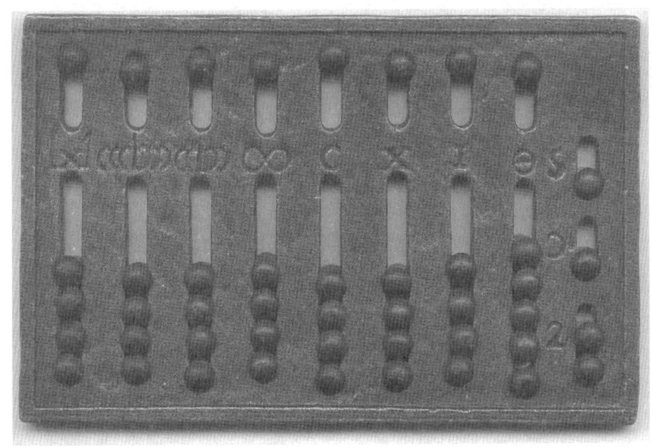

그림 4-7 로마 주판의 현대 복제품

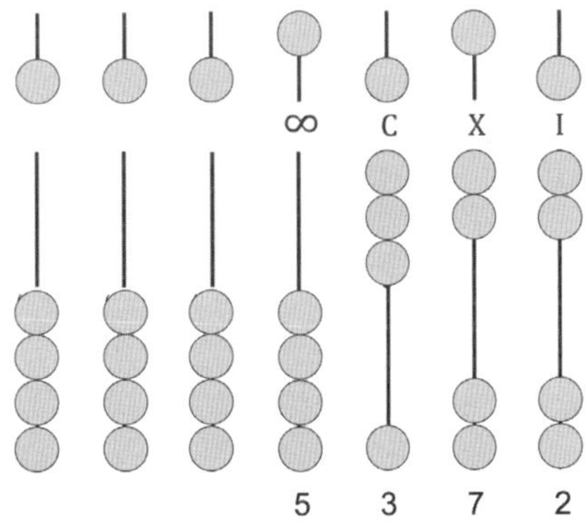

그림 4-8 5372의 배열 형태

그리고 시간이 흘러 제르베르의 셈판이 등장했다. 950년 무렵 프랑스 중
남부의 오베르뉴에서 태어난 그는 오리악의 수도원에서 교육받았다. 967년
에 수도원을 떠나 아랍인이 지배하는 스페인으로 여행을 떠났는데, 그곳에
서 3년간 수학과 아랍 학문을 공부하면서 인도숫자를 알게 되었다. 그리고

프랑스 랭스로 돌아가 대성당 학교에서 수학과 주판 계산을 가르치는 자리를 얻었다. 수도원장, 대주교, 황제 아들의 개인 교사 등 여러 직위를 거치면서 흥미로운 경력을 쌓고 교황의 고문으로 지내다 49세라는 비교적 젊은 나이에 교황이 되었다.

제르베르의 주판은 10세기 후반부터 12세기 중반까지 짧은 기간 동안 유명세를 누렸다. (현존하지 않아서) 그 원형에 대해 알려진 것은 거의 없지만 최근 발견된 고문서들이 제르베르 주판의 전형적인 예를 보여 준다고 여겨진다.[21] 그중 하나가 룩셈부르크 동부 에히터나흐의 베네딕트 수도원에서 최근에 발견된 1000년 무렵의 기록인 《에히터나흐 필사본Echternach manuscript》이고, 다른 하나는 잉글랜드 케임브리지셔의 소니수도원에서 1110년쯤 쓰인 《콤푸투스 필사본Computus manuscript》이다.

《콤푸투스 필사본》 중 한 쪽을 보면 셈판의 열이 10의 거듭제곱들로 정렬되어 있다. 그림 4-9를 보면 오른쪽에서 여섯 번째 열의 맨 위 $\overline{C}$(10만) 밑에 5라고 적힌 단독 '산가지'가 있다(이것은 실제 중세 셈판의 y와 아주 닮은 기호였을 것이다). 원래 제르베르 셈판의 산가지는 뿔의 끝을 깎아 만들어서 꼭짓점이 있는 원뿔 모양이었기 때문에 꼭짓점을 뜻하는 '아피세스'라고 불린 것 같다.[22] 그 아피세스들에는 인도숫자와 아주 비슷하게 생긴 이상한 기호가 찍혀 있었다(그림 4-3에 있는 힌두-아라비아숫자 변천 중 위에서 네 번째 줄을 참고하라). 깎아 놓은 뿔은 특별한 산술적 장점이 없는 심미적 디자인이었지만, 제르베르는 열심히 뿔을 다듬어 수백 조각을 만들었다. 그 뒤 다른 주판 장인들은 상아나 금속이나 유리 같은 재료로 로마 주판의 산가지를 만들었다.

특정 열의 조약돌 더미를 어떤 기호로 표시된 단일 개체로 대신한다는 생각은 새로웠다. 서구에서 이 생각은 제르베르의 아피세스에 처음으로 나타

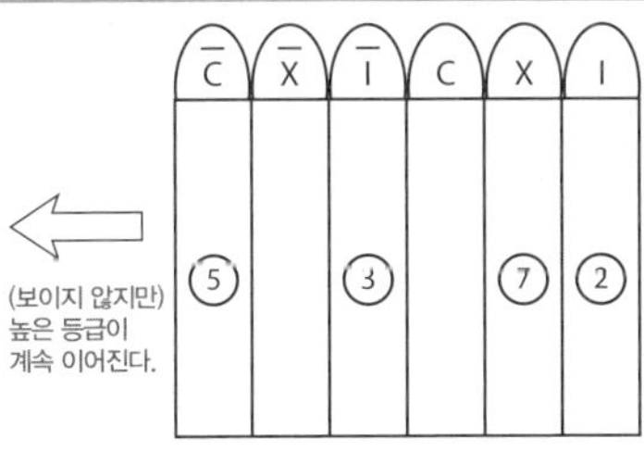

그림 4-9 아피세스 5, 3, 7, 2가 각각 $\overline{C}(=10^6)$, $\overline{I}(=10^4)$, $X(=10^2)$, $I(=10^1)$ 자리에 늘어선 것을 보여 주는 제르베르 셈판

콤푸투스 필사본. Oxford, St. John's College MS 17 Fols. 42r. http://digital.library.mcgill.ca/ms-17/folo.php?p=42r&showitem=42r_8Math_1cHinduNumerals#. 옥스퍼드 세인트존스칼리지의 학장과 회원들의 허가를 받아 복제했다.

났다.[23] 힌두-아라비아숫자로 생각하는 우리에게 제르베르의 셈판은 로마 셈판의 발견에 따른 자연스러운 결과처럼 보일지도 모른다. 하지만 당시에는 기호의 발달사에서 보기 드문 대단한 도약이었다. 제르베르는 아랍 숫자 체계의 훌륭한 가능성과 쓰면서 계산하는 장점을 틀림없이 알고 있었다. 그러나 그의 셈판은 쓰면서 계산할 필요가 없는 계산 도구로만 사용되었다. 서구 기독교 사회는 새로운 숫자의 진정한 의미를 잘 몰랐기 때문에, 제르베르의 제자들은 그 신비로운 기호들을 계속 쓰면서도 그것들의 진정한 잠재력을 알지 못했다.

셈판 위의 기호들은 마치 오른쪽 위나 아래 중 어디에 있어도 상관없다는 듯 다양한 형태로, 때로는 다른 각도로 회전되어 변형되었다. 이는 셈판에 정해진 방향이 없으며 그것의 올바른 사용법이 정립되지 않았기 때문일 수도 있다. 셈판으로 셈을 하는 사람은 다른 쪽에서 셈판을 보는 누군가와 다르게 볼 수도 있기 때문이다. 그림 4-9(콤푸투스 필사본)의 수 3과 8은 같은 사본에서 두 가지 방법으로 쓰인 것이 보인다. 그러나 그 형태가 어떻게 보이건 상관없이 체계는 같았다. 즉 썼다 지웠다 하지 않고도 아홉 가지 기호만으로 모든 수를 표현할 수 있었다.

양피지나 홈이 파인 셈판으로서, 10의 거듭제곱으로 정렬된 수직 방향 열이 있는 주판은 10세기와 12세기 사이 서구 유럽에서 실질적 산술을 공부하는 데 주요한 수단이었다. 제르베르 셈판의 계산 과정은 '알고리즘'이라 불렸는데, 사람들이 깃펜과 양피지를 써서 그것을 흉내 냈다.[24]

유럽으로 건너간
아라비아숫자

1+1은 새로우면서도 '임의적인' 2라는 기호로 축약된다. 다른 '임
의적인' 것도 같은 구실을 했을 것이다. 1+1을 대표하는 것은 2지,
<나 3이나 ∞이나 다른 어떤 것도 아니다. 이것은 힌두인이 마땅히
그래야 한다고 결정했기 때문이다.

— 드모르간 Augustus De Morgan[1]

기이하게도 지금의 훌륭한 수 체계가 유럽으로 전해진 것은 겨우 몇 세기
선이나. 수 체세를 도입한 주인공이 당시 위대한 수학자들 중 한 명인 비곤
로인가에 대해서는 논란이 있다. 그의 명성은 대부분 토끼의 개체 수가 어떻
게 증가하는지에 관한 유명한 문제와 연결된다. 그는 우리에게 피보나치로
알려져 있다. 그는 토끼 문제의 답을 발견한 인물이 분명히 아니다. 이 문제
는 1000년 무렵 산스크리트 시에서 발견된 운율 구조와 그 근저의 리듬을
묘사하기 위해 고대 인도에서 제기되었다.

그림 5-1 피보나치(1170~1250?)

　13세기 중반에 그려진 피보나치의 초상화는 큰 눈·작은 입·호기심 많은 코 등 아주 유쾌하게 생긴 이목구비를 보여, 신기한 것을 알아보는 능력이 있는 소년 같다. 청년 시절 피보나치는 아버지와 지중해 주변을 여행하며 이집트, 시리아, 그리스, 프로방스에서 신부, 학자, 상인 들을 만나 무역에 쓰는 수 체계를 배웠다. 그 뒤 피사로 돌아가 1202년에 《산반서Liber Abbaci》를 쓰고, 1228년에는 이를 고쳐 썼다.[2] 《산반서》는 주판 없이 계산하는 방법에 관한 책으로, 서구 무역상들에게 아라비아숫자 체계가 당시 쓰이던 로마숫자 체계보다 계산법으로 더 우월하다는 것을 확신시키기 위해 쓰였다. 하지만 아라비아숫자를 설명한 서양 최초의 책은 아니다. 《코덱스 비질라누스》가 아라비아숫자를 포함한 서양 최초의 필사본으로 이미 250년간 이용되었다. 알콰리즈미의 《대수》를 라틴어로 옮긴 책도 12세기에 등장했다.

　《산반서》는 인쇄술이 발명되기 250년 전, 공공 도서관도 없이 말로 지식

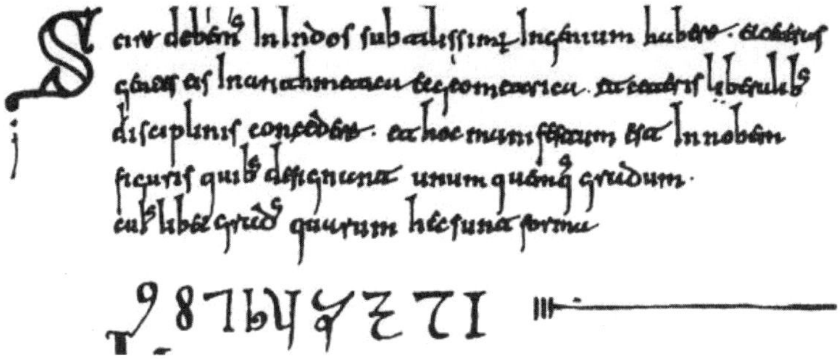

그림 5-2 코덱스 비질라누스

이 전파되던 때에 나왔다. 힌두-아라비아숫자가 빨리 등장한 이탈리아에서 주산(수판셈)의 대가로 불린 상업적 산술을 하는 사람들은 산술·기하·대수에 관해 개인적이거나 대중적인 지도법을 퍼뜨렸고, 이에 대한 중대 지식을 알리기 위해 대중적인 글을 썼다. 그들이 다른 필사본을 베끼면서 종종 원전을 숨기기 위해 문제의 값을 바꾸거나 비틀기도 했다. 《산반서》가 처음 등장하고 75년쯤 뒤 전 유럽에서 온 학생들이 베네치아나 피사 같은 지식의 중심지를 방문한 뒤 아라비아숫자에 관한 이야기를 전 세계에 퍼뜨렸다.

일반적으로 17세기 전반까지는 대학에서 대수학을 가르치지 않았다. 대학은 주로 성직자나 의사나 변호사를 길러 내는 곳이었기 때문이다. 수학은 14, 15세기 북부 이탈리아의 주산 학교 보테가에서 번창했으며 주산의 대가들이 상인과 예술가 들에게 지방어로 상업적 산술을 가르쳤다. '주산 학교'나 '주산 전통'이라는 말은 학생들이 피보나치의 《산반서》 방식으로 수학을 공부했다는 사실에서 나왔지, 주판이라는 계산 수단에서 나온 것이 아니다. '주산가'라는 말도 주판으로 계산하는 사람과 반대되는 의미로, 힌두-아라비아숫자로 계산하는 솜씨가 좋은 사람을 가리키는 데 쓰였다.[3] 14세기 중반 피렌체에서만 적어도 1200명의 학생이 도시에 스무 군데 정도 있는 보테가에 다녔다. 주산의 대가들은 책에 매력적인 그림을 넣었는데, 그 책에는 종종 학교에서 가르치는 수준을 넘어선 산술과 대수학 문제와 해답 수백 가지가 있었다.[4]

서유럽을 대부분 정복하고 800년에 신성로마제국의 황제가 된 샤를마뉴Charlemagne는 유럽이 과학과 의학에서 아랍 나라들만 못하다는 것을 알았다. 그는 왕국의 모든 성당과 수도원에 대중 교육을 위한 학교를 열라고 명령했다. 기하학과 산술학을 빼면 수학과 과학은 어느 학교에서도 가르치지 않았다. 샤를마뉴가 죽은 뒤 교육과정은 라틴어와 음악, 신학에 초점이 맞춰졌다.[5] 그런데 불가사의하게도 재능 있는 교사와 탐구심 많은 학생들이 넘쳐나서 중세의 교육과정이 교양과목으로 발전했다. 처음에는 문법·논리학·수사학으로 구성된 3학으로, 나중에는 산술학·기하학·음악·천문학으로 된 4학으로 발전한 것이다. 3학을 성공적으로 마쳤다면 학식이 대단한 사람이었다.

길드가 막 형성되기 시작하던 12세기쯤에는 초기의 대학이 문을 열었다. 대학은 교사와 학생 들이 자발적으로 형성하고 조직했으며 대성당이나 수도원의 학교로부터 상당히 독립되어 있었다. 물론 교사는 모두 교회와 관련 있었다. 당시에는 교육받은 이들만 사제로 임명되었기 때문이다. 대학의 학생들은 대개 열두 살도 안 됐다. 그들은 라틴어 문법을 배우면서 4년을 보낸 뒤에 문법 석사 학위를 받았다. 3학을 성공적으로 끝내면 문학 학사 학위를 받았는데, 이것은 고등 학위라서 큰 존경을 받았다. 문학 석사 학위를 받으려면 다시 3년간 4학을 성공적으로 끝내야 하는데, 가장 높은 학위로 따기가 매우 힘들었다. 이것이 일종의 교원 자격증이었지만 월급은 적었다.

오랫동안 피보나치의 《산반서》는 주산법에 대해 유일하게 알려진 종합적 자료의 출처였다. 따라서 이 책이 서구에 힌두-아라비아숫자를 가져다준 것처럼 보일지도 모른다.[6] 피보나치가 힌두-아라비아숫자를 가져왔다고 주장하는 최근의 유명한 책들이 있다. 그러나 1960년대 이래 역사가들의 주장에 따르면, 피보나치 시대에 존재한 힌두-아라비아숫자를 포함한 계산에 관한 책들에는《산반서》가 언급되지 않았다. 최근인 2002년에 덴마크의 수학사가 회위룹Jens Høyrup은 계산에 관한 책들이 이베리아와 프로방스부터 이탈리아 북부까지 퍼져 있었다고 주장했다. 피보나치가 유럽에 힌두-아라비아숫자를 가져온 사람이 아님을 시사한 것이다.[7]

피보나치는《산반서》머리말에 이렇게 썼다.

> 내 아버지는 우리 고국을 떠나 베자이아 세관으로 파견된 공직자였다. 그 세관은 베자이아에 자주 모이던 피사 상인들을 위해 설립되었다. 그래서 아버지는 내 유년기에 나를 그곳에 불러들였고, 나를 위해 유용하고 편안한 미래를 찾아 주려고 했다. 아버지는 내가 거기서 수학을 공부하기를 원했다. 아홉 가지 인도숫자의 기술에 관한 놀라운 가르침을…….[8]

이 글에는 아홉 가지 아라비아숫자만 언급되었을 뿐 '0'은 포함되지 않았다. 적어도 수로서 포함되지는 않은 것이다.

회위룹은 힌두-아라비아숫자가 12세기 초반에 이미 이베리아와 프로방스를 통해 라틴어 문화권에 소개되었다고 했지만, 20세기 역사학자들은 피보나치가 살던 시기 이탈리아의 상업 교육이 여전히 로마숫자에 기초했기 때문에 피보나치 덕에 힌두-아라비아숫자가 소개되었다고 주장한다. 그의 책이 아라비아숫자를 일관되게 쓴다는 사실 때문에 혼란이 생긴 것 같다.

이어서, 회위룹은 이탈리아의 주산 대수에 대한 영감이 피보나치로부터 나온 것이 아니고 오히려 이탈리아가 아닌 곳에 출처가 있다고 주장했다. 이탈리아 상인들은 주산 전통에서 가르치는 것들이 이미 시급하게 필요했기 때문이다. 그는 계속해서 이렇게 말했다. "우리는 분석을 통해 지나간 13세기의 주산 전통이 이미 전통이긴 했지만 피보나치의 전통은 아니었다는 것을 알 수 있다."[9]

수학 역사에 관해 권위 있는 학자인 스미스와 카르핀스키Louis Charles Karpinski는 100년 전에 이렇게 썼다.

> 우리는 아라비아숫자라는 잘못된 이름의 숫자에 너무 익숙하고, 유럽과 아메리카에서 그것들이 아주 폭넓게 쓰인다. 따라서 우리로서는 상거래에서 이 숫자들을 일반적으로 받아들인 것이 기껏해야 지난 4세기 동안의 일이며, 이런 사실이 오늘날 인류에게 많이 알려져 있지 않았다는 것을 인식하기가 어렵다.[10]

스미스와 카르핀스키는 다른 모든 체계가 너무 조잡하고 불편하던 시기에 아라비아 수 체계가 전 세계의 표준이 되기 위해 악전고투했다는 것이 얼마나 이상한지도 지적한다. 우리는 우리의 훌륭한 체계(모두 사람의 것 아닌가?)를 최근의 것으로 생각하지 않는 경향이 있다. 하지만 놀랍게도 이 체계가 유럽에 전해진 이래 겨우 몇 세기가 지났을 뿐이다.

피보나치 시대에 계산에 관한 교재는 많았다. 하지만 그것들은 수와 계산에 관한 이론과 철학 및 산술학을 배우려고 하는 사람들이나 교회 달력에 통달하고 싶어 하는 사람들에게 맞춰진 학술서였다.[11] 에그먼드Warren Van Egmond는 박사 학위 논문에서 이런 책 중 상당수가 '주산' 대신 '알고리즘'이라는 단어를 제목으로 더 선호한 사실을 발견했다. 이 책들은 힌두-아라비아숫자와 그것을 계산하는 알고리즘의 설명을 더 직접적으로 시사했다.[12]

피보나치의 책이 유럽 사회의 몇몇 분야에 아리비아숫자를 소개했을 가능성이 높긴 하지만, 이탈리아의 여행자와 상인 들이 그 숫자를 이미 알고 있었을 가능성도 크다. 그리고 피보나치의《산반서》보다 50년이나 앞서 아라비아숫자에 관해 쓰인 책들이 있었다는 것도 확실하다. 12세기 스페인의 성서 주석가이자 과학자이며 랍비인 이븐 에즈라는 아리비아숫자 체계를 설명하는《단위에 관한 책》, 자릿값과 0이 있는 10진법 체계를 다룬《수에 관한 책》을 썼다.[13] 그의 책들이 상인들에게 아라비아 수학을 널리 퍼뜨리는 데 크게 기여하지 않았을지 몰라도 유럽 학자들의 관심을 끄는 데는 분명히 성공했다. 그가 자릿값과 0에 관한 책을 쓰고 있을 무렵에 유명한 톨레도 통역 학교의 주요 통역사 중 한 명이던 히스팔렌시스는《실용적 산술의 알고리즘에 관한 책》을 썼다. 이 책은 서양에서 가장 이른 시기에 인도 자릿수 표기법을 설명했다고 알려져 있다.

20세기 초 영국의 수학자이자 역사가인 볼W. W. Rouse Ball은 자신의 책《수학의 역사에 관한 짧은 설명A Short Account of the History of Mathematics》에서 이렇게 말했다.

레오나르도(피보나치)가 상업에 아라비아숫자의 사용을 소개했어도 그 전에 이미 오늘날 동양과 같은 정도의 그 숫자에 관한 지식이 여행자들과 상인들 사이에서 드물지는 않았을 것이다. 왜냐하면 기독교도와 이슬람교도의 교류가 서로 언어와 일상적 습관 중 일부를 배우기에 충분했기 때문이다. 또한 이탈리아 상인들이 그들의 주요 고객 중 일부가 쓰고 있던 장부 대조 방법에 대해 무지했으리라고는 볼 수 없다. 이슬람교도의 노예였다가 탈출하거나 몸값을 내고 풀려난 기독교도 또한 많았음을 기억해야 한다.[14]

14세기 초 피렌체의 은행가들에게는 아라비아숫자의 사용이 금지되었고, 16세기까지 이 숫자들은 일상적으로 사용되지 않았다. 1299년 피렌체 시 의회는 재정 회계를 위해 인도 수 체계의 사용을 금지하는 법 〈교환 기술에 대한 규정Statuto Dell'Arte di Cambio〉을 공표해, 돈에 관한 모든 기록을 문자로 나타내도록 했다. 마치 오늘날 은행 수표에 요구되는 것처럼 말이다. 이는 0 에 뿔이나 꼬리를 더해 6이나 9로 위조하는 것을 막는 보안책이었다.

〈교환 기술에 대한 규정〉이 인도숫자로 계산하고 그 최종 결과를 로마숫 자로 옮길 수 있는 시장, 상가, 상회 사람들의 상거래에 영향을 미치지는 못 했다. 이 규정보다는 계산하는 데 필요한 종이와 지우는 데 쓰는 도구의 비 용이 새로운 인도 수 체계를 방해했다. 긴 나눗셈 같은 계산을 한 종이는 다 음 계산에 쓸 수 없었다. 하지만 옛 방식은 셈판이나 주판 또는 모래판을 구 입하는 비용 말고는 돈이 더 들지 않았다.

산술학의 표상

그림 5-3은 셈판에서 계산하는 피타고라스Pythagoras와 인도숫자를 가지고 계산하는 보에티우스를 보여 준다. 왜 피타고라스가 나왔을까? 그것은 중세 에 피타고라스를 주판의 발명가로 오해했기 때문이다.

그림 5-3 〈산술학의 표상Typus Arithmeticae〉
라이쉬Gregor Reisch의 《지혜의 진주Margarita Philosophica》에 들어간 목판화. 이 책은 1503년에 처음 등장했는데, 고등교육을 하는 학교에서 반세기 동안 교재로 쓰인 백과사전이다. 삽화는 산술학을 형상화한 여성이 주관하는 경쟁에 나선 두 계산가, 즉 셈판으로 계산하는 피타고라스와 인도숫자로 계산하는 보에티우스를 보여 준다. 미국국회도서관 소장.

이슬람 공동체 통치에 관한 모든 일을 지배하는 칼리프와 관련된 이야기가 많은데, 우리는 종종 이 이야기들이 주로 서양인들이 이국적 옛 문명에 대해 만들어 낸 신화임을 잊어버린다. 이는 아마 바그다드의 아랍인들이 페르시아의 점령지와 항구에서 믿을 수 없을 만큼 많은 부를 쌓았기 때문일 것이다. 아랍인들은 중국, 인도, 러시아 및 전 유럽과 무역을 밀고 나갔다. 인도숫자가 어떻게 아랍인에게 전해졌는지에 관한 다음 이야기는 사실이 아닐지도 모른다. 왜냐하면 이것이 훨씬 오래된 출전을 인용하는 이븐 알키프티Ibn al-Qifti가 13세기 중반에 쓴《학자들의 연대표Ta'rikh al-hukama》에 나오기 때문이다. 칼리프 알만수르al-Mansur가 바그다드의 황궁에서 인도 사신을 맞이한[15] 771년에 그 사신이 칼리프에게 준 선물이《브라마스푸타시단타》다. 이 책은 그보다 거의 150년 전에 인도의 수학자이자 천문학자인 브라마굽타가 산스크리트어로 쓴 천문학책이다. 알만수르는 문학과 학문의 보급을 크게 지원한 터라《브라마스푸타시단타》를 아랍어로 옮기라고 명했다.[16] 이 이야기는 전설일 가능성이 많다. 왜냐하면 아랍 천문학을 위한 책이 분명히 많았기 때문이다. 그러나 이것이 전설이건 아니건 간에 아마 이 책이 아랍 학자들의 천문학 연구를 촉발했을 것이다.

0은 숫자일 뿐만 아니라 자리지킴이로서 아마도 628년 무렵에 처음으로 책에 등장한 듯하다. 우리가 0을 음수('빚'), 양수('자산')와 함께 사용하는 것에 대한 규칙을 처음 발견할 수 있는 책이 바로《브라마스푸타시단타》다. 브라마굽타는 0을 검은 점 하나로 표시했는데, 어떤 수에서 바로 그 수를 뺐을 때 그 결과로 나오는 숫자를 나타내기 위해 썼다. 0은 그냥 자리지킴이가 아니었다. 아마 사상 최초로 무無를 나타내는 수가 나타난 듯했다.[17]

브라마굽타에 대해서는 알려진 것이 많지 않다. 그는 아마 인도 남부에 있는 빈멀에서 태어났을 것이다. 알려진 것이라곤 그가 젊었을 때 6세기 인도의 수학자이자 천문학자인 아리아바타가 설립한 수학과 천문학 연구소에서 일하기 위해 우자인까지 갔으며 고등 천문학을 연구하고 제곱근과 2차방정식의 해를 위한 알고리즘도 개발했다는 것 정도다.

아리아바타 때 인도 수학자들에 대해서도 별로 알려져 있지 않은데, 이는 그 시기의 역사적 기록이 드물기 때문이다. 고대 인도에서 힌두인은 과학을 포함한 거의 모든 것의 신성한 또는 영적인 기원을 믿었다. 천문학과 수학은 세계를 창조한 브라흐마의 작품으로 여겨졌고, 따라서 과학적 발견을 직접 담당한 인간의 인식을 뛰어넘는 학문으로 여겨졌다.[18]

볼은 아랍인이 사막을 떠나 바그다드나 다마스쿠스 같은 도시에 정착한 이후 면역력이 없는 질병에 시달리게 되었다고 생각했다. 당시 그리스와 유대의 약품은 아라비아 것보다 훨씬 더 앞서 있었다. 과학 지식도 아리스토텔레스Aristoteles와 갈레노스Galenos의 저술에 기초해 훨씬 더 앞서 있었다. 칼리프들은 그리스와 유대인 의사들에게 바그다드에서 과학을 가르치며 그 전통 기술을 보존하라고 권했다. 볼은 '아랍인의 과학 지식은 칼리프를 수행한 그리스 의사들에게서 처음 나왔다'고 말했다.[19]

800년 무렵 칼리프 하룬알라시드는 그리스 저작물들을 아랍어로 번역하라고 명했고, 이 명령은 계승자인 칼리프 알마문al-Mamun 대로 이어졌다. 알마문은 그리스어와 힌디어 저작물 수백 권을 복사하기 위해 콘스탄티노플과 인도의 거대한 도서관으로 대표단을 파견했다. 대표단이 돌아오자 시리아인 하인들에게 유클리드, 아르키메데스, 아폴로니우스, 프톨레마이오스Claudios Ptolemaeos의 저작들을 아랍어와 시리아어로 옮기라고 명했다.

이 작업이 얼마나 다행스러운 일이었는지 모른다. 왜냐하면 그것이 현존하는 유일한 복사본이기 때문이다. 볼은 호기심에 따라 이렇게도 말한다. 외국 저작을 아랍어로 옮기는 데 박차를 가한 초기의 전통 이후 150년간 디오판토스의 저작이 별 주목을 받지 못한 듯하다는 것이다. 당시 아랍인은 이미 그들 고유의 대수 표기법에 꽤 능숙해 있었다.

아랍의
선물

알콰리즈미의 초상화(그림 6-1)는 1983년에 그의 탄생 1200년을 기념해 발행된 소련의 우표 덕에 유명해졌다. 우리가 이 9세기 사람의 삶에 대해서는 아는 것이 거의 없으면서 어떻게 생겼는지를 알 수 있다는 것이 놀랍지 않은가? 사실 우리는 그가 정말로 어떻게 생겼는지에 대해 아는 것이 거의 없다. 어쨌든 초상화는 주름 잡힌 이마에 꿈꾸는 듯한 눈, 수염이 덥수룩한 남자를 보여 준다. 당대의 가장 위대한 아랍 수학자 알콰리즈미는 아랍어로 옮겨진 《브라마스푸타시단타》로 새로운 인도숫자에 대해 배웠다. 그리고 새로운 인도숫자를 쓰는 산술학에 관한 교재를 썼다.[1] 820년 무렵 알콰리즈미는 방정식을 푸는 방법(특히 2차방정식의 양의 근을 구하는 방법)에 관한 책을 썼다.[2] 그리고 이 책의 아랍어 제목 Hisab aljabr wa'lmuqabala에서 대수를 뜻하는 영어 '앨지브러algebra'가 왔다. 이 책이 12세기 중반에는 라틴어로도 옮겨졌다.[3] 이 책은 대수에 관한 최초의 아랍 책으로 지금까지 남아 있다.

그림 6-1 알콰리즈미

아랍어로 된 알콰리즈미의 산술학책 원본은 남아 있지 않다. 다만 12세기 무렵 스페인에서 영국인 아랍학자 체스터의 로버트가 라틴어로 옮겼다.[4] (19세기에 발견됨) 이 번역본과 그 시기의 다른 번역본들이 힌두-아라비아숫자를 유럽에 소개한 가장 이른 책으로 알려졌는데, 아마 피보나치의 《산반서》보다 100년이나 앞섰을 것이다.[5]

알콰리즈미의 《인도숫자에 관한 책Algoritmi de numero Indorum》은 825년쯤에 쓰였는데, 이 책이 인도의 계산 방식을 아랍 세계로 알렸을 것이다. 12세기 이후 유럽에서도 라틴어 번역본들을 통해 퍼졌다.[6]

786년부터 809년까지는 페르시아에서 과학과 예술이 융성했다. 9세기가 되기 직전, 5대 칼리프 하룬알라시드는 바그다드에 '지혜의 전당'으로 알려진 도서관이자 번역소를 세웠다. 이곳은 그 뒤 500년간 이슬람 황금기에 중요한 지식의 중심지가 되었다. 그리스어, 중국어를 비롯해 여러 언어로 된 점성술, 수학, 농학, 의학, 철학 저작들이 지혜의 전당에서 아랍어로 옮겨졌다. 알콰리즈미는 이곳에서 일하면서 천우신조로 도서관 벌레들로부터 살아남은 《브라마스푸타시단타》를 포함해 인도에서 유래한 모든 저술에 관심을 가졌다. 그는 신비한 문자를 해독하고 아랍어로 옮기는 동안 놀라울 만큼 중요한 것을 발견했다. 아랍의 힘든 방법보다 훨씬 더 간단한 산술법이다.

그때까지 메소포타미아 너머 아랍인은 손가락셈이나 셈판, 복잡한 로마 숫자 체계를 쓰거나 숫자를 단어로 표현하는 등 계산법이 뒤죽박죽이었다. 별들의 위치를 정교하게 계산할 때도 말이다.

알콰리즈미는 《브라마스푸타시단타》의 힌디어 글에서 열 가지 상징만으로 어떤 수든 쉽게 세고 나타내는 최고의 방법을 봤을지도 모른다. 그는 바빌로니아인의 60진법에 대해 알았을 수도 있고, 따라서 수를 10진법으로 나타내는 방법을 봤을 수도 있다. 비록 10진수가 중세 초기 아랍 상업계에서 인기를 끌진 않았지만, 그는 이 숫자 체계를 전 세계적인 주목까지는 아니라도 제대로 된 학문적 관심을 받을 만큼 탁월한 선두적 체계로 봤을지도 모른다.

그가 무無의 양을 뜻하는 이상한 검은 점을 봤을지도 모른다. 《브라마스푸타시단타》를 읽은 이라면 이 검은 점 때문에 대단히 당황했을 것이다. 그는 빚을 음의 값으로 표시하는 수의 개념에서 영감을 받았을지도 모른다. 완전히 새로운 무한한 대상들의 더미가 사고의 세계로 들어왔다. 무보다 적은 양을 상징하는 것, 바로 음수 말이다.

알콰리즈미가 인도를 여행하던 중에 브라마굽타의 수학 필사본을 접하게 되었다는 이야기가 있는데, 이는 좀 미심쩍은 부분이 있다. 더 그럴듯한 이야기는 인도의 천문학자 칸카Kanka가 바그다드에 있는 지혜의 전당을 방문한 770년에 인도에서 가져간 많은 필사본들 중에 《브라마스푸타시단타》가 있었다는 것이다. 어느 정도는 그럴듯하다. 왜냐하면 알콰리즈미는 지혜의 전당에 학자로 있었고, 칸카가 그곳을 방문하고 약 50년 뒤에 《인도숫자에 관한 책》을 썼기 때문이다. 이 책 때문에 아랍 세계 전역뿐만 아니라 유럽에까지 인도의 계산 체계가 널리 퍼졌다.

당시 아랍인들에게는 고유의 수 체계가 없었다. 아랍어와 그리스어를 다 쓰는 아랍 지역에서는 그리스의 문자 체계 또는 주로 수를 나타내는 데 아랍 단어를 쓰는 그리스식 모델에서 나온 체계를 사용했다. 새로운 숫자는 가끔 인도숫자로 불렸고, 아라비아숫자라고 불리기도 했다. 피보나치는 분명히 《산반서》 첫 장의 처음 몇 줄에서 아홉 가지 숫자를 인도숫자라고 불렀다. 그것은 다음과 같이 번역된다.[7]

아홉 가지 인도숫자는 이렇다.

9 8 7 6 5 4 3 2 1

이 아홉 숫자와 아랍인이 제프르zephyr라고 부르는 기호 0을 이용해 임의의 수를, 그것이 무엇이든 다음 예처럼 쓴다. 어떤 수는 단위들의 합이고, 그 수들은 덧셈을 통해 끝없이 점진적으로 증가한다. 첫째, 단위는 1부터 10까지의 수를 만든다. 둘째, 10은 10부터 100까지의 수를 만든다. 셋째, 100은 100에서 1000까지의 수를 만든다. 넷째, 1000은 1000에서 1만까지의 수를 만든다. 이런 식으로 끝나지 않는 단계에 따라 임의의 수가 무엇이든 간에 그 전 수들과 결합되어 만들어진다.

아홉 가지 수를 나타내는 데 쓰인 문자가 아주 다양했기 때문에 혼란이 생겼을 가능성이 높다. 그러나 다음 세기에 많은 숫자들이 오늘날 우리가 사용하는 것과 아주 가까운 한 가지 표준으로 수렴되었다.[8] 그러나 아랍의 천문학에서는 계속 아랍 민족 정복 이후 수세기 동안 문자로 표기된 숫자를 썼다. 이슬람의 숫자로 된 기록을 보면, 힌두-아라비아숫자가 일관되게 쓰이지 않았다는 것을 알 수 있다.[9]

《산반서》

9세기, 인도숫자는 여전히 너무 새롭고 기이해서 수도원과 학문적 소란에서 벗어나 멀리까지 퍼지지 못했다. 결국 유럽은 0이 있는 수 체계에 대해 알지 못했다. 0은 무한한 범위의 수를 표기하는 데 사용되는 동시에 무를 나타내는 데 사용될 수 있는 단 한 가지 기호였다. 바빌로니아 체계에는 0이 없었는데, 그건 그리스나 로마의 수 체계도 마찬가지였다.

숫자를 유럽으로 전할 상업이나 여행자가 없지도 않았다. 오히려 많았다. 300년이 넘는 시간 동안 새로운 체계를 받아들이는 속도를 더디게 만든 원인으로 의심받은 낯선 것, 그것은 바로 0이라는 괴물이다. 오늘날 우리는 아주 빠르게 혁신을 받아들인다. 컴퓨터 칩, 휴대전화, GPS, VOD, 생명 연장 의료 기기 들이 얼마나 급속도로 우리 삶에 영향을 미치는지 거의 알아차리지도 못한다. 인류의 삶을 간편하게 해 주려고 고안된 가장 위대한 발상이라 할 수 있는 것을 유럽이 받아들이는 데 300년도 넘게 걸렸다는 것은 믿기 어려울 만큼 충격적이다. 300년! 중세 절정기의 갈릴레오Galileo Galilei, 데카르트, 뉴턴Isaac Newton 들은 다 어디 있었나?

어려움은 자리지킴이와 수를 구별하는 데 있다. 양의 부재를 대표하는 수로 0을 받아들이는 것은 기막히게 대담한 생각이었을 것이다. 예를 들어, 둘이라는 수는 제법 이해하기가 쉽다. 그것은 '둘이라는 것' 또는 두 물체를 세는 것을 나타낸다. 그러나 '0이라는 것'은? 아무것도 없는 걸 세는 수? 대체 그것이 무엇을 뜻할 수 있겠는가? 하지만 자리지킴이로서 0이라는 생각은 무를 나타내는 수 0의 개념과 밀접하게 연관되어 있다. 혼란은, 빈자리를 나타내는 기호가 아무것도 없다는 것을 나타내는 수와 같다는 데 있다. 인도인은 어떤 자리가 비었을 때를 나타내는 열 번째 기호 없이는 아홉 가지 기호가 작동하지 않는다고 생각했을 것이다. 이것이 바빌로니아 자릿값 체계의 문제 중 하나였다.

그러나 피보나치는 법정뿐만 아니라 부두와 시장에서 상인들에게 말했다. 《산반서》에서 그가 상인들에게 인도숫자는 새롭다고 넌지시 비친다. 왜냐하면 (공중인인) 아버지가 어린 그를 (현재 알제리의) 베자이아로 데려갔을 때 그 체계에 대해 알게 되고, 거기서 주산을 배웠다고 썼기 때문이다.[1] 그는 '라틴족'이 인도의 산술 방법에 대한 지식이 부족하고, 알고리즘과 아피세스 같은 보편적인 계산 방법이 '인도인의 방법과 비교하면 일종의 실수'라고 썼다.[2] 이것은 그의 솔직한 신념이었다.

당대의 가장 위대한 수학자라 할 수 있는 피보나치가, 아홉 가지 숫자로 계산하는 인도의 기술에 대해 분명하게 설명하는 앞선 저작들을 언급하지 않아 놀라울 것이다.[3] 그는 알콰리즈미의 《인도숫자에 의한 계산법》을 알았어야 하지 않을까? 바로 앞 세기 초반에 라틴어로 번역되었으니 말이다. 그는 '우리는 산술과 기하학에서 인도인이 가장 적합한 재능을 지녔고, 다른 인종들은 모두 그들을 따라야 한다'고 한 스페인 알벨다의 성마르틴수도원에 있는 976년 필사본을 몰랐을까? 또 톨레도 학교에서 번역한 필사본들도 몰랐을까? 아홉 가지 인도숫자에 기초한 제르베르 셈판을 몰랐을까? 인도숫자의 동양적 서체를 사용한 토스카나, 즉 피사가 속한 지역 어딘가에서 라틴어로 옮겨진 유클리드의 《원론》을 몰랐을까? 피보나치의 고향 피사에서 160킬로미터 떨어진 곳의 공증인들은 이미 인도숫자를 쓰고 있었다.[4] 또한 톨레도를 비롯해 리옹, 뮌헨 같은 도시와 아일랜드에서도 계산에 관한 라틴어 책들은 인도숫자를 읽는 방법과 아홉 가지 숫자가 모든 숫자를 나타내는 방법에 대해 언급했다.

그러나 누가 인도숫자로 계산하는 방법을 유럽에 소개하고 영향을 미쳤는지에 대해서는 간단히 대답할 수 없다. 증거는 많고 다양하다. 피보나치는 피사에서 상인으로 교육받았다. 학교에서는 주판의 로마숫자로 계산하고 쓰는 법을 배웠다. 견습생 시절에는 상품의 값을 계산하고, 무게와 치수를 다루고, 돈을 환산하는 방법에 대해 배웠다. 베자이아에 도착했을 즈음에 그는 이미 주판으로 상업적 산술을 할 수 있었다. 인도숫자 및 그것과 관련된 연산 방법을 배운 뒤 피사에서 쓰던 계산법보다 인도의 계산법이 이롭다는 것을 깨달았다. 피사로 돌아갔을 때 그는 베자이아에서 배운 인도 체계에 대한 라틴어 책을 더는 공부할 이유가 없었다. 이것이 아홉 가지 숫자로 계산하는 인도의 계산 기술을 분명하게 말한 그 전 저작들에 대해 피보나치가 전혀 언급하지 않은 이유를 설명할지도 모른다.[5]

최근까지 중세 사학자들은 피보나치의 《산반서》가 서양에 현대적 산술이 도입되도록 한 자극제였다는 사실에 이론의 여지가 없다고 인식하고 있다. 2004년에 수학사가 프란치Raffaella Franci는 《산반서》를 '이탈리아의 주산 교육에 가장 중요한 자료'로 인정했다.[6] 이보다 2년 전에는 저명한 역사학자 울리비Elisabetta Ulivi가 토스카나 방언으로 쓰인 주산 교재들이 피보나치가 썼다고 여겨지는 《산반서》와 《기하학 연습 Practica geometriae》을 번역한 것이라고 주장했다.[7] 그리고 1980년에 에그먼드는 《산반서》를 직접 이어받아 14세기 중반까지 쓰인 훌륭한 주산 교재들의 목록을 만들었다. 이는 이탈리아에서 인도숫자의 확산과 피보나치가 연관되었다는 데 신빙성을 더해 주었다.

또한 1989년보다 앞선 어느 시기에 아리기Gino Arrighi가 피렌체의 리카르디아나도서관에서 움브리아 방언으로 된 《주산에 관한 책 Livero de l'abbecho》을 발견했다.[8] 이 책이 1289년 무렵 움브리아에서 쓰였다는 것은 의심할 여지가 없다. 작자를 알 수 없고 방언으로 쓰인 이 책은 가장 오래된 포괄적 주산 교재다. 더 앞선 시기의 책을 본보기로 삼았을 이 책은 이렇게 소개된다.

이것은 피사의 보나치 집안에서 나온 대가 레오나르도의 의견을 재청하는 주산책이다.[9]

이 구절과 믿을 만한 다른 증거를 통해 프란치는, 《주산에 관한 책》을 쓴 움브리아의 대가가 누구건 간에 독자들의 요구에 맞게 글을 바꿨을지도 모른다는 의견을 냈다. 피보나치가 움브리아의 대가일 수도 있다. 그리고 어쩌면 이 책이 사라진 《작은 책 Liber minoris guise》일 수도 있다. 우리는 이 책을 피보나치가 썼다고 보는데, 《산반서》에 이 책이 언급되어 있기 때문이다. 만약 이것이 사실이라면 그가 서양 산술의 창시자라는 생각이 맞을 것이다. 그러나 회위룹은 도입부 뒤를 주의 깊게 읽으면, '명백하게 피보나치로부터 나오지 않은 내용들이 포함되었음을 발견'할 것이라고 주장한다.[10] 하지만 프란치는 《작은 책》의 첫 부분이 《산반서》에서 나오지 않았다는 이유만으로 두 책의 유사성이 없다고 볼 수는 없다고 주장한다.[11]

프란치는 회위룹의 주의 깊은 해석을 존중하면서 주산 '저자들이 레오나르도(피보나치)가 사용한 것과 다른 아랍 원전을 접했을지도 모른다'고 주장했다.[12] 그리고 피보나치의 몫으로 본 공헌의 본질에 관한 자신의 견해를 일부 수정했다. 그녀는 현재 13세기 말이나 14세기 초에 피사에서 쓰인 주산책 두 권에 대해 연구하고 있는데, 이 책들이 《산반서》의 처음 여덟 장에서 영향받은 것이 드러났다.[13]

인도숫자가 10세기 이래 서양에 도입된 것은 분명하다. 그렇다고 해서 이 사실이 힌두식 계산 방법이 피보나치보다 앞서 도입되었다는 것을 시사하지는 않는다. 그러나 저명한 수학사가 버넷Charles Burnett에 따르면, 피보나치는 개척자가 아님을 다시 보여 주는 12세기의 주산 교재들이 많다.[14]

피보나치는 《산반서》 머리말에서 거래에 사용되는 아홉 가지 인도숫자를 아버지와 이집트, 시리아, 그리스, 프로방스를 여행할 때 상인들과 만나면서 배웠다고 했다. 프로방스? 프로방스는 서유럽에 있지 않나? 그렇다면 어떻게 서유럽에 있던 프로방스와 거래한 것이 이탈리아의 주산술에 영향을 주지 않을 수 있었을까?

회위룹은 이를 '위대한 책의 원리' 탓으로 돌리며, 모든 책에는 고유의 독창성이 있거나 더는 존재하지 않는 어떤 유명한 책에 빚진 견해가 있다고 선언한다. 그가 이렇게 썼다.

《산반서》에서 어떤 구절들은 주산 수학의 시작이 피보나치 시대에 이미 존재한 주변 상황으로까지 거슬러 올라가야 함을 보여 준다. 그 상황이란 피보나치가 비범한 초기 주창자일 수는 있어도 맨 처음 토대를 놓은 자는 아니라는 것이다. 당시 그는 그런 상황을 알고 있었다.[15]

피보나치는 알려져 있지 않던 인도숫자를 알리는 공헌은 하지 않았다. 하지만 그는 새롭고 어려운 개념에 대한 훌륭한 해설자였다. 아마 해설자로서 그의 재능이 새로운 체계를 이탈리아에서 유럽 전역으로 퍼뜨리는 데 영향을 미쳤을 것이다. 13세기 중반까지 새로운 체계를 북유럽에 소개하는 라틴어 교재가 여럿 있었다. 예를 들어, 프랑스 프란체스코회의 수사 드 빌라 데이가 1240년에 쓴 《산술에 관한 시》는 아주 유명했다. 이 책은 244개의 장단단 6보격으로, 즉 한 행을 이루는 여섯 음절에 긴 음절 하나 뒤에 짧은 음절 둘을 두는 식의 운율을 반복해서 계산 방법을 설명했다.

여기 알고리즘을 시작한다.
이 새로운 기법은 알고리즘이라고 불린다, 여기서
인도인의 이 열 가지 숫자
0 9 8 7 6 5 4 3 2 1로부터
우리는 그 이로움을 얻는다.[16]

인도숫자들은 종종 수도원의 고문서에서 나왔기 때문에 12, 13세기에 학자들 사이에서 유명했다. 톨레도 번역 학교 학생인 세비야의 존이 라틴어로 번역했고, 이 번역본이 1143년에 체스터의 로버트가 번역본을 낸 직후에

Que ſunt tales .0.9.8.7.6.5.4.3.2.1. Decima uero dicitur teca, uel circulus uel cifra uel figura nihili quia nihil ſignificat, ipſa tń locú tenés dat aliis ſignificare ná ſine cifra uel cifris purus non poteſt ſcribi articulus.

그림 7-1 사크로보스코의 《알고리스무스》(1523) 중 한 단락

번역하면 이런 내용을 알 수 있다. 0, 9, 8, 7, 6, 5, 4, 3, 2, 1. 아홉 단위에 대응되는 아홉 가지 수의 기호가 있음을 알라. 열 번째 것은 테카, 키르쿨루스, 시프라 또는 피구라 니힐리라고 불린다. 그것이 무를 나타내기 때문이다. 그러나 그것이 적절한 위치에 놓이면 다른 것들에 값을 준다. *The Tomash Library on the History of Computing.*

나왔다. 그리고 로버트 책의 축약판이 독일 남부 살렘수도원 도서관의 목록에 들어갔는데, 이는 알콰리즈미의 《대수》가 북유럽으로 갔다는 증거 중 가장 오래된 것이다.[17] 또한 사크로보스코가 파리의 새로운 대학에서 학생들을 가르치면서 1240년에 쓴 《알고리스무스》는 인도숫자와 인도숫자로 계산하는 방법에 관한 교재로, 전 유럽에서 널리 쓰였다(그림 7-1).

따라서 피보나치가 《산반서》를 쓰기 200년 또는 300년 전부터 새 숫자에 대한 소식이 유럽 전역에 전해진 것 같다. 하지만 소식만 전해지고 실제로 널리 쓰이진 않았는데, 그럴듯한 이유 중 하나는 이 새로운 숫자를 제대로 이해하지 못했다는 것이다. 로마숫자를 자릿값 체계에 맞춰 조정하려는 시도도 있었다. 로마숫자는 종종 0이라는 개념에 대한 고려 없이 자릿값 체계에 사용되었다. 예컨대 로마 수 체계에서 16은 XVI인데, XVI이 XIV와 같지 않다는 의미로 자릿값을 쓴다. 로마인은 또한 10단위의 열을 5단위나 1단위 열과 구분하는 셈판을 가지고 있었음을 잊어서는 안 된다.

중세 유럽이 인도식 수 체계의 가치에 관심을 기울이지 못한 이유가 뭘까? 상인과 회계사 들이 셈판의 자릿값 형태에서 인도식 수 체계의 증거를 보고, 시장에서 매일 자릿값에 따라 수를 말했을 텐데 말이다. 그들이 인도 체계의

혜택을 깨닫지 못하도록 막은 것이 무엇이었을까? 한 가지 가능한 대답은 우리 생각보다 더 심각한 것일지도 모른다. 예를 들어, 이미 인도 수 체계에 아주 익숙해진 우리가 히브리 수 체계의 사용법을 배우려면 얼마나 어려울 지를 상상해 보라. 우리는 새로운 체계를 써 본 뒤에야 그것의 장점을 알게 된다.

11세기 말까지 인도 체계에 대한 소식은 인도숫자가 표시된 제르베르 셈판의 산가지 형태로 전 유럽에 퍼졌다. 그런데 우리는 왜 유럽에 인도숫자를 소개한 공을 그렇게 많이 피보나치에게 돌리는 걸까?

스미스와 카르핀스키가 《힌두-아라비아숫자 The Hindu-Arabic Numerals》를 출판한 1911년까지 거의 100년 동안 현대 숫자의 기원에 관한 논쟁이 활발했다. 스미스와 카르핀스키는 '상거래에서 (인도숫자의) 일반적인 수용은 지난 4세기 동안만의 문제'라고 말한다.[18] 웹스터 사전에 0부터 9까지 숫자가 아라비아숫자로 등록되어 있지만, 우리는 (유프라테스 키나스린의 수도원에 살던 시리아 학자) 세보크트 주교가 662년에 쓴 힌두 기원이 암시된 사본 조각을 가지고 있다. 이 조각이 현재 프랑스의 국립도서관에 있는데(MS Syriac[BNF], No. 346), 힌두숫자에 관한 참고 자료로서 인도 밖에 있는 것 중 가장 오래됐다고 알려졌다.

나는 인도인의 과학에 관한…… 천문학의 예리한 발견, 그리스인과 바빌로니아인보다 더 독창적인 발견, 말할 수 없이 뛰어나고 소중한 그들의 계산법에 관한 모든 논의를 생략할 것이다. 나는 오로지 이 계산이 아홉 개의 기호로 수행되었다는 것만 말하고 싶다. 그리스어를 하기 때문에 과학의 극한에 도달했다고 믿는 사람들이 인도 교과서들을 읽어 본다면, 비록 시기적으로는 조금 늦었어도 그들만큼이나 뭔가를 아는 다른 이들이 있었음을 확신하게 될 것이다.[19]

따라서 세보크트는 아홉 개의 기호를 분명히 알고 있었다. 그는 7세기 시리아에서 그리스 철학과 과학의 선도적인 전달자 중 한 명이었다. 앞에 번역된 부분은 그리스어를 하는 다른 이들을 비꼬는 듯 논평하면서 우리가 힌두인 덕에 모든 수를 아홉 개의 기호로 표현한다고 생각하게 되었다고 주장한다.[20]

세보크트는 이 체계가 인도에서 페르시아를 거쳐 서쪽으로 왔다고 가정했다.[21] (1977년을 최근이라고 말할 수 있다면) 최근 중세 점성술을 연구하는 역사학자 르메이Richard Lemay는 12세기에 알콰리즈미의 《대수》와 더불어 《산술 Arithmetic》의 라틴어판이 세 가지 나왔다고 썼다. 세보크트는 '알콰리즈미의 《천문학 표zij al sindhind》가 힌두-아라비아숫자 체계를 서구에 알린 가장 주목할 만한 단일 창구였다'고 썼다. 아마 알콰리즈미의 《산술》에서 왔을 이 책에서 인도인은 그 독창성을 인정받는다.[22]

아랍인들 사이에서 아홉 숫자는 '인도문자'나 '숫자'라고 불렸다. 몇 안 되는 상당히 신뢰할 만한 원전 중 하나는 아랍의 모험가이자 이야기꾼인 마수디가 957년에 출판한 30권짜리 저작 《황금의 초원과 보석 광산》에 나오는 설명이다.[23] 마수디는 이 책의 첫 장에서 '내용에 대한 갈망과 호기심을 자극하고, 역사와 친숙해지려는 마음이 들도록 만들기 위한' 제목을 선택했다고 썼다.[24] 마수디는 페르시아인, 힌두인, 유대인, 로마인의 역사와 동양 문화를 수집한 호기심 많고 탐구심이 있는 사람이었다. 바그다드에서 태어난 그는 인도, 실론(오늘날 스리랑카), 인도양을 넘어 마다가스카르와 홍해까지 갔다가 이집트, 팔레스타인, 시리아로 돌아오는 여행을 했다. 926년에 티베리아스에서 갈릴리 해 주변을, 943년까지 안티오크 또는 실리시아에서 지중해 연안을, 2년 뒤에는 다마스쿠스를 여행했다.[25] 그는 유용하거나 호기심이 생길 수 있는 모든 주제와 시간이 지나면서 생겨나는 모든 지식을 다룬 자신의 책을 '왕과 학자에게 바치는 선물'이라고 했다. 마수디는 작품 전반에 힌두-아라비아숫자를 썼는데, 천문학 표를 수집하고 지구의 둘레와 지름에 대한 터무니없는 사실들을 연관시킨 천문학자 호세인Hosaïn의 설명에서 시작했다.[26]

스페인 북부의 작은 마을 알벨다에는 성마르틴수도원이 무너진 채 있다. 전성기였던 10세기에 이곳은 서유럽에서 가장 중요하고 진보적인 문화의 중심지였다. 아마 북서부의 카스티야를 지중해와 연결하는 에브로 강의 무역로에 있었기 때문인 듯하다. 이곳에 방대한 도서관이 있었는데, 1부터 9까지 아라비아숫자에 대한 서유럽 최초 기록을 포함해 서구에서 구할 수 있는 중세 스페인어 저작을 가장 풍부하게 보유하고 있었다. 세비야의 이시도로Isidor가 976년 수도원에서 쓴 라틴어 필사본《어원사전Etymologiae》은 4를 제외한 숫자들의 현대적 형태를 이미 어느 정도 보여 주었다. 형태는 시간이 지나면서 진화했지만 기본 양식과 변별적 특징은 하나의 표준으로 수렴되었다. 수렴 시기를 정확히 짚어 낼 수는 없지만 망명 수학자들을 넘겨준 것이 결정적으로 작용했을 것으로 본다.

인도 산술학에 대한 아랍 저작 중 가장 오래된 것은 알유클리디시Abu'l-Hasan Ahmad ibn Ibrahim al-Uqlidisi의《인도 산술에 관한 책Kitab al-fusul fi'l-hisab al-hindi》으로, 952년 무렵 다마스쿠스에서 지어졌다. 또 아랍에서 인도숫자를 사용한 예 중 가장 이른 것은 파피루스에 쓰인 두 가지 법률 문서로, 살아 있는 악어를 숭배하는 원주민을 목격한 그리스 탐험가가 이름 붙인 도시인 크로코딜로폴리스에서 발견되었다. 이 문서들에는 아랍숫자로 873~874년과 888~889년이 표시되어 있고, 그다음으로 오래된 사례는 11세기에야 나온다. 1204년쯤 사망한 모로코 수학자 이븐 알야사민Ibn al-Yasamin의 설명처럼 12세기까지 이슬람 세계의 동쪽과 서쪽에서 힌두-아라비아숫자의 표기가 확연히 달랐다. 또 힌두-아라비아숫자를 쓴 책 중 가장 오래된 것으로 알려진 이탈리아 방언으로 된 《새로운 계산에 관한 책Libro di nuovi conti》은 1260년 무렵 쓰였지만 현존하지 않는다.[27]

이 모든 기록과 증거를 통해 숫자의 기원에 대해 어떤 결론을 내릴 수 있을까? 그 기원은 인도숫자인가? 아랍? 중국? 프랑스? 전문가들은 힌두-아라비아숫자의 기원에 대해 거의 2세기 동안 논쟁을 벌였다. 그중 한 명이 프랑스의 수학자이자 역사학자인 샤슬레Michel Chasles다. 그는 명백히 가짜인 문서들을 근거로 삼아 프랑스가 기원이라고 했는데, 불타는 애국심에 터무니없는 주장을 한 셈이다.[28]

기원을 둘러싼
논쟁

정당한 방법으로는 문서를 수집할 수 없어서 괴로워하던 브랭뤼카Denis Vrain-Lucas는 파리의 여러 도서관에서 오래된 책들의 맨 앞뒤 쪽을 자르는 식으로 고문서를 훔쳤다. 그는 특별히 만든 잉크로 다양한 글씨체를 흉내 내 문서를 위조하고, 이상한 낌새를 알아차리지 못한 수집가들에게 그 위조문서들을 팔았다.

 법원 직원이자 아마추어 역사가였던 그는 역사적으로 아주 중요한 사본을 모으는 데 꽤나 열정적이었다. 1855년 즈음부터 16년 넘게 서명이 있는 위조문서를 2만 7000개 이상 팔았다. 그중 상당수는 그가 좋아하던 샤슬레에게 팔았고, 샤슬레는 1861년부터 9년간 수십만 프랑을 그에게 지불했다. 파스칼Blaise Pascal, 갈릴레오, 데카르트, 뉴턴, 라블레François Rabelais, 루이 14세Louis XIV가 서명한 편지들은 진짜처럼 보였을지도 모른다. 브랭뤼카는 사본 수집계에서 존경받으며 명성을 쌓은 터라 터무니없는 것도 그럴듯해 보이도록 할 수 있었다.

순진한 샤슬레는 안토니우스Marcus Antonius에게 클레오파트라Cleopatra가 서명해 보낸 (프랑스어!) 편지도, 알렉산드로스Alexandros 대왕의 서명이 있는 (역시 프랑스어!) 편지도 구입했다. 또 파스칼이 만유인력의 법칙을 발견했다는 걸 증명하는 파스칼, 뉴턴, 갈릴레오의 프랑스어 편지도 구입했다. 뉴턴이 만유인력 법칙에 관해 《프린키피아Principia》에 쓴 설명이 파스칼의 사망 25년 뒤에 출판되었으니, 파스칼이 서명한 그 편지의 존재는 실제로 놀라웠을 것이다. 1867년에 샤슬레는 프랑스 과학아카데미에 출석해 자신의 소중한 편지들을 증거로 제출했다. 과학아카데미의 일부 회원들은 믿을 수 없다며 의아하게 여겼지만, 다른 이들은 국가적 자부심에 휩싸여 사실이라고 믿었다. 1869년, 브랭뤼카가 위조에 관한 재판에서 2년형을 선고받았지만 샤슬레에게 배상하라는 압박은 없었다.[1] 사본들이 가짜였다는 것을 보여 주는 확실한 증거가 나온 뒤에도 샤슬레는 그것들이 진짜라고 고집했다.[2]

과학아카데미의 회원이던 리브리Guglielmo Libri Carucci dalla Sommaja 백작은 의심을 거두지 않았다. 1840년대 내내 샤슬레와 리브리는 프랑스 과학아카데미의 모임에서 주로 숫자와 대수의 기원에 대해 맹렬히 논쟁했다.[3] 학문적 책임이 있는 저명한 사람들 사이에서 이상한 책 도둑질이 일어난 것을 이해하기가 어려울지도 모른다. 하지만 19세기 프랑스에서는 그다지 비정상적인 일이 아니었다.

샤슬레는 프랑스가 5세기에 이미 보에티우스의 《산술De arithmetica》에 기록된 계산을 위해 10진법 자릿값 체계를 갖추고 있었다고 주장했는데, 그 책에 아라비아숫자로 된 곱셈표가 사용된 것 같았다. 나중에 학자들은 원래 책이 아라비아숫자를 사용했는지 의혹을 품었다. 그러나 샤슬레는 피보나치의《산반서》가 아랍 저자들의 영향을 받았다고 주장했다. 그러는 동안 샤슬레의 적수인 리브리 백작은 아랍 저자들이 사용한 산술과 자릿값 표기법의 인도 기원 문제를 다룬《이탈리아 과학의 역사 Histoire des science en Italie》를 출판했다.[4] 샤슬레는 당대 수 체계가 이탈리아인 피보나치가 쓴 책들을 통해 유럽으로 왔다는 리브리의 견해를 반박하면서 프랑스인 비에트가 유럽으로 들여왔다고 주장했다.[5] 이는 공개적인 불화였고, 서로가 강렬한 사회·정치적인 적대감을 가지고 싸웠다.

리브리는, 38세에 프랑스 도서관의 조사관장으로 임명되자 희귀본을 다루는 오랜 즐거움뿐만 아니라 많은 희귀 사본을 훔치려는 욕구를 감당하지 못했다. 그가 45세일 때 체포 명령서가 발부되자 그는 2만 권이 넘는 희귀 도서와 사본 들을 가지고 런던으로 도망갔다. 그중 어떤 책들은 그가 젊었을 때 피렌체의 메디치라우렌치아나도서관에서 훔친 것이었다.

10진법 자릿수 표기법이 인도에서 유래했다는 견해는 19세기의 많은 시간 동안 도전받았다.[6] 그리고 1907년, 영국령 인도제국의 여름 수도 심라에서 교육부 직원이 벵골아시아학회 잡지에 논문을 발표했다.[7] 그는 영국의 아마추어 인도학자 케이 George Rusby Kaye 다. 그는 논문에서 10진법 숫자와 자릿값 표기가 인도에서 유래했을 리 없다고 주장했다. 이 주장은 부분적으로《바크샬리 필사본》의 오역과 잘못된 연대 추정에서 나왔다. 자작나무 껍질에 산스크리트어와 프라크리트어로 쓰인 이 문서는 1881년에 (현재 파키스탄에 있는) 바크샬리의 어느 마을 근처에서 한 농부가 출토했다. 파편으로 발견되었고, 겨우 70장 정도 되는 자작나무 껍질이 남아 있다. 어쩌면 수백 개 였는데 조심성 없이 다뤄 훼손되어 버렸는지도 모른다.[8]

자릿수 체계뿐만 아니라 우리가 쓰는 숫자들의 한 변형이 분명《바크샬리 필사본》에 있다. 그러나 필사본의 연대는 여전히 논쟁거리다. 어떤 학자들은 400년, 다른 이들은 700년이라고 본다. 케이는 1200년이 그럴듯한 연대라고 주장했지만 아주 영향력 있는 1907년 논문에서 '우리는 더 나아가 완벽히 진실하게 10세기 전까지 힌두 수학의 전 영역에서 자릿값에 관한 구상이 쓰였다는 흔적이 조금도 없다고 말할 수 있다'고 썼다.[9] 그는 문제가 되는 표기법의 기원이 아랍이라고 시사했다. 그가 자릿수 표기법을 이해하지 못했거나 영국령 인도제국의 처지를 정치적으로 고려해서 인도 기원이 아닐 것 같다고 했는지도 모른다.[10] 최근 학자들은 그 언어가 3세기 이래 사멸했다는 믿음에 기초해 《바크샬리 필사본》의 연대를 기원전 200~300년으로 추정한다.[11] 파리제7대학에 있는 켈러Agathe Keller는 케이에 대해 이렇게 평가한다.

> 우리는 보통 과학의 이야기에서 과학의 역사가 마주하는, 이 이상하지만 익숙한 순간들 중 하나에 놓여 있다. 바로 사실의 부정이다. 케이의 태도를 어떻게 이해할 수 있을까? 그는 분명히 그런 주장을 반박하는 내용을 볼 수 있었다.[12]

아리아바타는 10진법을 알고 있었다. 브라마굽타도 마찬가지다. 《브야사바샤Vyasa-Bhasya》는 5세기나 6세기에 브야사가 산스크리트어로 쓴 요가에 관한 이야기로, 이 책에 수학적 비유로 된 설명이 있다. "똑같은 숫자 1이 100의 자리에서 100을 나타내고, 10의 자리에서는 10을, 1의 자리에서는 1을 나타낸다." 따라서 힌두인은 아랍인보다 훨씬 앞서 10진법을 알았다.[13] 10진법은 중국에 이미 알려져 있었다. 케이는 어떻게 우리의 수 체계가 인도에서 유래했음을 부정할 수 있었을까?

나중 논문에서 케이는 힌두-아라비아숫자 표현의 역사가 당시 너무 많은 위조문서들 탓에 복잡해졌다고 했다.[14] 그리고 초기 인도 수학자들의 덕이라고 본 수학을 서양에서 이미 많이 알고 있었다고 시사했다. 켈러는 케이가 '서양 지식'이라는 말을 통해 아랍 학자들이 서구에 전한 그리스-라틴의 지혜를 뜻하려고 했다고 믿는다. 자릿값이 초기 산스크리트어 글에서 시작되었다는 견해가 케이에게 고통스러웠던 것 같다.

케이의 글이 심각하게 받아들여지지 않았다면 다 괜찮았을 것이다. 하지만 그의 글들은 인도학자들 사이에서 유명했고, 아주 존경할 만한 수학 역사가들이 그것을 인용했다. 심지어 스미스, 카르핀스키, 카조리, 사턴George Sarton같이 20세기 초반의 뛰어난 학자들까지도 인용했다. 저명한 인도 수학 역사가 다타Bibhutibhusan Datta가 1927년에도 이렇게 썼다.

> 지금 이와 같은 출판물의 중대함과 중요성은 과학의 역사를 사랑하는 모든 이에게 명백하다. 그리고 그들은 《바크샬리 필사본》을 설명하고 편집하느라 대단히 수고한 케이에게 분명히 고마워한다.[15]

빈자리를 나타내는 0을 포함한 숫자 열 개가 인도로부터 아랍을 거쳐 서구로 전해진 것은 분명해 보인다. 따라서 이 책에서는 이를 인도숫자라고 부를 것이다.

알콰리즈미는 인도숫자를 산스크리트 기호로 설명했다. 그러나 그의 작은 책 《인도숫자에 의한 계산법》은 13세기에도 라틴어로 번역되지 않았고 유럽에 전해지지도 않았다. 그때도 상인들은 여전히 로마숫자로 계산하고 있었다. 이것이 우리 숫자의 기원에 대한 혼란을 일으켰을지도 모른다. 인도인은 분명히 시리아 서쪽 너머까지 진출했다. 브라흐미인은 470년에 로마 왕실의 손님으로 알렉산드리아를 방문했다. 그러나 그렇게 이른 시기에는 숫자가 지적·과학적 보석으로 여겨지지 않고 '오히려 항구에서 알려진 외지인들의 숫자로 여겨졌다'.[16]

진실이 무엇이건 간에 인도숫자는 5세기쯤 무역로를 따라 시리아를 지나 알렉산드리아에 전해졌을 가능성이 아주 높다. 숫자는 유럽과 긴밀히 연관되어 있던 알렉산드리아에서부터 서쪽으로 이동했다.

맨 처음이 언제였건 간에 아홉 개의 숫자는 모양이 가지가지였다. 그러나 피보나치가 《산반서》를 쓰던 13세기 초까지 이 모양은 몇 가지 예외를 빼고는 오늘날 우리가 보는 모양으로 정착했다.[17] 당시 로마숫자를 가지고 힘들게 수를 읽고 계산하던 유럽인들은 선물을 받았다. 무한히 많은 모든 수 중 임의의 수를 나타내는 데 기호 열 개만으로 충분하다는 깨달음이었다. 로마숫자 체계는 그런 일을 할 수 없었다. 10의 거듭제곱마다 새로운 기호가 필요했기 때문이다.[18]

물론 어떤 숫자 체계를 쓰든 시간과 끈기가 있다면 계산은 할 수 있었다. 그들은 항상 계산해 왔다! 자릿값을 갖는 아홉 개의 숫자와 0으로 된 훌륭한 체계와 쉬운 산술이 있기 오래전부터 동양에서는 주판이 상인, 천문학자, 수학자 들에게 어려운 계산을 하는 편리한 도구로 쓰였다. 주판은 이런저런 형태로 거의 5000년간 상당히 효과적인 계산 도구로 쓰였고 10세기에 서쪽으로 퍼져 나갔다.[19]

산술은 처음에 시장에서 등장해 천문학을 공략하는 데까지 나아갔다. 수는 그것을 묘사하는 데 쓰인 상인들의 언어에서 나온 것이 틀림없다. 이것들이 어떤 표기법으로 상징화되기 전에는 그저 단어였다. 큰 수를 나타내는 쉬운 방법은 0의 발명과 함께 등장했고, 우리는 일-영, 아-영, 일-영-영 등이라고 말할 수 있게 되었다. 단 하나의 수가 무한히 많은 다른 수를 표현하는 데 쓰이고 또 쓰일 수 있다. 우리는 그 단 하나의 수를 가지고 이미 가진 수를 죽 쓰면서 잠재적으로 무한히 많은 수를 쓴다고 이해한다.

인도숫자를 나타내는 단어가 상인과 무역 종사자 들에게 널리 퍼져 나갔어도 표준이 되는 과정은 달팽이처럼 느렸다. "16세기까지 새로운 수는 학교와 거래에서 완전한 승리를 거두지 못했다. 심지어 코페르니쿠스Nicolaus Copernicus가 사망한 1543년에 출판된 그의 유명한 저작《천체의 회전에 관하여 De revolutionibus orbium coelestium》만큼이나 한참 뒤까지도 로마숫자와 인도숫자의 이상한 혼합과 글자로만 적힌 수가 보인다."[20]

우리 수 체계의 기원에 관한 세심한 연구들은 많았다. 하지만 100년 넘게 학문적으로 폭넓은 연구를 하고도 우리는 여전히 그 시작과 진화에 대해 개략적인 추측만 할 수 있다(그림 8-1).

우리는 숫자의 언어 형성 과정에 대해 조사할 수 있다. 거의 모든 문화에서 값이 작은 숫자를 쓰는 방법은 점이나 선에서 출발한다. 칼, 정, 나뭇가지, 갈대처럼 맨 처음에 가지고 있던 도구에 따른 결과일 가능성이 높다. 나무나 돌이나 점토에 쓰는 속도는 느렸을 것이다. 하지만 파피루스, 양피지 또는 종이에 잉크로 쓰게 되었을 때는 붓이나 펜을 들 필요가 없어서 속도가 붙었다. 1부터 9에 이르는 오늘날 우리의 수 하나하나는 마치 의도한 것처럼 단번에 쓴 부호다. '2'를 자연스럽게 만든 과정은 二 → ㄹ → 2인 것 같다. 이에 대해 확증은 없지만 맞는 추측인 듯하다. 대각선은 펜이나 붓을 양피지에서 충분히 들어 올리는 데 시간을 낭비하지 않으려다 보니 위에서 아래로 잉크

스페인의 알벨다수도원에서 976년에 쓰인 〈코덱스 비질라누스〉.
한두—아라비아숫자를 쓴 유럽의 필사본 중 가장 오래되었다.

취리히대학 도서관에 소장된 10세기의
〈생갈 필사본St. Gall manuscript〉.

바티칸도서관 소장(MS 3101), 1077년.

《산반서》, 피렌체 이탈리아국립도서관
(Magliabech C. 1, 2616, fol. 1v), 1202년.

바티칸도서관 소장(gr. 184, s XIII)
《격언집Maxime Planude》, 1300년 무렵.

턴스털Cuthbert Tunstall의 《계산의 기술De Arte Supputandi》, 1522년.

그림 8-1 인도숫자들의 형태 기록

동서양에서 일어난 숫자들의 변형과 형태의 기록 변화에 대한 포괄적인 설명은 Charles Burnett, "Indian Numerals in the Meditarranean Basin in the Twelfth Century, with Special Reference to the 'Eastern Forms'", *China to Paris: 2000 Years' Transmission of Mathematical Ideas*, ed. Yvonne Dold-Samplonius, Joseph Dauben, Menso Folkerts, and Benno Van Dalen(Wiesbaden: Franz Steiner Verlag, 2002), 237~284를 보라.

가 흐르면서 만들어진 것으로 보인다. '3'도 수평 막대 세 개를 빨리 쓰면서 자연스럽게 생겼을 것이다.

하지만 '4'는 어떻게 생겼을까? 언뜻 보기에는 수직, 수평, 대각선 방향의 세 획만 있는 것 같다. 그것을 두 개의 각 ⌐, 즉 빨리 그은 짧은 선 네 개 ⊣⊢로 보면 끊어지지 않은 단일한 표시 4가 된다. 대각선은 수직 획에서 수평 획으로 가다가 의도치 않게 생긴 것이다.

이상하게도 현대 숫자체에서 획수는 기수와 직접적 연관성이 없다. 수를 나타내는 기호의 초기 형태 흔적을 더는 찾을 수 없다. 예를 들어(그림8-1), 10세기에서 16세기까지 5는 가끔 뒤집어졌다가 그러지 않기도 하면서 'h'와 아주 닮아 보였다. 16세기가 되기 전에 4는 오늘날의 4와 전혀 닮지 않았다.[21]

역사는 의도하지 않은 결과, 종종 예견하거나 제어하기 어려운 우연에 따라 움직인다. 햇빛은 얕은 물웅덩이의 점액을 데워서 지구상의 생명이 시작될 생화학적 조건을 천천히 만든다. 지진은 문명을 묻어 버린다. 지도자들의 기벽에서 영악함을 예견할 수도 없고, 그들이 결정한 모험에 따른 보상을 예견할 수도 없는 의도치 않은 원인에 따라 나라가 바뀐다. 1차세계대전의 평화조약이 가져올 결과를 제대로 알았다면 2차세계대전은 일어나지 않았을 수도 있다. 또 히틀러Adolf Hitler가 어렸을 때 류마티스 열로 죽었다면 20세기가 아주아주 달라졌을지도 모른다. 이성적인 과정이 어떤 구실을 한다고 해도, 우연과 결과를 엮어 내는 구실뿐이다. 어떤 사람은 태어나고 다른 사람은 너무 짧은 삶을 살 수 있으며, 자연재해가 중요한 질문의 대답에 관한 단서를 파괴할 수 있고, 어떤 문서는 손실되고 다른 문서는 발견될 수도 있다. 인류 운명의 연대표에서 흐름은 환상에서 나온 것만큼 따분하기도 하고, 풍랑이 이는 바다만큼 혼란스럽기도 한 듯하다.

고대 문서에 찍힌 표기는 어느 정도 난관을 품고 있다. 아무리 조심스럽게 문서를 조사해도 그 표기법이 어떻게 등장했는지에 관해서는 항상 어느 정도 추측을 해야 하기 때문이다. 즉 필경사가 원본에 없던 것을 소개했는가, 인쇄인이 쉽게 작업하려고 표기법을 바꿨는가 하는 문제에 대해서 말이다.

역사가는 지은이의 생각이 무엇인지 또는 그 저술이 타인에게 어떻게 영향을 미쳤는지에 관한 전체 이야기를 정립하기 위해 최선을 다할 뿐이다. 때때로 모든 역사가가 의견의 일치를 보지 않는다. 인간 지식의 발전은 죽은 과학자의 자서전처럼 너무 많은 인과관계가 과학적, 경제적, 신학적, 정치적으로 얽히고설켜서 그저 어림짐작으로 연관성을 알아내는 경향이 있다. 수학의 초기 공헌자들이 마음속으로 무슨 생각을 했는지에 대해 아무도 우리에게 말해 주지 않는다.

이상한 일이 있기도 하지만 좋은 일도 일어난다. 이것이 역사가 작동하는 방식이다.

세상에서 가장 저명하다는 수학 역사가들도 의견이 항상 일치하지는 않는다. 이는 추가 연구를 위해 열린 질문을 남겨 두기 때문에 좋은 일이다. 이것이 역사의 흥미로운 점이 아닌가? 수십만 년 동안 땅속에 묻혀 있던 유기체가 갑자기 지진으로 드러나고, 수도원 도서관에 있던 1000년이나 된 성서가 오랫동안 행방을 모르던 수학책 위에 덧쓴 것으로 밝혀지며, 수백 년간 화산재에 덮여 보존되었던 사본이 다시 나타나 진실을 말해 주듯이 역사는 예상치 못한 경이로운 것들에 따라 수정된다. 그리고 그것은 모든 세기에 일어난다.

수학기호의 위대한 창시자들

dy/dx와 $\int dx$ ——

제곱의 제곱을 나타내는 x^4처럼 거듭제곱이나 지수를 나타내기 위한 첨자를 썼다. ——

현대적인 곱셈과 비례의 기호가 보편적으로 나타났다. ——

미지수를 나타내기 위한 모음과 알려진 값을 나타내기 위한 자음 ——

지수를 쓰기 위한 지표 방식. 예를 들어, 1②−3①+2⓪이 x^2-3x+2를 뜻할 것이다.

다항식의 지수에 숫자들을 가지고 번호를 매기기 시작했다. ——

등호＝를 소개했다. ——

다항 방정식의 복소수 값을 갖는 해를 인식했다. ——

문자 M과 D를 곱셈과 나눗셈을 위해 썼다. 따라서 3②D sec ①M ter ②는 $\dfrac{3x^2z^2}{y}$ 를 나타낸다. ——

제곱근, 세제곱근, 네제곱근을 위한 기호 ✔, ⩗, ⩘ ——

미지수의 거듭제곱을 ℝ, ℝ²······ 으로 나타내고 제곱근을 ℞로 표기했다. ——

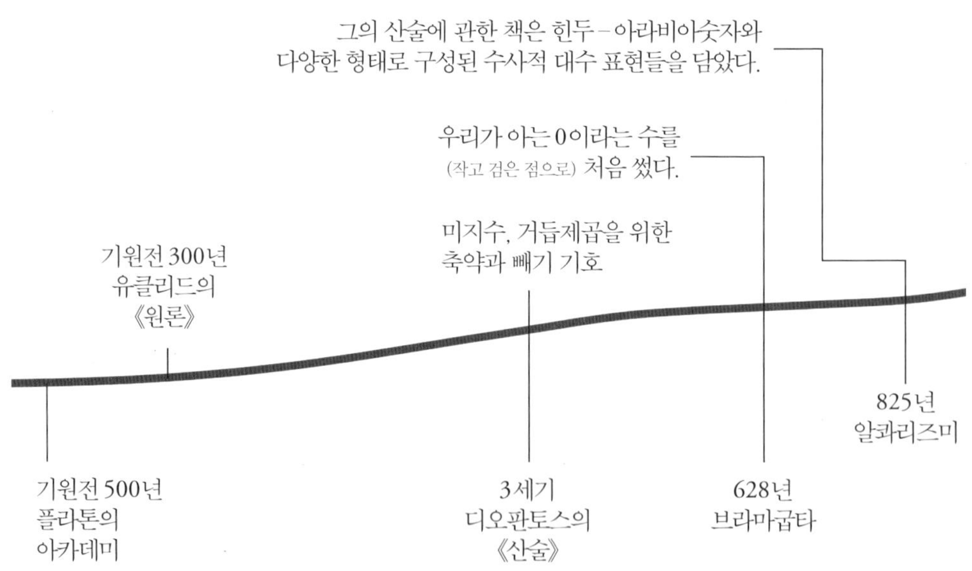

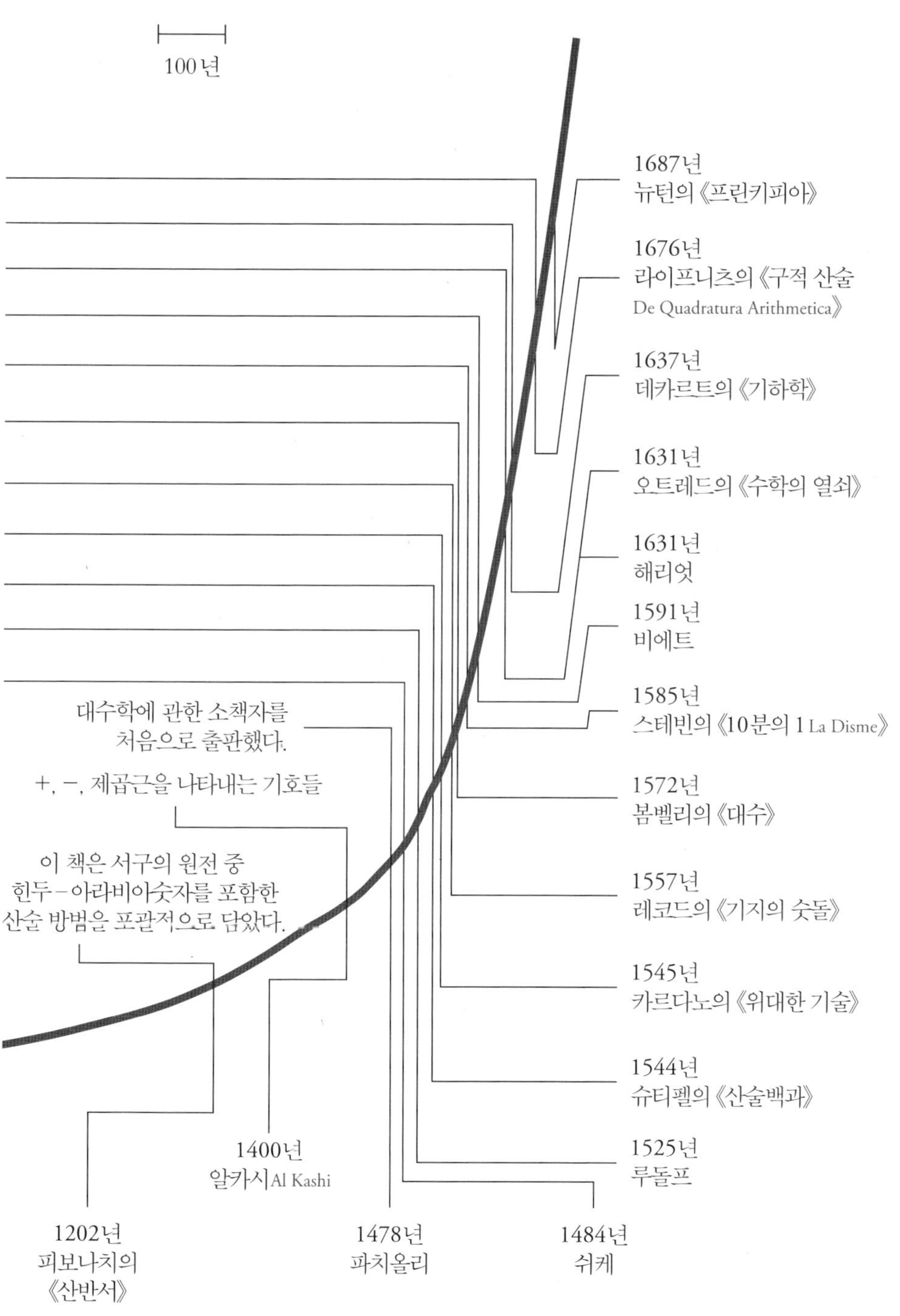
100 년

1687년
뉴턴의《프린키피아》

1676년
라이프니츠의《구적 산술
De Quadratura Arithmetica》

1637년
데카르트의《기하학》

1631년
오트레드의《수학의 열쇠》

1631년
해리엇

1591년
비에트

1585년
스테빈의《10분의 1 La Disme》

1572년
봄벨리의《대수》

1557년
레코드의《기지의 숫돌》

1545년
카르다노의《위대한 기술》

1544년
슈티펠의《산술백과》

1525년
루돌프

대수학에 관한 소책자를
처음으로 출판했다.

+, −, 제곱근을 나타내는 기호들

이 책은 서구의 원전 중
힌두−아라비아숫자를 포함한
산술 방법을 포괄적으로 담았다.

1400년
알카시 Al Kashi

1202년
피보나치의
《산반서》

1478년
파치올리

1484년
쉬케

2부

대수의 역사
Algebra

인도숫자가 유럽으로 전해지기 전으로 거슬러 올라가 보자.

중요한 문헌과 창시자들

기호를 처음 기록했거나 아주 잘 알려진 사람들이다.

디오판토스(200?~284?) 알렉산드리아의 그리스인 수학자.

3세기에 《산술Arithmetica》을 썼으며, 빼기 ⋔와 미지수 ㄴ를 위한 기호를 처음 썼다.

히파티아Hypatia(370?~415) 그리스인 수학자.

주목할 만한 최초의 여성 수학자이자 《산술》의 주석자다.

아리아바타(476~550) 인도의 수학자이자 천문학자.

미지수를 나타내기 위해 문자를 사용했다.

브라마굽타(598~668) 인도의 수학자이자 천문학자.

0(작은 검은 점)을 수로서 사용한 최초의 저자일 가능성이 높다(621). 《브라마스푸타시단타》(628)를 썼고, 이 책에서 제곱과 제곱근을 위한 축약형과 특정 문제에서 나오는 미지수들 각각에 대한 축약형을 사용했다. 음수와 양수의 사용에 관한 규칙을 소개했다.

알콰리즈미(780?~850?) 페르시아의 수학자이자 천문학자이며 지리학자.

지혜의 전당 학자로, 《대수》(830)를 썼다. 수사적인 대수식을 다양한 형태에 따라 체계화했다.

마에스트로 다르디(자코포)Maestro Dardi di Pisa(Jacopo) 이탈리아 수학자.

1344년이라고 적힌 미출간 필사본 《대수Aliabraa argibra》를 썼다. 이것은 이탈리아 방언으로 쓰이고 대수학만 다룬 책 중 가장 오래되었다.

파치올리(1446?~1517) 이탈리아 수학자.

대수학에 관한 그의 소책자는 출판된 것 중 가장 오래된 것인데, 그가 그것에 《알제브라 에 알무카발라Alghebra e Almucabala》(복구와 비교 또는 반대와 비교 또는 해결과 등식)라는 아랍 이름을 붙였다(1478).

쉬케Nicolas Chuquet(1455~1488) 프랑스 수학자.

《수 과학 3부작Le Triparty en la Science des Nombres》(1484년 무렵)을 썼다. 거듭제곱

의 종류를 R, R^2…… 등으로 정리하고 제곱근을 ℞로 표기했다.

비드만 Johannes Widmann(1460~1498) 독일 수학자.

1489년에 쓴《모든 거래의 현명하고 깔끔한 계산》에서 더하기를 위한 기호로 +를 소개했다.

슈티펠 Michael Stifel 또는 **스티펠리우스** Stifelius(1487~1567) 독일 수학자.

1553년에《미지수Die Coss》의 편집본을 출판했다. 문자 'M'과 'D'를 각각 곱셈과 나눗셈을 위해 썼고, 따라서 3 ②*D sec* ①*M ter* ②는 $\frac{3x^2z^2}{y}$을 뜻한다. 여기서 *sec*와 *ter*는 두 번째와 세 번째 미지수를 나타낸다.

루돌프 Christoff Rudolff(1499~1545) 독일인. 교재 집필자.

1525년에《미지수Die Coss》를 썼으며 기호 $\surd$, $\surd\!\surd\!\surd$, $\surd\!\surd$를 각각 제곱근, 세제곱근, 네제곱근을 위해 만들어 넣었다.

카르다노 Gerolamo Cardano(1501~1576) 이탈리아인 의사이자 수학자이며 점성술사.

1545년에《위대한 기술Ars Magna》을 쓰고, 3차방정식과 4차방정식을 풀었다. 허수와 복소수 근을 인식했다.

레코드 Robert Recorde(1512?~1558) 웨일즈인 의사이자 수학자.

그가 쓴《기지의 숫돌The Whetstone of Witte》(1557)이 널리 읽혀 등호=가 북유럽 나라들에 소개되었다.

봄벨리 Rafael Bombelli(1526~1572) 이탈리아 수학자.

3차방정식과 4차방정식의 근을 연구했다. $\overset{0}{\smile}$, $\overset{1}{\smile}$, $\overset{2}{\smile}$……를 미지수, 그 제곱, 세제곱 등을 나타내기 위해 썼다.

크실란더 Guilielmus Xylander 또는 **홀츠만** Wilhelm Holzmann(1532~1576) 독일인 학자.

유클리드의《원론》과 디오판토스의《산술》을 라틴어로 옮긴 고전학자다.

비에트(1540~1603) 프랑스 수학자.

수를 일반적인 대상으로 나타내기 위해 문자를 쓰고, 그것에 수와 똑같은 대수적 추론과 규칙을 적용했다.

스테빈(1548~1620) 플랑드르인 수학자이자 기술자.

그의《산술L'Arithmetique》(1585)에서 지수라는 것을 쓰기 위해 지표 방식을 이용했다. 즉 x^2-3x+2를 1②−3①+2⓪로 썼을 것이다.

해리엇Thomas Harriot(1560~1621) 영국의 천문학자이자 수학자이며 민속학자.

다항식을 0과 같다고 놓고, 만약 a가 차수가 5보다 작은 다항 방정식의 근이라면 $x-a$가 그 다항식의 인수라는 것을 알아냈다.

오트레드William Oughtred(1574~1660) 영국 수학자.

《수학의 열쇠Clavis Mathematicae》(1631)를 쓰고 100개가 넘는 상징을 발명했으나 그중 열 개 정도만 17세기 이후까지 유지되었다. ×는 곱셈을 나타내기 위해, :은 나눗셈을 나타내기 위해 썼다.

에리곤Pierre Hérigone(1580~1643) 프랑스인 수학자이자 천문학자.

《수학 코스Cursus mathematicus》(1634)의 저자다. 거의 전적으로 기호만 가지고 여섯 권짜리 대수책을 썼다. 수직과 각도 기호로 ⊥, ∠를 발명했다.

바셰Claude Gaspard Bachet(1581~1638) 프랑스인 수학자이자 언어학자.

디오판토스의 《산술》을 그리스어에서 라틴어로 처음 번역했다(1621).

데카르트(1596~1650) 프랑스인 수학자이자 철학자.

《기하학La Géométrie》(1637)을 썼으며 다항식의 양의 정수 지수를 나타내기 위해 숫자 첨자를 쓰고 각 거듭제곱에 숫자로 등급을 매겼다. 알파벳의 앞쪽 문자로는 알고 있는 고정 양을, 뒤쪽 문자로는 변수나 미지수를 나타내는 관례를 확립했다.

월리스John Wallis(1616~1703) 영국인 수학자.

《보편적 수학Mathesis Universalis》(1657)과 《무한 산술Arithmetica Infinitorum》(1655)을 썼으며 음의 지수를 사용하고 무한대를 기호로 나타냈다.

뉴턴(1642~1727) 영국인 물리학자이자 수학자이며 연금술사.

미지의 변수를 곡선을 따라 흐르는 양인 변량(우리가 '종속변수'라고 부르는 것)으로 인식했다. $\dot{x}, \dot{y}, \dot{z}$처럼 위에 점을 찍은 문자로 도함수를 나타냈다.

라이프니츠Gottfried Wilhelm Leibniz(1646~1716) 독일인 수학자이자 철학자.

극한과 상징의 개념적인 거듭제곱을 이해했으며 분명하게 저술하려는 뜻에서 기호에 우선순위를 두었다. 미적분학에 알맞은 기호들을 발명했다.

오일러Leonhard Euler(1707~1783) 스위스인 물리학자이자 수학자.

《프랑스 과학아카데미 상 수상 작품집Recueil des pieces qui ont remporté le prix de l'Academie royale des sciences》(1777)에서 $\sqrt{-1}$을 i로 표현했다.

존스 William Jones(1746~1794) 영국 웨일스의 문헌학자이자 고대 인도 연구가.
그리스문자 π를 도입했다.

디리클레 Peter Gustav Lejeune Dirichlet(1805~1859) 독일 수학자.
현대 함수의 개념을 도입했다.

해밀턴 William Rowan Hamilton(1805~1865) 아일랜드인 물리학자이자 수학자.
복소수를 포함하는 4차원에서 새로운 수 체계인 '4원수'를 도입했다.

기호 없이

몇 년 전 나는 현존하는 유클리드의《원론》사본 중 가장 오래된 것(MS D'Orville 301)을 훑어볼 아주 드문 기회를 얻었다. 여왕의 응접실 방문 허가를 얻는 것만큼이나 쉽지 않은, 아주 적은 사람들에게만 허락되는 특권이었다. 우선 저명한 수학 교수의 추천서를 받아야 했다. 그래서 기사 작위를 받은 교수에게 추천서를 받았는데, 어쩌면 그런 추천서가 필요 없었을지도 모른다. 약속된 날 한 남자가 옥스퍼드에 있는 보들리도서관의 특별소장품실 밖에서 나를 맞이했다. 링컨Abraham Lincoln처럼 보이는 얼굴에 숱이 많은 눈썹과 움푹한 볼을 가진 야윈 남자는 나를 어떤 방으로 안내하더니 선서를 시켰다.

나는 어떤 식으로든 이 도서관이 소유하거나 관리하고 있는 책이나 문서 또는 다른 물건을 가져가지 않고, 거기 아무 표시도 하지 않고, 외관을 훼손하지 않으며, 손상하지 않을 것을 맹세합니다. 어떤 불이

나 불꽃도 도서관에 가지고 들어가거나 불붙이지 않으며, 담배를 피우지 않을 것을 맹세합니다. 그리고 도서관의 모든 규칙에 따를 것을 약속합니다.

거기서 나는 보들리도서관의 소장품들을 소중히 다루겠다고 맹세하고, 금지된 일들이 적힌 목록 중 어떤 것도 하지 않는 데 동의했다. 펜이나 사진기도 쓰지 않기로 했다. 그러고 나서 하얀 장갑을 끼고 특별한 펜으로 방명록에 서명하라는 요청을 받았다.

서명한 쪽을 흘끗 본 나는 멈칫했다. 내가 한 서명이 바로 뉴턴의 서명에서 열두 줄 밑에 있고, 내 서명이 앞으로 수천 년 동안 거기에 남을 수도 있다는 것을 불현듯 깨달았기 때문이다. 야윈 남자는 갑자기 펜을 회수하더니 링컨처럼 심각한 얼굴로 경고했다. "어떤 상황에서건 장갑을 끼지 않은 손으로 책을 만지면 안 됩니다!"

나는 정말 훌륭한 문서와 함께 방에 홀로 남았다. 고문서와 함께 있다는 것에 내가 얼마나 흥분하고 영광스러웠는지 표현할 길이 없다. 나는 고대 수도원의 수도승, 나만의 도서관을 가진 보헤미안 백작, 고문서에 기호가 전혀 없는 이유를 의심하며 곰곰이 생각에 잠긴 뉴턴이 된 것 같았다. 나는 그 방에서 과거의 모든 학자, 필경사, 지난 세기의 수학자, 특히 888년에 파트레의 아레타스Arethas를 위해 양피지에 저작을 수고스럽게 베낀 서기와 영적으로 연결되는 것을 느꼈다. 내가 하얀 장갑을 낀 손으로 그 문서를 조심스럽게 한 장 한 장 넘겼다(그림 9-1).

물론 점을 나타내는 문자와 직선을 나타내는 두 문자, 각을 나타내는 세 문자를 빼면 아무 수학기호도 없었다. 순차적인 그리스문자로 표시된 정수

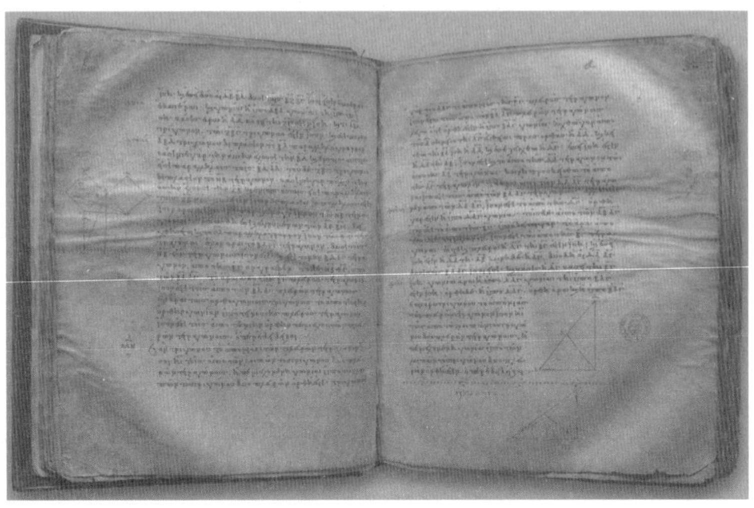

그림 9-1 보들리도서관에 있는 큰 B의 그림

클레이수학연구소 역사아카이브 http://www.claymath.org/library/historical/euclid/images/
euclid_1_48.jpg 옥스퍼드대학 보들리도서관, MS D'Orville 301, fols. 31v–32r.

와 유리수는 있었다. 하지만 틀림없이 똑같은 맹세에 나처럼 서명했을, 이미 고인이 된 수많은 이들이 여백에 끼적거린 것 말고는 덧셈 기호나 곱셈 기호 또는 등호도 있으리라고 기대하지 않았고 발견할 수도 없었다. 여백에는 뉴턴이 남겨 놓았을 것 같은 기하학적인 그림과 대수방정식에 인도숫자로 된 메모까지 가득 차 있었다.

오늘날 우리는 추천서나 장갑 없이도 똑같은 문서를 온라인에서 찾아볼 수 있다. 클레이수학연구소와 보들리도서관과 Rarebookroom.org 덕분에 이 사본 전체를 누구나 볼 수 있는 것이다. 더구나 각 권은 영어 번역과 함께 사본 이미지에 맞춰 붙인 그리스어 찾아보기까지 포함하고 있다.[1]

이 사본은 $(a+b)^2 = a^2 + 2ab + b^2$ 같이 단순한 항등식을 증명하는 방법을 보여 준다. 하지만 유클리드의 저작에서 거듭제곱이나 더하기나 빼기를 나타내는 기호는 발견하지 못할 것이다. 왜냐하면 그의 서술은 기하학적이고 완전히 수사적이었기 때문이다. 심지어 《원론》의 첫 인쇄본도 기호를 전혀 포함하지 않았다. 히스Thomas Heath의 번역에 따르면, 2권은 명제 7을 다음과 같이 서술했다.

> 직선을 임의로 자를 경우 전체 위의 정사각형은 각 부분 위의 정사각형 및 부분들이 만든 직사각형의 두 배와 같다.[2]

이 기하학 서술을 우리에게 익숙한 식으로 옮기면 다음과 같다.

$$(a+b)^2 = a^2 + 2ab + b^2$$

수학이 항상 현대 수학과 같은 모습은 아니었다. 수학의 엄밀성이, 논리적으로 기본 가정에 닿을 수 있도록 잘 구성된 한정 서술만의 문제는 아니다. 서구 수학은 증명의 개념이 훨씬 더 유연하고 엉성하던 수천 년 전 바빌로니아와 이집트의 계산에서 실제 응용이라는 성공적 유산을 물려받았다. 목표는 설득이지 엄밀성이 아니었다. 엄밀성은 유클리드와 알렉산드리아 학파가 기본 가정에 기초한 증명의 개념을 형성한 이후 300년에 걸쳐 천천히 발진할 것이었다.

현존하는 기하학의 역사 중 가장 오래된 것으로 프로클로스Proklos의 《유클리드의 원론 제1권에 대한 주석Eis Proton Eukleidou Stoicheion Biblon》을 꼽을 수 있다. 프로클로스는 로도스의 유데모스Eudemos가 쓴 더 오래된 역사를 요약한 철학자이자 역사가다. 프로클로스부터 플루타르코스Plutarchos까지 5세기 이전 역사가들은 우리에게 기원전 6세기의 철학자인 밀레토스의 탈레

스Thales가 새로운 지적 보물, 바로 추상적 기하학을 그리스철학에 소개했다고 이야기한다.[3]

기하학의 아버지에 대해서는 알려진 것이 거의 없다. 유클리드가 태어나고 죽은 시기도 확실하지 않다. 그는 《원론》으로 알려진 위대한 책, 기원전 300년대에 알려진 거의 모든 수학을 집대성한 교과서의 편집자이자 편찬자일 수도 있다. 하지만 그가 그 엄청난 증명들을 모두 혼자 직접 한 수학자는 결코 아니다. 우리는 '유클리드가 ……을 증명했다'고 말하지만, 이 말은 이런저런 정리를 《원론》 열세 권 안에서 볼 수 있다는 뜻일 뿐이다. 아마 유클리드라는 사람은 많은 정리들을 십중팔구 플라톤 아카데미와 연관된 다른 이들, 즉 에우독소스Eudoxos와 테아이테토스Theaitetos에게 배웠을 것이다. 정리를 배운다는 것이 공리적이고 논리적 방법 없이 증명한다는 뜻일 수는 없다. 현명하고 믿을 만한 주장 덕에 어떤 기하학적 정리를 직관적으로 참이라고 느낄 수는 있다. 그래도 이런 주장은 공리나 반박할 수 없는 논리를 따르는 자명한 진실로부터 증명해 가는 유클리드의 뛰어난 구성 방식에 비해 설득력이 적었다. 《원론》은 수학에 근본적인 속성, 증명의 첫 전형을 주었다.

피타고라스 정리는 유클리드의 《원론》이 나오기 전부터 수백 년 동안 알려져 있었다. 이집트인이 이 사실을 알았다. 중국인과 인도인도 알았고, 분명히 피타고라스학파도 그랬다. 그러나 이 증명은 의심할 여지 없이 《원론》 1권 끝부분에서 46개의 다른 명제들 다음에 확립되었다.

유클리드는 알렉산드리아에서 활발히 활동했다. 기원전 331년에 알렉산드리아를 세운 알렉산드로스 대왕은 프톨레마이오스 1세Ptolemaeos I 장군에게 통치권을 넘기고 디노크라테스Deinocrates에게 도시계획 설계를 맡겼다. 이 계획은 직선 대로들이 수직으로 교차하는 격자 안에 도시가 펼쳐지게 하는 것이었다. 유클리드 시대가 되자 이미 도시는 활기찬 성장기에 접어들었다. 거대한 도서관 두 곳이 항구에 들어온 배에 실린 책의 사본으로 가득 채워져 있었다. 극장에서는 공연이 펼쳐지고 철학 학교들이 급증하고 있었다.

유클리드 시대 이후 500년간 알렉산드리아는 계속 수학, 과학, 의학 분야에서 학문과 지식의 중심지였다. 디오판토스가 살아 있던 3세기에도 이 도시는 여전히 경이로운 곳이었다. 넓은 대로와 샛길은 돌로 포장되었으며 밤에는 횃불이 희미한 빛을 냈고, 그 뒤 2000년간 유럽의 어느 도시보다도 밝게 빛났다. 도시의 성벽을 따라 석회석 돌기둥이 죽 늘어서 있고, 공원과 클레오파트라의 기념비도 있었다. 향수와 양피지는 유리공예, 석고 조각과 함께 여전히 번창하는 제조업의 일부였다. 신전, 예배당과 함께 노점상, 공연자, 고리대금업자, 매춘부도 존재했다. 그곳은 '극단적 관능성과 높은 이성이 넘실대는 고대의 파리 같은 도시'였다.[4] 그렇게 많은 수학자들이 연구를 위해 이 도시를 방문한 것이 전혀 놀랍지 않다.

디오판토스는 아마 알렉산드리아에서 태어났을 것이다. 그의 대작은 암흑시대라는 기간 내내 잊혀 있다가 16세기에 다시 발견되어 대수학의 발전에 중대한 영향을 미쳤다.

이때 읽기는 소리 내서 읽는 것을 의미했고 묵독은 아직 존재하지 않았다. 심지어 공공장소에서도 말이다. 두루마리를 반듯하게 놓고 돌돌 말면서 하는 읽기는 정신 집중이 필요한 수고였다.[5] 디오판토스 시대에는 단어들이 분리되어 있었다. 그러나 더 앞선 시기의 사본들은 단어나 문장이나 문단 바꾸기와 문장부호가 없이 쓰여 있었다. 따라서 읽기는 어렵고 능수능란한 기량이 필요한 행위로 여겨졌다. 읽기와 쓰기는 대개 낮의 열기가 시작되기 전 환한 아침에 행해졌다. 디오판토스는 골풀 대를 이용해 양피지에 작업했을 것이다.

디오판토스의 저술을 베끼고 번역한 필경사와 번역자 들의 사본에 따르면, 그는 거듭제곱과 미지수를 위한 기호를 썼다. 미지수를 나타내는 데는 그리스문자 중 단어의 끝에 쓰는 시그마ς를 닮은 기호를 사용한 것 같다. 그것보다 더 크고 더 기울어졌지만 말이다.[6] 아마 수를 뜻하는 그리스 단어 처음 두 글자의 필기체를 축약한 것이었을지도 모른다. 우리에게는 그렇게 보이지 않을 수도 있지만, 저명한 수학 고전학자 히스는 대충 갈겨쓴 일련의 사본 필사를 거쳐 점진적으로 진화했을 거라고 생각했다. 디오판토스는 위쪽을 (때로는 아래쪽을) 향하는 화살표처럼 보이는 것으로 빼기 부호도 만들어 냈다. 이것도 축약형이었다. 즉 빼기 부호는 다른 것에 내포된 것을 뜻하는 단어의 처음 두 글자일 가능성이 크다.[7] 또는 나중에 어떤 필경사가 이 부호들을 생각해 내고 약어로 썼을지도 모를 일이다.

만약 수학이 어떤 기호도 없이 전적으로 글로 쓰였다면, 현명하게 고안된 풍부한 기호가 없었다면 어땠을까? 알콰리즈미의 《대수》 중 한 대목에는 수까지 말로 표현되어 있다.

은화 이십일 디르함이 어떤 제곱수에 더해졌을 때 그 제곱수 제곱근의 열 배에 상응하는 것과 같아지는 제곱수의 양은 얼마여야 하는가?[8]

우리는 이를 간단하게 $x^2 + 21 = 10x$라고 쓸 것이다. 기호 없이 답을 쓰면 다음과 같다.

제곱근을 절반으로 하자. 그 절반은 오다. 오를 그 자신에 곱하면 그

곱은 이십오다. 이것에서 제곱수와 연결된 이십일을 빼자. 나머지
는 사다. 그 제곱근을 빼면 이다. 이를 제곱근의 절반인 오에서 빼면
삼이 남는다. 이것은 당신이 요구한 제곱의 제곱근이고 제곱수는 구
다……

계속할 필요가 있을까? 다음 문제는 좀 더 실질적인 질문에서 나왔다.

나는 십을 둘로 나눴다. 그중 하나를 다른 하나에 곱하면 이십일이 나
온다. 당신은 이제 십의 두 부분 중 하나가 그것임을 안다.[9]

알콰리즈미가 쓴 것처럼 풀이의 표현은 그 질문에만 해당하는 것 같은 과
정을 보여 준다. 그 언어 뒤에 통상적 방법이나 어떤 알고리즘이 숨어 있을지
몰라도 그 과정을 표현하는 데는 제법 수고가 필요할 것이다. 반면에, 대수의
기호화 과정은 이런 유형의 많은 문제에 대한 해법을 도출한다. 현대 기호로
나타내면 그 해법이 작동하는 방식이 이렇다. 십을 두 부분으로 나눈다. 한
부분이 다른 부분보다 클 수도 있다. 따라서 두 부분은 x와 $10-x$로 나타낼
수 있고, 이들의 곱이 21과 같아야 한다. 따라서 $x(10-x)=21$이다. 이를 전
개하면 2차방정식 $x^2-10x+21=0$이 된다. 그 해는 $x=3$ 또는 $x=7$이다[10]
그러나 이 문제를 수사적으로 풀지는 않았을 것임을 염두에 두자. 처음에
는 점토판에 풀고, 나중에 글로 표현하기 위해 수사적으로 구성했을 것이다.
더구나 10을 둘로 나누고 그 두 부분의 곱이 21이 되도록 하는 문제는 암산
을 할 수 있을 만큼 답이 간단하다. 즉 21의 약수는 3과 7밖에 없고, 이 둘의
합은 10이다. 이것은 바빌로니아의 표준적인 기하학 문제이기도 하다. 즉

두 부분을 x와 y라고 하자. 그리고 합이 10이고 넓이가 21인 직사각형의 두 변이 x와 y인 문제로 생각해 보자.

이 기하학 문제는 다음 두 방정식의 대수학 문제로 나타난다.

$$\begin{cases} x + y = 10 \\ x\,y = 21 \end{cases}$$

첫 번째 식에서 y를 구해 두 번째 식에 넣으면 $x^2 - 10x + 21 = 0$이 나온다. 알콰리즈미의 증명은 기하학적이다. 그리고 우리가 대수학이라고 부르는 것의 현대적인 의미로 볼 때 대수적이지 않다. 알콰리즈미 시대에는 아랍 수학 문서에 대수적 증명이 없었기 때문에 그리 놀랍지는 않다.[11] 그런데 알콰리즈미는 아무 설명 없이 수사적인 알고리즘을 따라 답에 이르는 추론을 한다. 그는 이해하기 매우 힘든 수사적 대수로 증명해 나간다. 단 하나의 기호도, 심지어 숫자를 나타내는 기호도 없다. 회위룹은 이렇게 말했다. "기본적인 방정식의 해답을 위한 대수적 증명은 아랍 전통에 없었다…… 돌이켜 생각해 보니 대수의 기호 체계와 추론 방법의 생성이 직접 연결될 수 있었을 것이라고 기대해선 안 된다."[12]

수사적 서술을 기호로 나타내는 것이 그저 편리한 속기라고 생각하는 우를 범해서는 안 된다. 그 이상이다. 기호는 인간이 자연스러운 언어로 쓴 단어들 속의 모든 애매모호와 오해를 초월하도록 도와준다. 더 나아가 기호의 사용은 특정 서술을 일반적인 형태로 끌어올려 준다. 데카르트 시대에 방정식은 거의 완전히 현대적인 기호로 쓰였다. 단치히Tobias Dantzig가 말한 것처럼 마침내 기호가 '대수학을 단어의 속박에서 벗어나게 하는' 시대가 도래했다.[13]

디오판토스의
《산술》

사실 방정식은 알고 보면 오히려 쓰기 편한 것이다.[1]

– 스튜어트 Ian Stewart

대수학이라고 부를 수 있는 고대인의 가장 앞선 연구는 (초기) 피타고라스학파인 파로스의 티마리다스 Thymaridas 로 거슬러 올라간다. 시리아의 철학자 이암블리코스 Iamblichos 에 따르면, 티마리다스는 미지수가 n개인 간단한 n개의 방정식으로 된 연립방정식을 푸는 규칙을 마련했다. 미지수 세 개에 관한 규칙은 다음과 같이 단순화된다. 즉 세 수의 합과 그 특정한 수들 중 하나를 포함하는 모든 순서쌍의 합이 주어지면, 그 특정한 수는 그 순서쌍들의 합과 세 수의 전체 합의 차와 같다. 현대 기호를 사용하면 더 단순하게 표현할 수 있다.

다음과 같이 성립한다고 하자.

$$\begin{cases} x + y + z = a \\ x + y = b \\ x + z = c \end{cases}$$

그럼 $x=b+c-a$다. 예를 들어, 다음이 동시에 성립한다고 하자.

$$\begin{cases} x + y + z = 3 \\ x + y = 2 \\ x + z = 4 \end{cases}$$

그럼 $x=2+4-3=3$이다. 쉬운 대입 절차지만 본질적으로는 19세기 이래 크라머의 법칙이라고 알려진 것이다. 티마리다스 시대에는 이것이 '티마리다스의 꽃'으로 불렸다. 다른 미지수를 계속 찾아 나가면 $y=-1$, $z=1$을 얻는다. 비록 $y=-1$을 이용해 나머지 값들을 얻을 수 있더라도, 그것은 터무니없다고 여겨졌을 것이다. 왜냐하면 -1이 음수이기 때문이다. 분수와 유리수는 괜찮아도 16세기가 되기 전까지 (온전히 빛으로 여겨지던) 음수는 유럽에서 진짜 수로 받아들여지지 않았을 것이다.[2]

유클리드 《원론》의 9세기본 (MS D'Orville 301) 2, 5, 7권은 부지불식간에 기하학의 언어로 대수학을 다룬다. 즉 수를 선분으로 그린 것이다. 예를 들면, (현대 표기법으로) 양수 a와 b가 들어 있는 2차방정식 $x^2+ax=b^2$의 근을 찾기 위해 수를 선분으로 그렸다. 21세기의 우리에게 이 식은 x에 대입해 이 방정식을 성립시킬 수 있는 두 수가 존재함을 뜻하고, 그 수 중 하나로 계산하면 좌변이 우변과 같게 될 것이다. 그러나 15세기 이전에 살던 사람이라면 누구나 기호 없이 해를 찾았을 것이고, 수로 받아들여질 만한 것에 대해 확고한 견해가 작용했을 것이다.

방정식 $x^2+3x=4$는 해가 둘이다($x=1, x=-4$). 그러나 양수인 1만 수로 받아들여질 수 있었다. 이런 방정식은 기하학적으로 풀 수 있는데, 가로가 세로보다 3스타디온(약 555미터) 더 길고 넓이가 4제곱스타디온(약 740제곱미터)인 사각형의 가로를 구하는 실질적인 기하학 문제에서 착안되었을 수 있다. 그런데 기하학적으로 $x^2+3x=4$를 만족시키는 음수 −4는 양수의 길이를 가져야 하는 사각형에 적용할 수 없다. 15세기 수학자들은 그 음수가 이 방정식을 만족시킨 이유에 대한 답이 기하학 자체에 있다는 것을 알지 못했다. 비록 그 음수 해가 기하학에서 실제적인 뭔가를 나타냈지만, 방정식 자체는 기하학이 잡아내지 못하고 있는 뭔가를 주었다.

현대 수학은 본질적으로 대수학, 기하학, 해석학 등 세 뿌리에서 나온다. 그리고 이 셋의 토양으로 논리학이 있다. 이 뿌리들은 덤불 밑에서 서로 얽히고설켜 한 뿌리에서 다른 뿌리를 구분해 내기가 어렵다. 비교적 새로운 수학 분야로는 추상적 대수학의 기법과 기하학의 기법이 서로 결합되어 있는 대수기하학, 기하학적인 방법을 편미분방정식 연구에 활용하는 기하학적 해석학, 해석학을 정수에 관한 문제를 푸는 데 활용하는 해석적 수론이 있다. 그러나 수학의 아주 오래된 덤불의 근저에는 대수학, 기하학, 해석학이 존재한다.

기호를 사용한 현대 수학의 근본적인 단계는 디오판토스의 《산술》로 거슬러 올라간다. 원본은 현존하지 않기 때문에 사본에서 발견된 표기법은 필경사나 번역가들이 소개한 것일지도 모른다는 점을 유념해야 한다.

디오판토스는 알렉산드리아의 힙시클레스Hypsicles가 사망한 뒤, 히파티아의 아버지인 알렉산드리아의 테온Theon이 태어나기 전에 이 책을 썼다. 이는 그가 120년에서 400년 사이에 살았다고 말해 준다. 또한 (오늘날 터키 남서부) 라오디케아의 주교 아나톨리우스Anatolius가 250년 즈음 디오판토스에게 책을 헌정했다고 주장하는 편지도 있다. 이 편지는 11세기 비잔티움의 어떤 수사로부터 온 것이다. 이 사실로 미뤄 짐작하면, 디오판토스는 틀림없이 250년보다 그리 늦지 않은 때에 활동했다.[3]

그러나 1980년대에 유명한 수학 역사가 크노르Wilbur Knorr는 오랫동안 알렉산드리아의 헤론Heron이 썼다고 여겨졌던 책이 실제로는 디오판토스가 쓴 것이라고 의문을 제기했다. 크노르는 헤론이 쓴 것으로 추정되던 책의 양식을 조사해, 그것이 디오판토스 책의 양식과 아주 많이 닮았음을 발견했다. 그리고 주교의 편지는 다른 디오판토스를 언급했을 것이라고 추정했다. 헤론은 70년에 죽었는데, 그렇다면 《산술》 원본은 3세기가 아니라 1세기에 쓰인 셈이다.

묘비에 새겨진 시가 우리에게 디오판토스의 나이에 대해 이야기해 줄지도 모른다.

"여기 디오판토스가 누워 있다." 이 경이를 보라.

비석은 대수적 기술을 통해 그의 나이가 얼마인지 이야기한다.

"신은 그에게 생애의 육분의 일을 소년기로 주었다,

수염이 무성하게 자랄 동안 젊은이로서 십이분의 일만큼 더 있었고

그 뒤 칠분의 일만큼 지나고 결혼했다.

다섯 해 뒤에 사랑하는 아들이 태어났다.

아아, 훌륭하고 슬기로운 사랑스러운 아이.

아들이 아버지 생애의 절반을 지낸 뒤 운명이 아들을 데려갔다.

네 해 동안 수의 과학으로 그의 운명을 위로받다가 그의 생애가 끝났다.”

이것은 7세기의 퍼즐 모음집에서 나온 대수 수수께끼로, 메트로도로스Metrodorus의 이름으로 쓰인 그리스 책《팔라티나 문집Anthologia Palatina》에 실려 있다. 당시에는《산술》에 나오는 내용을 솜씨 좋게 잘 다뤄야 그 해를 구할 수 있었지만, 우리는 기호 대수학을 통해 바로 해를 찾을 수 있다.

디오판토스의 어린 시절은 그의 생애의 1/6 동안 유지되었다. 생애 중 1/12이 더 지난 뒤 그의 얼굴에 수염이 났고, 1/7이 더 지난 뒤에 결혼했다. 5년 뒤 아들을 얻었는데, 아들이 아버지의 삶의 절반만큼 살았다. 디오판토스는 그의 아들이 사망하고 5년을 더 살았다. 따라서 우리가 디오판토스의 생애를 x로, 아들의 생애를 y로 놓으면 다음을 얻을 수 있다.

$$x = \left(\frac{1}{6} + \frac{1}{12} + \frac{1}{7} \right) x + 5 + y + 4$$

$$y = \frac{x}{2}$$

이것은 미지수가 두 개인 연립방정식인데, 미지수가 하나인 간단한 방정식으로 바꿀 수 있다. 두 번째 식이 y를 첫 번째 식에 대입해서 디오판토스가 84세에 사망한 것을 알 수 있다. 얼마나 쉬운가?

《팔라티나 문집》에 실려 있는 풍자적인 수수께끼 마흔여섯 가지 중 대부분이 사실상 간단한 연립방정식으로 이어지는 대수 수수께끼고, 사람들이 사과를 나누는 방법에 관한 전통적인 문제에서 생겨났다. 기호가 전혀 없이 쓰인 대수 수수께끼는 기원전 5세기보다 전으로 거슬러 올라간다. 예를 들면, 여섯 사람이 나눠 가질 수 있는 사과의 개수를 묻는다. 첫 번째 사람이 1/3을 받고, 두 번째 사람이 1/8, 세 번째 사람이 1/4, 네 번째 사람이 1/5, 다섯 번째 사람이 열 개, 여섯 번째 사람은 딱 한 개를 받는 경우다. 이를 식으로 표현할 수 있다.

$$\frac{1}{3}x + \frac{1}{8}x + \frac{1}{4}x + \frac{1}{5}x + 10 + 1 = x?$$

x는 얼마인가? 기호 대수학이라는 수단으로 이 식에서 동류항들을 더하고 양변에서 x를 빼면 $x = 120$개의 사과라는 답을 바로 얻는다.

대개 그리스 문서를 시리아어·아랍어·라틴어로 옮길 때 여러 단계를 거쳐야 했는데, 각 단계가 상당히 부정확했다. 중간 단계의 번역은 페르시아어, 시리아어, 아랍어, 아람어 등을 거쳤다. 아랍인은 대개 과학, 수학, 역학, 철학(아폴로니우스, 필로Philo, 아르키메데스, 헤론, 플라톤, 아리스토텔레스, 테오프라스토스 Theophrastos)에 관심이 있었다. 9세기 중반까지 바그다드, 비잔티움을 비롯해 지중해 동쪽 연안의 여러 곳에서 학문적 관심이 자라나면서 번역에 대한 요구도 점차 늘었다. 여러 언어에 능했던 후나인Hunain ibn Ishaq은 17세기 바그다드에 번역 학교를 세웠다. 그는 그리스 문헌이 이슬람 세계 전역에 흩어져 있다는 의혹을 제기하고, 메소포타미아·시리아·알렉산드리아로 이것들을 찾아 나서는 원정대를 이끌었다. 그는 그 전 번역가들을 업신여겨, 그들이 아예 무능했거나 판독할 수 없게 손상된 사본들을 가지고 일했다고 주장했다.

후나인의 학교는 특별했다. 적어도 현대 문헌학 기준으로는, 그의 번역 기술이 다르고 올바른 것이었기 때문이다. 그 학교는 학생들에게 언제 어디서

나 찾을 수 있는 다양한 사본을 세심하게 비교하라고 가르쳤다. "후나인과 그의 동료들의 학식 덕분에, 많은 그리스 문서들이 양질의 아랍 번역본으로 살아남았다."[4]

4세기가 되기 전, 책에 나오는 단어들은 언셜체(대문자)로 쓰였다. 다음 몇 세기 동안 소문자체가 가끔 실험적으로 쓰였지만, 놀랍게도 후나인의 학교가 설립되기 전에는 거의 변화가 없었다. 언셜체는 쓰기에 너무 느리고 크다는 결정적인 단점이 있다. 한 면에 쓸 수 있는 글의 양이 제한된 것이다. 값비싼 필기도구를 절약하기 위해 언셜체가 (편지와 공식적 문서에 쓰이고 있던) 소문자체로 바뀌었고, 이로써 필사는 더 쉽고 비용이 덜 드는 일이 되었다. 필사 속도는 빨라졌지만 소문자체가 애매모호해서 해석에 방해가 되기도 했다.

641년에 아랍이 이집트를 정복한 뒤로 문학에 관심이 별로 없었는데도 양피지 수요가 상당히 늘었다. 파피루스 조림지들이 격감했고, 필기도구가 더는 싸지 않았으며 쉽게 구할 수도 없었다. 그러나 850년까지 학문은 크게 일어나고 (그 영향을 받았을 가능성이 아주 높은) 필사의 방식과 생산량은 많은 변화를 겪었다.

751년 탈라스 전투에서 아랍인은 서쪽으로 세력을 넓혀 가는 중국인들을 막았고, 중국인 두 명을 포로로 사마르칸트에 데려갔다. 그리고 카자흐스탄 아랍인이 이 두 중국인 병사들에게 종이 만드는 과정을 배웠다. 종이는 필기 비용을 감당할 수 있을 정도로 만들었다. 이로써 9세기에 최고의 그리스 문헌을 보존하기 위해 오래된 언셜체를 새로운 소문자체로 바꿔 쓸 수 있었다. 이때 이후 모든 고대 그리스 문헌의 사본은 파피루스에 적힌 하나 이상의 언셜체 원전에서 유래했다. 거의 모든 사본이 9세기 원전에서 나온 것이다.

가끔 다른 문자로 바꿔 쓰다가 불행하게도 글자를 잘못 읽는 실수가 생긴다. 그리스어에서 생긴 실수는 대개 9세기 고서 필사본의 원전에서 나오는 것 같다. 언셜체 원전을 바탕으로 소문자체 사본이 만들어진 뒤에 원전은 버려졌고, 소문자체 사본이 그 뒤 사본의 원전이 되었다. 그렇게 아주 많은 책들이 현재까지 한 가지 사본으로만 남아 있다. 디오판토스의 《산술》에 대해 말하자면, 서문에 총 13권으로 구성되었다고 했지만 제6권 전체와 제7권의 일부만 남아 있다.

《산술》을 훑어보면 대수적 특징을 찾을 수 있다. 그래서 어떤 역사가들은 과거에 대수가 디오판토스와 더불어 시작되었다고 보았다. 더 주의 깊게 들여다보면 이 책은 훌륭하면서도 그 표기법이 조악함을 알 수 있다. 여기에 특정한 1차방정식과 2차방정식을 푸는 방법이 나오는데, 그 표기법이 해를 구하기 위해 계산하는 데 따르는 미지수와 거듭제곱의 축약형으로 된 것처럼 보이기도 한다.

이 책에서는 (신과 전혀 상관없는) 디오니시우스Dionysius의 이름으로 다른 이에게 수의 제곱 및 세제곱, 다른 일반적 성질에 대한 어려운 질문들을 제시하고 답하면서 문자에 기초해 제곱과 세제곱의 이름을 정의하고, 미지수에 '수'를 뜻하는 단어ἀριθμός를 붙였다. 디오판토스는 이 단어를 다 적는 게 성가시다는 듯 기호 ∟만 썼다.

학자들은 200년간 ∟의 기원에 대해 질문해 왔다.[5] 어떤 이는 단어의 맨 끝에만 쓰던 그리스문자 시그마의 다른 형태ς라고 생각했다. 그리스문자 각각은 숫자로도 여겨졌는데 마지막 글자 ς는 그리스 수 체계에서 결코 수로 여겨지지 않았기 때문에, 디오판토스가 ς와 어떤 수를 혼동할 리 없었다는 것이다. 그는 디오판토스가 ∟를 그저 크게 기울어진 ς로서 좋아했다고 주장했다. 다른 주장도 있었다. ∟가ἀριθμός 중 처음 두 글자의 속기형 축약일 뿐, 기호를 정의하는 방식에서 볼 때 결코 대수기호가 아니라는 것이었다.

　존중할 만한 주장들은 다 그럴 만한 이유가 있다. 20세기에 들어, 유명한 수학 역사학자 히스는 ϛ가 마지막 시그마나 상형문자가 아니라 ἀριθμός 중 맨 처음 두 글자의 변형이라는 자신의 믿음에 대해 설득력 있는 이유를 제시했다. 그는 이 기호가 '디오판토스가 사용한 다른 축약들과 일관성을 확립하고, 자연스럽게 아주 유사하리라 기대한 축약형을 변치 않는 원칙하에 정했음을 보여 주었을 것'이라고 생각했다.[6] 문자 μ, δ, κ는 그리스어에서 (우리의 미지수 x인) 단위 $\mu o \nu \acute{\alpha} \delta \omega \nu$, 제곱 $\delta \acute{\upsilon} \nu \alpha \mu \iota \varsigma$, 세제곱 $\kappa \acute{\upsilon} \beta o \varsigma$의 첫 번째 문자에 해당한다. 히스는 이 문자들도 그것들이 나타내는 숫자 40, 4, 20과 혼동될 수 있었다고 주장했다. 이런 혼동을 피하기 위해 디오판토스는 각 그리스 단어의 두 번째 문자를 추가했어야 했는데 μo, $\delta \acute{\upsilon}$, $\kappa \acute{\upsilon}$도 각각 그것들이 나타내는 숫자인 4070, 4400, 2만 400과 헷갈릴 수 있었다.[7] 그래서 각 단어의 두 번째 문자를 첨자로 썼고, 축약형은 μ^o, δ^δ, κ^o 등이 되었다. 수 $\dot{\alpha} \rho \iota \vartheta \mu \acute{o} \varsigma$라는 단어에 적용하면 그 축약형은 α^ρ일 것이다. 이따금 정해지지 않은 수를 나타내는 기호 μ^o도 등장했다.

　히스는 어떻게 α^ρ에서 ϛ까지 갔을까? 디오판토스 시대에 보통 분수에서 분모를 분자의 첨자로 썼다는 사실은 잠시 무시하자. 이는 α^ρ가 1/100을 뜻하는 표현과 헷갈릴지 모른다는 뜻이다.

　필경사들이 자신의 필기체에 항상 주의를 기울이진 않았다. 뿌연 창문을 통해 들어오는 빛이나 희미한 촛불 밑에서 오랫동안 일하다 보니 그리스문자의 순서쌍 $\alpha \rho$의 필기체가 ϛ나 Ϩ와 유사한 기호 이미지로 바뀌었을지도 모른다. s처럼 보이는 이 두 가지 모양이 그 뒤 번역본에서 사용되었기 때문이다. 히스는 저명한 19세기 문헌학자 가르트하우젠Victor Emil Gardthausen의 흥미를 끌었다. 그는 고대 문서의 필기체 글자가 여러 단계를 거쳤다고 주장했다. 그리스문자의 순서쌍 ἀρ는 형태가 바뀌어 ᴜᴘ가 되는데, 이는 디오판토스가 쓴 단어 ἀριθμός의 약칭이었을 수도 있다. 히스에 따르면, 복사와 재복사를 많이 거치고 여러 세대를 지나면서 필경사들이 그 표시를 더는 두 단어로 보지 않고 보이는 대로 베껴 쓴 애매모호한 소문자로 봤을 것이다. 필경사의 일은 베끼는 것이지 원고 정리가 아니었다. 당연히 내용을 향상하거나 수정하지도 않았다. 필경사들은 수도사나 고용된 전문가들이었고, 실제로 무엇을 베끼는지에 대해 전혀 몰랐다. 그들이 베끼는 책이 과학적이거나 수학적인 경우에는 특히 심했다. 그 직업에는 한 번에 여러 달, 때로는 몇 년간 홀로 남겨지는 특전이 있었다. 종종 저자는 몇 년이나 몇 세기 전에 이미 죽었기 때문에 실수를 확인할 만한 길이 없었다. 필경사들은 자신에게 온전히 맡겨진 책을 꾸미고, 첨가하고, 없애고, 실수도 했다. 《산술》처럼 유명한 책일수록 이미 원본이 아닌 사본이었고, 실수는 점점 더 심각하게 악화되었다. 따라서 중세 연구자들은 저자와 필사 담당자를 구별하느라 화가 날 정도였다.

히스의 주장은 그럴듯하게 들리는 만큼이나 많은 학자들에게 도전받았다. 20세기 초 스코틀랜드의 수리생물학자인 톰슨D'Arcy Wentworth Thompson에게는 ᴄ가 어떻게 나왔는지에 대한 이론이 있었다.[8] 이 기호는 일반적으로 ϛ′이나 ϛ‾ᵒᵘ 또는 (복수인 경우) ϛϛᵒⁱ′ 처럼 덧붙인 어미와 함께 쓰였는데, 이것이 이 기호가 단어의 일부여야 함을 암시한다. 19세기 수학 역사가 고James Gow는 20세기 초 수학 역사학계에 히스의 의견이 제시된 뒤 곧 그것을 지지하는 글을 썼다. 고는 ᴄ가 ἀριθμός의 처음 두 글자의 축약도 아니고 마지막 시그마도 아니라고 믿었다. 그는 ς가 그리스어 필기체에서만 등장하고, 그리스어 필기체는 8세기보다 앞선 시기에는 등장하지 않았다면서 마지막 시그마라는 견해를 일축했다.[9] ↳가 어떤 식으로든 변질된 속기에서 나왔다는 것을 의심하며, 인도나 바빌로니아나 신관체神官體(이집트 필기체) 문자에서 나왔을지도 모른다고 했다. 그의 친구인 이집트 학자 버치Samuel Birch는 ς'가 형태상 파피루스 두루마리의 신관체 서명과 사실상 같다고 말했다. 이것은 미지의 힘을 나타내기도 하고 '더미'(이집트어 하우hau)를 나타내기도 했다. 아메스Ahmes는 파피루스 두루마리의 신관체 부호를 미지수를 나타내는 데 사용했다. 그는 유명한 린드 파피루스의 필경사였다. 대략 기원전 1550년의 소책자인 린드 파피루스는 '어떤 것들로 들어가는 것의 정확한 계산과 존재하는 모든 것의 지식으로 안내하는 책'으로서 실질적인 문제를 담았으며 현재 영국박물관에 있다. 모든 신관체 부호는 서로 다른 상형문자 그림에서 나와 모양이 조금씩 다르다. 그러나 '총계'를 위한 부호는 파피루스 양피지에서 나온 것과 아주 비슷하다.[10] 고가 자기 주장을 책으로 낸 뒤 히스는 그것을 반박했다.[11] 따라서 전체 질문이 해결되지 않은 채로 있다.

디오판토스에게는 '플러스'를 위한 기호가 없었다. 그러나 또 다른 불가사의한 점도 있다. 1621년에 프랑스 수학자이자 언어학자인 바세가 디오판토스의 《산술》을 라틴어로 옮겼는데, 그 번역본에 따르면 디오판토스는 분명히 이렇게 말했다(1권, 정의 IX). "부족분(마이너스)에 부족분을 곱하면 준비분이 된다. 그리고 그 부족분을 문자 ψ의 일부를 잘라 낸 다음 위아래를 뒤집어서 ⋔ 모양으로 나타낸다."[12] 종종 기호 ⋔는 마이너스를 나타내기 위해 등장한다. 이는 '마이너스'라고 쓴 단어와 분명한 직접적 연관성이 없는 추상적인 기호다.

DEFINITIO IX Minus per minus multiplicatum, producit Plus. At minus per plus multiplicatum, producit minus. Et defectus nota est litera ψ decurtata, & deorsum, sic ⋔.

이는 마이너스를 나타내는 기호에 대한 최초의 증거다. 디오판토스는 자신의 마이너스 기호 ⋔가 그리스문자 ψ의 꼬리를 자르고 위아래를 뒤집은 것이라고 말한다. 하지만 그 표기가 일관되지는 않았다. 이 기호와 부족분을 뜻하는 단어 λείψει가 혼용되었다. 심지어 한 면에서 같이 쓰이기도 했다.

알렉산드리아의 헤론이 1세기에 쓴 《측량술Metrica》에도 같은 기호가 등장한다. 이는 디오판토스가 태어나기 전에 그 기호가 사용되었다는 것을 뜻하는데, λείψει의 축약형이거나 맨 앞과 맨 뒤의 글자를 겹쳐 놓은 것이거나 신관체 글자일지도 모른다.[13] ⋔는 쓰인 단어와 직접 관련되지 않은 진정한 기호로서 유일한 디오판토스의 표시인 것 같다. 현존하는 사본은 모두 13세기 것으로 추정되는 사본으로부터 만들어졌기 때문에 도중에 들어왔을 수도 있는 기호를 누가 만들었는지 알기는 힘들다.[14]

디오판토스(또는 《산술》의 어떤 필경사)는 단순히 기호들을 나란히 놓는 것으로 두 항의 합을 나타냈다. 예를 들어, 단위 $\mu^o\bar{\alpha}$를 미지수 ς^{oo}에 붙여 $\varsigma^{oo}\mu^o\bar{\alpha}$로 하거나 더 간단하게 $\varsigma\mu^o\bar{\alpha}$처럼 단어의 중간음이 생략된 표기법으로 다항식 $x+1$을 나타냈다. 그러나 그는 유사한 양을 더하고 빼고 모으는 이항 과정을 통해 식을 간단히 만들 수도 있었다. 모든 것은 절차에 관한 규칙 없이 수사적으로 행해졌다. 그는 우리가 다른 책이나 선생님을 통해 틀림없이 이미 규칙을 알고 있다고 가정했다. 따라서 그는 기적적으로 답에 도달할 때마다 거기서 멈췄다. 말이 나온 김에 더 하자면, 우리는 분수를 쓸 때 여전히 그 나란히 놓기 개념을 사용한다. 나란히 놓은 대분수 $2\frac{1}{2}$이 $2+\frac{1}{2}$을 뜻하는 것처럼 말이다.

《산술》의 사본

《산술》 열세 권 중 여섯 권만 그리스어 원본의 사본으로 남아 있는데, 그중 네 권(4~7권)이 1968년에 발견되었다.[15] 《산술》에 관한 최근 주석은 거의 다 1545년 이후 언젠가 하이드룬티우스Ioannes Hydruntius가 필사한 《파르시니우스Parsinius 2379》를 바셰가 라틴어로 옮긴 것에서 나온다. 이것이 파리 프랑스국립도서관에 있는데, 그리스어를 포함한 최초의 편집본이다.[16] 《산술》의 원본을 추적하기는 어렵다. 가장 초기의 사본으로 마드리드 스페인국립도서관에 소장되어 있는 13세기의 《마트리텐시스Matritensis 48》는 보존 상태가 나쁜데, 이보다 오래된 것이 없다.

유럽의 훌륭한 도서관들은 작은 방에서 시작했다. 초기 대학 중 일부는 13세기 중반 전에 볼로냐, 피렌체, 나폴리, 파도바, 파비아, 페루자, 피사, 로마, 시에나 등 이탈리아의 작은 도시에 설립되었다. 바티칸도서관이 있기 오래전에는 이 도시들이 이탈리아 학문의 중심이었다. 이때 대학은 그저 학문적 관심으로 결속된 학생 모임일 뿐이지 실제 기관은 아니었다. 유럽 전역에서 부유한 집안의 학생들이 이탈리아의 작은 마을에 모여 공통 언어인 라틴어로 공부했다. 그들은 노동에서 해방된 교양학부의 학생으로서 교사에게 직접 학비를 냈다.[17]

1463년에 독일 수학자이자 천문학자인 밀러Johanees Müller(라틴어 이름 레기오몬타누스Regiomontanus라고도 불렸다.)는 설립된 지 200년이 넘은 파도바의 대학에서 강의했다. 수학적 과학을 소개하려고 강연하던 그가 이렇게 말했다. "그리스어로 된 디오판토스의 훌륭한 책 열세 권을 아직 아무도 라틴어로 옮기지 않았다. 그 책에는 산술 전체의 꽃인 아르스 레이 에 켄수스ars rei et census가 숨겨져 있다. 이것이 오늘날 대수의 아랍어 이름이다."[18] 이것은 디오판토스의 연구를 처음으로 언급한 유럽 저자의 말일지도 모른다.[19] 그는 이탈리아 수학자 비앙키니Giovanni Bianchini에게 보내는 편지에 베네치아에서 '아직 라틴어로 번역되지 않은 그리스 산술가 디오판토스를 찾아냈다'고 썼다.[20] 어떻게 뮐러가 《산술》의 복사본을 발견했는지는 아무도 확실하게 알지 못했던 것 같다. 1620년 즈음 바셰는 페론Perron 추기경이 디오판토스의 책 열세 권을 다 포함하는 사본을 가지고 있었다고 주장했다. 페론에 따르면, 사본을 한 친구에게 빌려줬는데 돌려받기 전에 그 친구가 죽었다고 한다.[21]

오스만제국이 콘스탄티노플을 점령한 1453년보다 200년 전에 그곳의 훌륭한 도서관이 불타 수십만 권의 책이 소실되었다. 몇 년 뒤 도서관은 자료들을 그리스어와 아르메니아어에서 아랍어로 옮기기로 하고, 필경사 수백 명에게 유실되어 가는 고대 파피루스 책을 양피지에 옮겨 적는 비용을 댔다. 한때 콘스탄티노플 도서관에 속했던 필사본은 전리품으로 서양에 옮겨진 뒤 결국 개인들의 손에 들어갔다. 바티칸뿐만 아니라 유럽 전역에 걸쳐 성장하고 있던 대학 도서관들로도 옮겨졌다.

1448년에는 교황 니콜라오 5세Nicolaus V가 교황궁에 공공 도서관을 만들었다. 도서관은 커다란 창문과 프레스코 그림이 있는 방에서 시작되었다. 교황은 아주 중요하거나 삽화가 아름답다고 여긴 책들을 의자에 묶어 놓았는데, 도서관 공간 자체가 아름다웠다. 니콜라오 5세가 사망한 1455년에 도서관의 소장 도서는 1000권을 훨씬 넘었다. 1475년에 교황 식스토 4세Sixtus IV가 임명한 바티칸도서관 최초의 사서 플라티나Bartolomeo Platina는 유럽 최대 도서 목록을 직접 손으로 썼는데 무려 3500권이었다. 대부분 신학에 관한 책이었다. 그러나 플라티나의 종신직이 6년 만에 끝날 때쯤에는 그리스어와 라틴어로 된 대중서는 물론이고, 먼 중국에 이르는 여러 왕국과 제국에서 사들이거나 약탈한 예술·음악·철학·신학에 관한 사본과 로마교회의 역사·과학·수학에 관한 삽화가 실린 사본 수천 권이 더해져 서구에서 가장 중요한 학문의 중심이 되었다. 당시 바티칸도서관은 디오판토스 저작의 사본을 적어도 두 가지는 소장하고 있었다.

16세기 독일 학자 크실란더는 1571년 10월에 우연히 《산술》의 사본 하나를 보았다. 그가 비텐베르크에서 만난 수학자들은 두디치우스Andreas Dudicius라는 사람이 소유했던 《산술》 사본의 몇 쪽을 갖고 있었다. 크실란더는 라이프치히로 가기 위해 비텐베르크를 떠나기 전에 라이프치히대학의 교수였던 루첸시스Simon Simonius Lucensis에게 보여 주기 위해 문제 하나와 그 답을 베꼈다. 루첸시스는 그 사본에 대해 두디치우스에게 답장을 보냈다. 그 다음으로 최근 사본은 바티칸도서관에 있는 《마트리텐시스》의 15세기 복사본(Vat. gr. 191)이다. 300년 뒤에는 프랑스의 수학자이자 수학 역사가인 타너리Paul Tannery가 13세기부터 16세기까지 《산술》의 스물세 가지 복사본의 목록을 정리했다.[22]

5세기에 산 히파티아는 나중에 유실된 사본 하나를 가지고 있었다. 그리고 8세기와 9세기 사본에 관한 언급도 있었다. 디오판토스가 《산술》을 쓴 때부터 《마트리텐시스》가 쓰일 때까지 1000년 가까이 흘렀다. 그리스어에서 아랍어, 아람어, 다시 그리스어로 여러 차례에 복제되면서 오류뿐만 아니라 추가된 것도 분명히 있었다. 원본에서 나왔다고 보이는 축약형들도 복제를 거치는 과정에 생기지 않았을까?

한 사본에서 다른 사본으로 표기법을 따라가기는 매우 힘들다. 히스의 영어본, 크실란더의 라틴어본, 바셰의 라틴어-그리스어 병행본을 조사해 보면 상당한 차이를 발견할 수 있다.[23] 히스가 크실란더나 바셰의 판본에서 쉽게 알아볼 수 없는 형태로 기호를 바꿨지만, 유명한 문헌들이 거의 다 히스의 변형을 사용한다. 마드리드 사본(《마트리텐시스》)에서 미지수는 ɥ로 등장한다. 이는 라틴문자 'h'를 180도 돌린 것과 아주 비슷해 보인다. 15세기 베네치아 사본(《마르키아누스 Marcianus 308》)에서는 같은 표시가 S로 등장하고 보들리 도서관 사본에서는 ᶜᏯ으로 등장한다.[24] 히스는 이 모든 기호가 단순히 축약형의 변형이라고 주장했는데, 이 가정은 어떻게 $\mu o\nu\acute{\alpha}\delta\omega\nu\cdot\delta\acute{\upsilon}\nu\alpha\mu\iota\varsigma\cdot\kappa\acute{\upsilon}\beta o\varsigma$에서 단위·제곱·세제곱을 나타내는 기호로 $\mu\cdot\delta\cdot\kappa$가 나오게 되었는지를 좀 더 잘 설명하는 것 같다.[25]

심지어 바셰의 번역본도 미지수(우리의 x)를 나타내는 표기법이 여럿이다. 그의 두 번째 정의에서 미지수는 그리스문자 ς처럼 보이는 것으로 등장한다. 때로는 강세 표시가 있는 ς́로 나온다. 또는 첨자가 붙어 ς″로 나오기도 하고, 첨자에 첨자가 붙어서 ςᵒ′로 나오기도 한다. 이것들은 모두 디오판토스가 '그 수'라고 부른 ὁ ἀριθμός의 속기 표현이다. 이 기호는 ςᵒⁱ나 ςᵒᵛ로 쓰이기도 했다. 이 변형들은 간접적인 대상, 즉 '수'가 사용되는 방법의 문법적인 또는 의미론적인 형태를 반영한다. 왜냐하면 문장의 문법적 구조에 따라 ἀριθμός(ἀριθμόι 또는 ἀριθμόν)의 다양한 어미를 반영하기 때문이다. 시그마 두 개는 복수를 나타내는데, 같은 쪽에서 문법에 따라 ςςᵒᵘ́ς, ςςⁱᵒᵛ, ςςᵒⁱς로 바뀌기도 한다.

또 문자 ς는 2세기 초반의 플라톤 철학자 스미르나의 테온 Theon의 저작에도 등장한다. 따라서 테온이 수학에서 단어를 축약해 쓸 생각을 맨 처음 한 사람이었을지도 모른다.

《파르시니우스》에서 다항식 $Q^{\circ}\ \mathcal{S}\cdot\mu\ \iota\delta\ \Upsilon\ \varsigma\varsigma\ \mathcal{S}$이 (Q는 x^2을, N은 x를 나

$\mu^{\bar{o}}$ (단위) – 예를 들어, $\mu^{\overline{o\varepsilon}}$는 5단위를 뜻한다.

⋔ (마이너스)

ι^{σ} (등호) – 아마 '같다'는 뜻의 단어 $\iota\sigma o\varsigma$의 처음 두 글자에서 나온 듯하다.

⌐ (미지수) x

δ^{γ} (제곱) x^2

κ^{γ} (세제곱) x^3

$\delta^{\gamma}\delta$ (제곱–제곱) x^4

$\delta\kappa^{\gamma}$ (제곱–세제곱) x^5

$\kappa\kappa^{\gamma}$ (세제곱–세제곱) x^6

고전 주석서는 이 기호들을 대문자로 나타냈다. Diophanti Alexandrini, *Opera Omnia*와 Heath, *A History of Greek Mathematics*, 448을 보라.

타내는) 바셰의 표기법에 따르면[26] $9Q+14-9N$인데, 우리 표기법으로는 $9x^2-9x+14$가 된다.[27] $\varsigma\varsigma$를 보면 디오판토스가 대상의 복수형을 사용하는데, 한 항에 음수 아홉 개를 결합하기 때문이다. 디오판토스의 계수들($\vartheta=9$, $\iota\delta=14$)은 변수 다음에 쓰였음($\varsigma\varsigma\vartheta$)을 주목하라. 우리 표기법에 따르면 $\varsigma\varsigma\vartheta$는 $9x$를 뜻할 것이다. 여기서 시그마 두 개로 나타낸 x는 복수로, x 아홉 개를 뜻한다. 다시 말해 $1x$는 $\varsigma\alpha$나 ς로 쓰는 반면, $2x$는 $\varsigma\varsigma\beta$로 쓸 것이다(표 10-1).

이 모든 것은 디오판토스가 단어가 전혀 없는 (그러나 개념적으로 단어와 연관된) 기호로 미지수를 표현하는 게 아니라 축약형으로 표현했음을 보여 주는지도 모른다. 그러나 19세기의 수학 역사가 타너리는 비잔틴 시대 전의 고대 사본들은 이 다른 격을 쓰지 않았고, 축약형으로서 격의 어미를 포함하는 책임은 그 뒤 복제 담당자에게 있는 것 같다고 주장했다. 만약 디오판토스가 미지수 $\dot{\alpha}\rho\iota\vartheta\mu\acute{o}\varsigma$에 대해 격 어미를 위해 다른 표기를 썼다면 왜 다른 기호도 그렇게 표기하지 않았겠는가?[28] 이 혼란에 더해 히스는 디오판토스가 실제로 마지막 시그마를 미지수를 나타내는 약어로 썼다는 주장을 의심했다. 그의 논거는 마지막 시그마가 나중에 그리스문자에 추가되었다는 점이다. 그 의심은 마지막 시그마와 아무 상관도 없다는 것을 암시하는 정의 IX에 대한 바셰의 번역본으로 더 강화되었다.

현대 표기법으로 디오판토스의 다항식 $κ^γ\overline{γ} ⋔ δ^γ\overline{β} ς\overline{α} μ^o\overline{α}$는 $3x^3 - 2x^2 + x + 1$이다.

$$\underbrace{κ^γ\overline{γ}}_{3x^3} \underbrace{⋔}_{-} \underbrace{δ^γ\overline{β}}_{2x^2} \underbrace{ς\overline{α}}_{x} \underbrace{μ^o\overline{α}}_{1}$$

디오판토스는 역수를 나타내기 위한 표시 ×를 사용했다. 그는 $\frac{1}{x}$을 $ς^×$라고 썼다.[29] 나눗셈은 '공유'를 뜻하는 단어 ἐν μορίῳ로 표시했다. 따라서 $δ^υ τμ^o αψκε ἐν μορίῳ δ^υ δαμ^o πδ δ^υ μ$는 우리 표기법으로 다음과 같다.[30]

$$\frac{300x^2 + 1725}{x^4 - 40x^2 + 84}$$

물론 현대적인 관점에서 디오판토스의 표기법을 이해하기가 아주 어렵지는 않다. 하지만 대수적으로 다루기는 지극히 어려운 수고스러운 표기법이다. 심지어 디오판토스도 '그것에 완전히 익숙해지기 전까지는 어렵다고 생각할 것'이라고 말했다.[31] 덧셈에 대한 기호가 없었기 때문에 모든 음의 항을 함께 묶어서 뺄셈부호 뒤에 놓아야 했다. 그러나 그의 표기법은 x와 x^2이 같은 종류의 수라는 신호를 보내지 않는다.

디오판토스의 표기법은 오늘날 우리의 것과 비교해 볼 때 너무나 어색하고 다루기 힘들어 보인다. 그가 어떻게 그런 상황에서 수학을 할 수 있었을까 하고 놀라거나 그런 표기법은 대수적 사고를 분명히 방해했을 거라고 생각할지도 모른다. 그러나 반복과 익숙함은 개념의 정립을 위한 순풍이 된다. 문제는, 그의 표기법이 모든 것을 같은 방식으로 표현해서 수나 중간 단계의 대상과 거듭제곱이나 합 같은 연산기호가 확실하게 구별되지 않는다는 점이다. 덧셈부호나 뺄셈부호로 거듭제곱들을 구분하지 않았기 때문에 사람들이 대수를 이해하기 위해 더 어렵게 공부해야 했을지도 모른다.[32]

위대한
기술

대수학 기술은 그리스인이나 힌두인으로부터 전해졌을지도 모른다. 그러나 인도 북부의 브라만은 아립인이 대수학을 배우기 오래전부터 대수학에 대한 생각이 있었고, 그것에 공헌했으며, 11세기 후반에 스페인으로 그 기술을 가져갔다. 인도 수학자 브라마굽타는 '좋은 수학자와 천문학자의 즐거움을 위해'《브라마스푸타시단타》를 1008절의 시구로 썼다. 628년에 완성된 이 책은 수학에서 0의 구실을 발전시켰을 뿐 아니라 음수와 양수를 쓰는 규칙, 제곱근의 계산 방법, 1차방정식과 일부 2차방정식을 해결하는 체계적인 방법도 소개했다.[1]

7장에서 언급한 10세기 책《황금의 초원과 보석 광산》은《천문표 Shinhind》라는 과학과 점성술에 관한 더 오래된 책의 이야기를 전했다. 이 오래된 책은 해와 달, 알려진 행성의 위치를 기록하는 천문 달력으로 점성술 자료와 삼각함수 부호의 표가 함께 담겨 있었다. 즉 힌두인이 산술학, 천문학을 비롯한 과학에 관해 알고 있던 것을 모두 담은 백과사전이었다.

알콰리즈미는 《브라마스푸타시단타》를 통독했고 곧 아랍어판인 《천문표》, 즉 인도의 신드인과 힌두인의 방법에 기초한 천문학 소책자를 쓰는 데 열정을 쏟아 825년 즈음에 완성했다. 그는 특별한 수학 문제를 연구하다가 원래 수사적이었다가 경우에 따라 축약형으로 쓰는 미지수를 발견하는 방법에 매혹되었다. 5년 뒤 알콰리즈미가 《대수》라는 책을 출판했는데, 이는 대강 '완성과 균형에 따른 계산에 관한 간결한 책'으로 번역된다.[2] 아랍어 제목의 '알자브르al-jabr'는 '복원'이나 '완성'을 뜻하며 '뼈를 맞추다' 같은 말에 쓰는 아랍 동사 '맞추다'에서 왔다. 15세기 중반 구텐베르크Johannes Gutenberg의 활자에 앞서 손으로 쓰인 수많은 사본의 운명처럼 알콰리즈미의 《대수》도 유일하게 현존하는 사본이 14세기보다 앞으로 거슬러 올라가지는 못한다. 그러나 중요하지 않은 파편들을 제외하면 온전한 사본이 현재 세 부 남아 있다.[3]

대수에 관한 책 중 첫 인쇄본은 '복구와 비교' 또는 '반대와 비교' 또는 '해결과 등식'으로 해석되는 파치올리의 《알제브라 에 알무카발라》다. 파치올리는 이 책을 '위대한 기술: 흔히 복구와 비교 기술의 규칙'이라고도 불렀다.

다른 저자들은 알자브르라는 단어가 다른 아랍 단어에서 왔다고 주장한다. 16세기 프랑스 수학자 라메Pierre de la Ramée는 자신의 《산술Arithmétique》(1555)에서 '알지브라는 시리아어로, 뛰어난 사람의 기술과 이론을 의미한다'고 주장했다. 그리고 어떤 학식 있는 수학자가 알렉산드로스대왕을 위해 《알무카발라Almucabala》를 썼다고 말했다. 이 책은 어둡고 신비로운 것들을 다루었으며 나중에 알자브라Aljabra, 즉 대수론으로 불렸다.[4]

'신비로운'은 그렇다 치자. 하지만 '어둡고'는 뭔가? 《알무카발라》는 알콰리즈미의 책을 체스터의 로버트가 옮긴 라틴어본의 제목으로, 영어 사용자에게는 어둡고 신비로운 것들을 표현한 의성어 같은 느낌을 준다. 두 이름이 다 대수학에 어울리는 것 같다.[5] 대수학이 9세기 페르시아의 학생에게는 신비로웠을지 몰라도 오늘날의 학생에게는 익숙하다.《알무카발라》에 이런 예가 나온다.[6]

나는 십을 두 부분으로 나눈다. 그 방식은 한 부분을 다른 부분과 곱해 이십일이 나오게 하는 것이다.

이 책은 우리에게 그 두 부분을 찾으라고 요구하지 않는다. 오히려 답을 찾는 방법을 계속 제공한다.

그럼 이제 근(x)이 한 부분을 나타내도록 놓고, 거기에 또 다른 부분을 나타내는 십 빼기 근($10-x$)을 곱한다. 이 곱은 근 열 개에서 근의 제곱을 빼는 것($10x-x^2$)으로 21과 같다. 근 열 개($10x$)를 그 제곱(x^2)으로 완성하고 그 제곱(x^2)을 21에 더하라. 이는 근 열 개($10x$)가 제곱 더하기 21(x^2+21)과 같다는 걸 준다. 그 근들의 절반, 즉 5를 택하고 이것을 그 자신과 곱해 25를 얻자. 이것에서 21을 빼면 4가 나온다. 이것의 제곱근, 2를 택해서 이를 근들의 절반에서 빼면 3이 남는다. 이것이 두 부분 중 하나를 나타낸다.

오늘날 대수학을 배우는 학생은 이를 2차방정식 $x^2-10x+21=0$에 대한 '완전제곱 만들기' 방법이라고 배운다. 이것은 단순한 기호 조작으로 다음과 같이 쓸 수 있다.

$$x^2 - 10x + 21 = 0$$

$x^2 - 10x = -21$ (각 변에서 21을 뺀다.)

$x^2 - 10x + 25 = -21 + 25$ (양변에 가운데 항 계수의 1/2의 제곱을 더한다.)

$(x-5)^2 = 4$ (좌변은 완전제곱임을 유념한다.)

$(x-5) = \pm 2$ (각 변의 제곱근을 취한다.)

$x = 3,\ x = 7$ (각 변에 5를 더한다.)

오늘날 알콰리즈미의 방법은 전혀 신비롭지 않다. 완전제곱 만들기는 고대 그리스까지 거슬러 올라가는데, 당시 질문들은 순수 기하학과 공리에 따라 증명되어야 하는 방법으로 다뤄졌다. 《알무카발라》에는 공리가 없다. 아마 그래서 신비롭게 보이는 것 같다. 규칙은 방정식의 근을 찾는 과정에서 나오는 경향, 19세기 논리학으로 쉽게 표현할 수 없는 직관적인 논리 등을 따른다.

무엇이 알콰리즈미의 저작을 디오판토스의 것과 구별하게 하는가? 《알무카발라》에 나온 글은 거의 《산술》에 나온 것만큼이나 수사적으로 보인다. 별로 중요하시 않은 몇몇 축약형의 개선, 0을 위한 개념과 기호, 인두숫자를 빼면 새로운 기호가 전혀 소개되지 않았다. 오히려 《알무카발라》에는 다양하게 구성된 문제들이 나온다. 알콰리즈미는 첫 장에서 이렇게 말했다.

나는 많은 복원과 반대가 이 세 종류로 이뤄진다는 걸 발견했다.

근, 제곱, 수……

그럼 이 세 형태 중 둘은 서로 같을지도 모른다. 예를 들어 보자.

제곱은 근과 같다

제곱은 수와 같다

근은 수와 같다.

그는 근이라는 말로 미지수, 우리가 x라고 부르는 것을 나타낸다. 또 제곱이라는 말로 미지수의 제곱, 우리가 x^2이라고 이름 붙인 것을 나타낸다. 따라서 그의 예는 우리의 기호를 이용한 표기법으로 이렇게 번역된다.

$ax^2 = bx,$

$ax^2 = c,$ 그리고

$bx = c.$ 여기서 a, b, c는 양수다.

알콰리즈미는 우리에게 일반적인 1차방정식과 2차방정식을 세 가지 형태 중 어떤 것으로든 하나로 환원해서 해결하는 방법을 제시했다. 그의 방법은 양변에 같은 수를 더해서 같은 종류의 항들을 방정식의 한쪽으로 모으는 것이다. 완성하고 균형을 맞추는 것, 이것이 대수를 하는 방법이다(알콰리즈미 시대에 방정식은 현재의 방정식처럼 일종의 등호에 따라 분리되는 좌변과 우변이 없었다. 그러나 양변이 있는 것처럼 완성하고 균형을 맞춘다는 생각은 그럴듯했을 것이다). 대수기호는 필요에 따라 항들을 한쪽으로 모으거나 더하거나 빼는 등 수집 과정을 수행하는 데 더 쉬운 방법을 제공한다. 기호를 쓴다고 해서 단어를 쓸 때보다 수학이 더 대수적으로 되지는 않는다. 일단 이것을 이해하고 나면 유한한 형태의 관점에서 문제들의 무한한 부류를 볼 수 있다. 이 파격적인 영감이 놀라움을 가져왔다. 알콰리즈미는 이렇게 썼다.

> 나는 일반적으로 사람들이 계산할 때 항상 수를 원한다는 것을 발견했다…… 제곱수의 두 배에 그 근의 열 배를 더했을 때, 사십팔 디르함의 합을 만든다면 무엇이 제곱수 두 배의 값이어야 할까?

우리는 이를 $2x^2+10x=48$이라고 쓴다.

> 먼저 처음 제곱수 두 개를 하나로 만들어야 하고, 두 제곱수 중 하나는 두 개의 절반이다. 그리고 앞에서 언급된 모든 것을 절반으로 줄이자. 그러면 원래 질문과 같아진다. 즉 한 제곱수와 그 근의 다섯 배는 이십사 디르함과 같다. 그렇다면 그 근의 다섯 배를 더할 때 이십사 디르함과 같은 제곱의 값은 무엇이어야 할까?
> 이제 근의 개수를 절반으로 만들면 이와 이분의 일이 된다.

우리는 이를 $\frac{5}{2}$라고 쓸 것이다.

> 그것을 그것 자체와 곱하라. 그 곱은 육과 사분의 일이다. 이를 이십사에 더하라. 그 합은 삼십 디르함과 사분의 일이다.

우리는 이를 $6\frac{1}{4}+24$라고 쓴다.

이것의 근을 택하라. 그럼 오와 이분의 일이다. 여기에서 근의 개수의 절반, 즉 이와 이분의 일을 빼라. 나머지는 삼이다. 이것이 제곱수의 근이고, 제곱수 자체는 구다.[7]

우리는 이를 $5\frac{1}{2} - 2\frac{1}{2} = 3$이라고 쓸 것이다.

'이것의 근을 택하라'고 알콰리즈미는 썼다. 근은 단수였다! 그에게 $30\frac{1}{4}$의 제곱근은 오직 하나, 즉 $5\frac{1}{2}$만 있었다. 그에게 해는 양의 근, $x=3$뿐이다. 이 장의 도입부에 한 것처럼 여기에 고등학교 대수를 배우는 학생이 '완전제곱 만들기'라고 부르는 것을 이용해 보자.

$2x^2 + 10x = 48$을 취한다.

전체를 2로 나눠 $x^2 + 5x = 24$를 얻는다.

$\left(\frac{5}{2}\right)^2$을 양변에 더해 $x^2 + 5x + \left(\frac{5}{2}\right)^2 = 24 + \left(\frac{5}{2}\right)^2$을 얻는다.

이 식을 간단히 정리해 $\left(x + \frac{5}{2}\right)^2 = \frac{121}{4}$을 얻는다.

양변에 제곱근을 취해 $x + \frac{5}{2} = \pm\frac{11}{2}$을 얻는다.

마지막으로, 양변에서 $\frac{5}{2}$를 빼 $x=3$과 $x=-8$을 얻는다.

해에 대한 알콰리즈미의 이해는 대수학의 기법으로 제한되었다. 왜냐하면 대수학과 기하학을 연결하는 수학적 끈이 아직 이해되지 않았기 때문이다. 하지만 그가 2차방정식의 기하학을 알고 이용했다면 $x^2 + 5x = 24$를 x의 두 값, 즉 3과 −8에서 높이 0을 지나며 자른 그래프로 봤을 것이다(그림 11-1).

또는 그가 $x^2 + 5x = 24$를 인수분해하는 기호 대수적 방법을 알았다면 자신의 방정식이 두 해, $x=3$과 $x=-8$을 갖는 방정식 $(x-3)(x+8)=0$과 같음을 알아차렸을 것이다.

알콰리즈미는《브라마스푸타시단타》를 통해 음수를 알고 있었고, 심지어

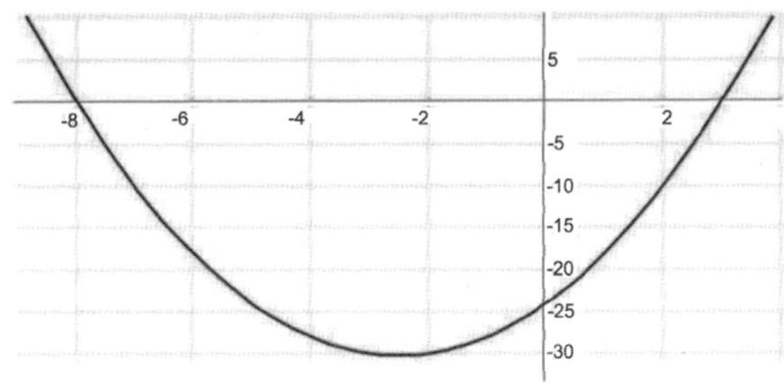

그림 11-1 $x^2 + 5x = 24$의 그래프

$ax^2 + b = cx$ 형태의 어떤 방정식이든 근이 둘이라는 것도 알았다. 브라마굽타는 0을 어떤 수에서 그 자신을 빼면 얻는 수로 정의했다. 알콰리즈미는 자신의 산술 규칙을 다음과 같이 나열할 수 있었다.

빚 빼기 영은 빚과 같다.

재산 빼기 영은 재산과 같다.

영 빼기 영은 영과 같다.

영 빼기 빚은 재산과 같다.

영 빼기 재산은 빚과 같다.

영 곱하기 빚 또는 재산은 영과 같다.

영 곱하기 영은 영과 같다.

그의 언어에 따르면, 우리는 그가 음수를 수로 생각하고 있었다고 결론 내려야 한다. 산술적으로 그의 논리적 규칙들은 '재산'과 '빚'에 대해 이야기한다. 따라서 그것은 양수와 음수라는 개념을 내비친다. 그는 어떤 경우에 2차 방정식은 근이 두 개일 것이며, 그 방정식을 나오게 한 특정 조건이 그중 하나를 제외할 것도 알았다. 한참 뒤인 피보나치 시대에도 음수 근은 미심쩍게 여겨졌다.

최근까지 브라마굽타가 음수를 현대적인 의미에서 쓴 최초의 수학자라고 여겨졌다. 그러나 음수는 2000년 전부터 중국에서 쓰였다. 그것이 《구장산술》에 등장한다(3장을 보라). 중국인은 인도인보다 400년 앞서 음수를 가지고 있었다.

대수기호의
출현

대수학이 항상 알지브라라고 불리지는 않았다. 15세기 중반에 몇몇 이탈리아어와 라틴어 작가들은 레귤라 레이 에 켄수스Regula rei e census, 즉 어떤 것의 제거와 곱이라고 불렀다. 수학자는 자기 분야에 산술학, 기하학, 미적분학, 해석학, 수론, 논리학 등 짧은 이름 붙이는 걸 선호한다.

비에트는 대수학을 '분석적 기술'이라고 불렀다. 윌리스는 '허울 좋은 산술'을 뜻하는 영어 이름specious arithmetic'을 붙였는데, 이 이름은 미지수의 특징한 거듭제곱뿐만 아니라 '종species'을 뜻하는 그리스어εἶδος에서 왔을 가능성이 높다. 15세기 영어에서 '스피셔스specious'는 '눈을 즐겁게 하는 그러나 현혹하는' 생김새를 뜻했다. 이 단어는 18세기에도 같은 의미로 쓰였고, 1785년에 인쇄된 존슨Samuel Johnson의 《영어사전Dictionary of the English Language》에서도 볼 수 있다.[1] 뉴턴은 대수를 '보편 산술'이라고 불렀는데, 아마도 그것이 방정식에서 쓰이는 산술의 보편적 법칙을 다 포함하기 때문이었을 것이다. 라무스Petrus Ramus는 아랍 이름 '알지브라'가 '(그) 감탄스럽게 절묘한 기술'의 통속적 이름이라고 생각했다. 그런데 데카르트에게는 이 아랍 이름이 '야만적'이었다.[2]

표면적으로 대수는 어떤 규칙을 따르는 기호들을 조작하는 기술처럼 보인다. 그렇다면 무엇이 우리가 어떤 수에 그것의 1/5을 더하면 21이 나오는지를 묻게 한단 말인가? 이 문제의 해를 말로 하면 십칠과 이분의 일이다. 이 특별한 질문은 아메스 파피루스에서 제기되었다. 해답이 기원전 1550년보다 앞선 어느 시기에 적은 파피루스에 있지만, 오늘날 대수를 배우는 학생은 쉽게 알아볼 수 없을 것이다. 우리는 단순하게 $x+\frac{1}{5}x=21$을 쓴 뒤 전혀 힘들이지 않고 현대적인 규칙에 따라 기호를 조작해 $x=17\frac{1}{2}$을 얻을 수 있다. 모든 것이 표기법 자체에서 직접적으로 나오기 때문에 아마 일반화와 통합을 가능하게 한 더 깊은 수준의 사고는 깨닫지 못할 것이다.

20세기 수학자이자 과학소설가인 벨Eric Temple Bell은 17세기 중반에 수학자들이 기호 조작으로 자신들의 사고를 언어의 황무지에서 해방했기 때문에 음수와 유리수, 지수를 도입할 수 있었다고 말했다. 그는 유명한 고전이된 역사책 《수학의 발전The development of Mathematics》에 이렇게 썼다. "그때 고대인들에게 더 많은 존경을 보낸다. 그들은 현대인이 기술적인 펜 놀림 몇 번으로 얻을 수 있는 것을 위해 언어의 정글을 끈기 있게 헤쳐 나갔다."[3]

수세기 동안 수사적으로 대수를 다룬 수학자들은 지금 우리가 아는 것을 알지 못했음을 주목하면 깨달을 수 있다. 이들은 미지수의 거듭제곱을 표현하는 새로운 기호 $x, x^2, x^3, \ldots$을 통해 x의 거듭제곱의 곱이 지수의 합에 따라 어떻게 좌우되는지를 알아차렸다. 벨은 책에 이렇게 썼다. "과거에는 믿을 수 없을 만큼 많은 혼란스러운 용어와 불충분한 규칙 및 그와 같거나 더

심하게 고통스러운 생각들이 가득했다."[4]

요즘 학생들은 음수에 대해 현대적인 기호와 이를 이용한 방법이 있기 전에는 방정식 $ax^2 + bx = c$가 방정식 $ax^2 = bx + c$와 전혀 다른 것으로 여겨졌다는 데 상당히 놀란다. 두 방정식은 $ax^2 + bx + c = 0$과도 달랐다. 이것이 이상해 보일지도 모른다. 왜냐하면 한 방정식의 해는 다른 방정식의 해여야 하기 때문이다. 그러나 15세기까지는 임의의 유리수 상수항 a, b, c가 양수여야 했다.

우리의 기호에 대한 정의에 따르면, 바빌로니아 수학에는 그들의 똑똑한 숫자와 그림문자 말고는 어떤 기호도 없었다. 심지어 디오판토스도 기호를 이용한 조작을 충분히 활용하지 않았다. 그런데도 대수학의 기술은 썼다. 왜냐하면 대수학은 단순히 기호를 조작하는 데서 그치지 않았으며 한 번도 그런 적이 없었기 때문이다. 대수학은 정글 같은 언어의 수사적 표현이나 기호 자체로 관계를 이해하는 기술이다. '등호'는 바로 이런 관계들 중 하나다.

모든 세대에서 인간을 향상하거나 모두를 위해 더 나은 세상을 만드는, 기다리던 구실을 할 놀라운 사람이 나온다. 그중 몇 명만 말하자면 구텐베르크, 갈릴레오, 다빈치Leonardo da Vinci, 킹Martin Luther King Jr., 만델라Nelson Mandela가 있다. 나는 뉴턴이나 라이프니츠같이 위대한 수학자들이 단 하나의 기호 없이도 기막힌 수학을 세상에 내놓을 수 있었을 것이라고 확신한다. 그들의 작업이 당시 사회에서 심각한 투쟁과 아마 거의 극복하지 못할 것 같은 장애물들을 만났다는 것도 확신한다. 그럼 대체 무엇이 16세기 후반에 기호와 대수 표기법의 홍수를 일으켰을까? 17세기 이래 수학과 과학이 수행되는 방식을 완전히 바꾸기에 충분할 만큼 강력한 폭발이 왜 일어났을까?

대수가 여전히 수사적이거나 축약적이기만 하다면 오늘날 우리가 어떻게 되었을지 상상해 보라. 대수를 배우는 학생들은 기초적인 대수학 교과서를 가득 채운 '말로 된 문제'를 두려워하지만, 그 문제들은 15세기 학생이 풀어야 했던 것들보다 쉽다. 왜냐하면 현대 학생들은 문제를 기호 표기법으로 번역해서 기호 조작의 법칙을 통해 문제를 다루기만 하면 되기 때문이다.

주산 대수는 피보나치 시대에 시작되어 14세기 중반부터 번성했다. 규칙이나 기하학적 증명으로 뒷받침되는 산술·대수 문제를 많이 다루는 것은 주산 학교와 주산의 대가가 쓴 논문 들에서 유래한 문제 풀이의 전통이었다. 이 전통은 16세기 전반에 시작된 기호 대수학의 출현에 일부 영향을 주었다.

기호가 대수의 개념을 가져온 게 아니라, 대수의 개념이 기호를 가져왔다. 레코드는 '~와 같다'는 말을 《기지의 숫돌》에 200번쯤 썼는데, 이때는 아직 이를 나타내는 등호 기호 ═══를 통해 쉽게 그 말의 '따분한 반복을 피할' 수 있다고는 깨닫지 못했다. 최초의 동기는 축약의 필요성이었다. 일단 등호가 자리를 잡자 다른 것들이 생겨났다. 기호의 단순성이 머릿속에 이해를 도울 간소한 그림을 그릴 수 있게 한다는 의도하지 않은 이점을 가져다주었다.

초기 역사가들은 대수학자 알칼라사디al-Qalasādi가 산술연산을 나타내는 데 아랍문자를 쓴 최초의 아랍인이라고 보았다. 그는 오늘날 스페인 동북부에 있는 무어인 도시에서 태어나 법과 코란을 공부했다. 나중에 카스티야인이 동쪽으로 점령해 오자 안달루시아의 그라나다로 남하했다. 15세기 초반에 스페인과 포르투갈의 거의 전 지역을 이슬람교도가 장악했고 카스티야와 아라곤의 기독교도 사이에 전쟁이 이어졌다. 알칼라사디는 산술에 관한 책들과 대수에 관한 책 《산술 과학에 관한 설명Al-Tabsira fi'lm al-hisab》을 썼는데, 이 책에 짧게 줄인 아랍 단어와 문자로 만든 수학 표기법이 등장한다.

그의 표기법은 분명히 축약을 통한 대수학의 기호화를 위한 시도였고, 진정한 기호로 볼 만한 것에 처음으로 근접했다. 그러나 적어도 100년간 북아프리카의 이슬람 수학자들이 이미 이것들을 쓰고 있었다. 즉 그는 창시자가 아니다. 알칼라사디보다 100년 전에 마그레브의 수학자 이븐 알반나Ibn al-Banna와 이븐 알아사민도 일종의 축약된 알파벳 표기법 체계를 가지고 있었다. 그리고 분명히 이런 알파벳 기호는 13세기보다 훨씬 전부터 동양에서 쓰고 있었다.[5]

인류의 지식이 진보하면서 세상에는 유익한 일들이 종종 일어난다. 1940년대 이래 현대적 프로그래밍이 가능한 컴퓨터 혁명과 함께 언어 도구들이 등장했다. 그리고 이제는 카페에서 노트북을 쓸 수 있게 되었다. 다목적 컴퓨터 프로그래밍 언어 없이 낮은 수준의 기계어나 어셈블리 언어에만 의존해 이 모든 노트북컴퓨터 프로그램들이 생겨날 수 있었을까? 물론 가능하기는 해도, 그것이 얼마나 오래 걸릴지 한번 상상해 보라. 현재 훈련된 사람보다 더 재능 있는 사람이 필요할 만큼 지루하고 복잡할 것이다.

기호의 초기 단계인 16세기에도 마찬가지였다. 16세기 후반에 발전한 기호언어 없이 현재와 같은 수학과 물리학을 다 가질 수 있었을까? 물론이다. 그러나 이를 위해 엄청나게 많은 헌신적 수학 대중이 필요했을 것이다.

이탈리아는 아랍인이 스페인에 대수의 기술을 가지고 온 뒤로 유럽에 떠돌아다니던 대수의 씨가 싹을 트게 하는 데 시간을 낭비하지 않았다. 불행히도 피보나치의 책을 제외하면 1300년보다 앞선 시기의 유럽 대수학 저작들에 대해 알려진 것이 거의 없다. 가장 이른 시기의 저작은 피보나치, 아바코Paolo dell'Abbaco, 파도바의 벨몬도Belmondo de Padua의 책들이었다. 15세기 말까지 대수학은 미지수를 하나만 갖는 2차방정식, 즉 현재 고등학교 교과과정과 비슷한 수준 이상으로 나아가지 못했다. 당시 대수학은 여전히 수사적으로 수행되고 있었다. 미지수나 연산에 관한 기호나 상징이 없고, 2차방정식은 양의 근만 가졌다.

1505년에 페로Scipione del Ferro(1465?~1526)가 복합 3차방정식의 특별한 경우인 양수 a, b가 있는 $x^3+ax=b$를 해결했다. 당시 음수는 여전히 의심스럽게 여겨져 사용되지 않았다. 0도 유럽에 소개된 이래 4세기가 지났지만 여전히 의심스럽게 여겨졌다. 따라서 방정식 $x^3+ax=b$와 $x^3=ax+b$는 서로 다른 것으로 여겨졌다. 음수와 0을 쓰는 우리의 기호 대수학에서 이 두 가지 예는 모두 일반적인 방정식 $x^3+ax^2+bx+c=0$과 별다를 바가 없다.[6]

당시 수학의 관행대로 페로는 이를 문자계수를 가지고 푸는 게 아니라 편리한 수를 전략적으로 선택해서 풀었다. 특별한 3차방정식 $x^3=9x+28$에 관한 공식을 찾아서 그 해가 $x=4$와 $x=-2\pm i\sqrt{3}$이라고 알아낸 것은 일반적 방법을 찾는 데 확신을 주었다. 사람은 되풀이되는 예를 통해 추상적 형태를 다룰 고유한 방식을 발전시켜 나간다. 그러나 신비롭게도 사람은 단 한 가지 예에서도 일반화를 할 수 있다. 기호가 없다면 분명 쉽지 않을 것이다. 비록 어떤 일반적인 절차를 방해할 만큼 제한적이지는 않아도, 그 방식을 따라가다 보면 계수 9와 28이 분명히 계산에 편리했을 것이다. 이것이 페로 시대에 대수를 하는 방법이었다.

일반적인 3차 다항식을 2차항이 없는 3차 다항식으로 변환하는 $y=x-\frac{a}{3}$라는 훌륭한 치환이 페로에게는 일반적 과정이었다. 비록 기하학적으로 수행되었고 3차 다항식의 특별한 예에만 해당했지만 말이다. 따라서 a는 특별한 2차항의 계수, 특정한 수였을 것이다. 치환에 대한 개념은 어떤 문제를 더 단순한 문제로 축소하는 현대 대수학의 기본 중 기본이라서, 우리가 이 엄청난 탁월성에 놀라지 않을 수 없다. 어떻게 기호를 이용하지 않고 그렇게 천재적인 작업을 할 수 있었을지 의아할 따름이다. 수사적 표현에서 쉽게 나올 수 없는 이 개념은, 분명 기호를 사용한 방법의 놀라운 이점 중 하나다. 그래서 페로는 3차방정식 $x^3 = ax + b$의 일반해를 다음과 같이 만들 수 있었다.

$$x = \sqrt[3]{\frac{b}{2} + \sqrt{\frac{b^2}{4} - \frac{a^3}{27}}} + \sqrt[3]{\frac{b}{2} - \sqrt{\frac{b^2}{4} - \frac{a^3}{27}}}$$

이 식이 위협적으로 보인다면 한번 상상해 보라. 현대적인 표기법의 기호가 없는 페로 시대 또는 그보다 100년 후가 얼마나 공포스러울 만큼 괴로웠을지를 말이다. $a = 9$이고 $b = 28$일 때 $x^3 = 9x + 28$에 적용하면 $x = 4$라는 답이 쉽게 나온다. 페로는 해가 셋이어야 한다는 것을 몰랐지만, 이에 대해서는 14장에서 다시 보기로 하고 넘어가자.

1545년까지 이탈리아인 특히, 카르다노와 그의 제자 페라리Lodovico Ferrari 또 그의 경쟁자 타르탈리아Niccolò Fontana Tartaglia는 일반적인 3차방정식과 4차방정식을 풀었다. 카르다노의 《위대한 기술》은 더 공식적인 제목 《위대한 기술 또는 대수학의 규칙 제1권Artis Magnae, Sive de Regulis Algebraicis Liber Unus》을 줄인 것으로, 1545년에 출판되었다. 이 책에는 그때까지 3차방정식과 4차방정식에 대해 알려진 것들이 다 들어 있었는데, 3차방정식의 근으로 (참된' 근과 '허구의' 근이라고 불리는) 실수와 복소수를 (인쇄본에서 처음으로) 모두 포함했다. 또한 기하학 규칙에 관한 내용도 있었는데, 타르탈리아가 3차방정식을 풀기 위한 (증명이 아닌) 그 규칙을 카르다노에게 전했다. 하지만 타르탈리아는 그 규칙을 페로한테 배웠다. 당시 모든 대수학은 근을 위해 R_x 같은 기호만 조금 있을 뿐 여전히 거의 수사적이었다. 아마 R_x는 '뿌리根'를 뜻하는 라틴어 '라딕스radix'의 속기였고, 음수의 제곱근은 $R_x.\tilde{m}.$으로 썼을 것이다. 따라서 $R_x.\tilde{m}.15$는 $\sqrt{-15}$를 뜻했다. 페로는 그의 생각을 몇몇 친구, 학생, 동료 들에게 전했지만 출판하지는 않았다. 따라서 그의 연구에 대한 직접적인 증거는 없고, 페로를 만나기 위해 밀라노에서 볼로냐로 갔던 카르다노가 남긴 것만 있다.

비록 그의 위대한 업적 이면의 이야기들은 수학 역사상 가장 격렬한 불화로 인식되고 있지만, 카르다노는 오랜 친구 타르탈리아를 포함해 다른 이들의 공을 인정했다.[7] 《위대한 기술》의 첫 번째 장에 $x^3 = ax + b$의 해를 언급하면서 감사의 말을 실었다.

> 우리 시대에 볼로냐의 페로가 3차항과 1차항의 합이 상수와 같은 경우를 풀었다. 아주 우아하고 존경할 만한 업적이다. 이 기술은 모든 인간의 절묘함과 언젠간 죽을 운명인 재능 있는 자의 명석함을 능가하고 진정 천상의 선물이자 인간의 정신력에 대해 분명한 시험이다. 따라서 이것에 전념한 이라면 누구든 그가 이해할 수 없는 것은 없다고 믿을 것이다. 그와 경쟁해서 실패하지 않기를 바란 내 친구, 브레스키아의 타르탈리아는 (페로의) 제자인 피오르Antonio Maria Fior와 대결했을 때 똑같은 경우를 풀었으며 내 애원에 마음을 움직여서 내게 그 답을 주었다.[8]

이들의 불화는 업적에 대한 인정보다는 타르탈리아에 대한 비밀 맹세와 그것을 출판하지 않겠다는 약속에서 빚어졌다.[9] 카르다노는 자신만의 해, 즉 순전히 기하학적인 해를 제시했다. 왜냐하면 어려운 작업에 필요한 상징적 수단이 없었기 때문이다. 예를 들어, $(a+b)^3 = a^3 + 3a^2b + 3ab^2 + b^2$은 대수의 몇 가지 규칙을 이용해 $(a+b)$를 세 번 곱해서 나타낼 수 있다. 카르다노는 이 사실을 몰랐다. 그는 같은 결과를 얻기 위해 그림을 이용해 기하학적인 육면체를 잘라야 했다.

그가 쓴 방정식의 수사적 표현은 커다란 결점이 하나 있었다. 방정식 유형의 목록이 길 수밖에 없었다는 것이다. 이는 부분적으로 그가 0을 쓰지 않은 탓이기도 했다. 그는 곱셈부호의 규칙을 미심쩍어했고, 《위대한 기술》을 출판하고 25년 뒤에 음수 곱하기 음수가 양수가 되는 것은 양수 곱하기 양수가 음수가 된다는 것과 같다고 주장했다.[10] 그가 이렇게 설명했다. "흔히 음수 곱하기 음수가 양수를 만든다고 주장하는 잘못이 눈에 띈다. 실로 음수 곱하기 음수가 양수라는 것은 양수 곱하기 양수가 음수가 된다는 것보다 더 틀린 말이다."[11] 따라서 어떻게 그가 이렇게 의심하면서도 1차방정식에 대한 음수 해를 인정하고 음수의 제곱근을 받아들일 수 있었는지 이해하기 힘들다.

《위대한 기술》은 대수학의 진정한 신기원을 열었다. 기호들이 미처 발명되기 전에 쓰인 이 책은 기호가 없어서 쓰기도 읽기도 너무 힘들었지만, 수학자들이 더 쉽고 확실하게 이해하도록 하려면 좋은 기호들이 만들어져야 한다는 것을 알려 주었다. 당시 기하학은 시각적 추론의 대상이라는 성향을 보였다. 즉 내재된 논리를 수긍하려면 그림을, 마음의 눈으로라도 볼 수 있어야 했다. 많은 문제들이 공간 속에서 상상하는 선, 사각형, 육면체를 통해 기하학적인 증명으로 해결되었던 피타고라스학파, 유클리드, 아폴로니우스, 아르키메데스 시대 이래 항상 그랬다. 어느 면에서는, 쓸 만한 다른 수단이 거의 없었기 때문이기도 했다.

대수적 항등식 $x^2 - 2ax + a^2 \equiv (x-a)^2$을 순전히 기하학적인 방법으로 논증해 보자. 정사각형 ABCD(그림 12-1)에서 x는 AD의 길이를, a는 변 ED의 길이를 나타낸다고 하자. 그럼 x^2은 AB로 만들어지는 정사각형의 넓이, ax는 ED와 DC가 변인 직사각형의 넓이, a^2은 GF와 FC가 속한 작은 정사각형의 넓이다. x^2으로 나타나는 큰 넓이에서 ax로 나타나는 넓이의 두 배를 빼면 AE가 변인 정사각형의 넓이와 거의 같다. 거의라고 한 것은 GF가 변인 정사각형의 넓이만큼 부족할 것이기 때문이다(한 번만 빼야 하는데 두 번 뺐다). 따라서 GF가 변인 작은 정사각형의 넓이를 다시 더해야 한다. 지금까지의 작업은 대수적으로 x^2에서 $2ax$를 빼고 다시 a^2을 더해서 $(x-a)^2$을 얻는 것이었다. 따라서 $x^2 - 2ax + a^2 \equiv (x-a)^2$이다.

우리는 계수를 문자로 표현한 것으로 작업할 수 있어서 유리하지만 카르다노에게는 그것이 없었다. 그는 앞선 항등식을 증명하는 데 a의 크기를 지정해야 했다. 따라서 a, b, c를 그의 예에 알맞은 양수로 택한 다음에 $ax^2 = bx + c$를 다뤘다. 그 양수는 1, 10, 144다. 그의 첫 번째 예(11장)는 $x=18$이 $x^2 = 10x + 144$의 해라고 (음수 해 $x=-8$은 무시하고) 말한다.

카르다노가 대수를 직접 수행하는 데 필요한 기호 체계를 가졌다면 오늘날처럼 문제를 풀었을지도 모른다. 규칙에 식을 맞춰 보고 $(x-a)^2$을 $(x-a)$

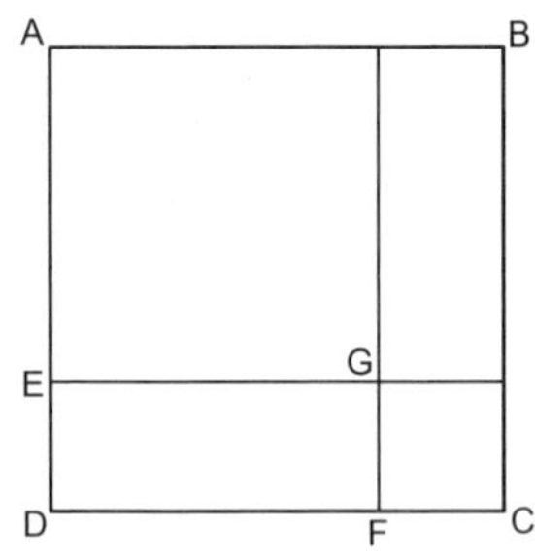

그림 12-1 $x^2 - 2ax + a^2 \equiv (x-a)^2$을 기하학적으로 보기

$(x-a)$라 하고, 우변에 배분법칙을 이용해 $(x-a)x-(x-a)a$를 얻었을 것이다. 그런 다음 교환법칙을 통해 $x(x-a)-a(x-a)$를 얻고, 또다시 배분법칙을 이용해 $x^2+(-ax)+(-ax)+(-a)(-a)$를 얻었을 것이다. 하지만 그는 여기서 막혔을 것이다. 왜냐하면 $(-a)$ 곱하기 $(-a)$가 $+a^2$과 같다는 데 동의해야 하기 때문이다. 그는 마지막에 나오는 $+a^2$이 $(-a)$ 곱하기 $(-a)$가 $+a^2$과 같다는 사실의 결과가 아니라, 그것을 한 번만 빼야 했는데 두 번 뺀 뒤에 대체되어야 했던 넓이이기 때문이라고 주장했을 것이다. 그는 심지어 유클리드의 《원론》 제2권의 명제 7을 인용하기도 했는데, 그가 원하는 결과를 얻기 위해 정사각형과 직사각형을 빼고 더하는 기하학을 수행할 수 있다는 걸 안다고 보여 주기 위해서였다. 만약 그가 알맞은 기호를 가지고 있었어도 원하는 조작을 정당화하기 위한 대수 규칙이 필요했을 것이다. 하지만 그런 규칙은 아직 완전히 자리 잡지 않았다.

차수가 3보다 더 높은 다항식에 대한 해의 자세한 증명에 이르자, 기하학이 더는 별 도움이 못 됐다. 그는 '이 지점을 넘어 더 나아가는 것은 바보 같은 짓'이라고 쓰면서, '자연이 그것을 허용하지 않는다'고 했다.[12] 따라서 《위대한 기술》은 서술하기도 힘들고 이해하기도 고역스러웠다. 특히나 고차방정식을 푸는 데 더 심했다. 카르다노 자신도 그것이 너무 어렵다고 말했다.[13]

카르다노의 논문에서 비록 수시적이고 다루기 복잡하고 길어도 가장 주목할 만한 부분은, 그보다 앞선 학자들이 철저히 회피했던 허수와 복소수 해의 값을 분명하게 인식했다는 점이다. 비록 그가 두 음수를 곱해서 양수를 얻지는 못했어도, 두 제곱근을 곱하고 나누는 데는 전혀 거리낌이 없었다.

대수학은 기호를 통해 사고하는 방식을 방해하는 초기 언어와 표기법을 통해 느릿느릿 나아갔다. 따라서 우리가 대수적으로 생각하는 방식이 실제로 정확히 언제 시작했는지를 결정하기는 어렵다. 미지수나 긴 이름으로 표현된 수로 계산하기 위해 애쓰는 걸 상상해 보라. 인간은 지루한 반복을 질색한다. 반복이 지나치면 인간은 단순화를 추구한다.

내가 겨우 열다섯 살이었을 때 삼촌네 실크스크린 작업장에서 1주일간(불법적으로) 일한 여름이 떠오른다. 〈모던 타임스Modern Times〉에 나오는 채플린Charles Chaplin처럼 나는 8시 30분부터 4시 30분까지 일했다. 단순 조립 로봇처럼 한자리에 서서 잉크에 젖은 포스터를 하나하나 실크스크린에서 건조대로 옮겼다. 양손을 뻗는다, 모서리를 잡는다, 들어 올린다, 돌린다, 건조대에 밀어 넣는다, 모서리들을 놓는다, 돌아선다. 이 일을 계속 반복했다. 지루한 시간들 중 하이라이트는 건조대가 꽉 차서 다른 건조대를 밀고 와야 할 때였다. 한두 걸음만 걸을 수 있는 로봇 프로그램에서 벗어나 잠깐 맛보는 휴식이었다. 나는 젖은 포스터들을 옮기면서 시간을 1분 단위로 셌다. 심지어는 건조대 바로 앞쪽 벽에 걸려 있던, 기차역을 위해 디자인되었을지도 모를 거대한 세스 토머스 사의 시계가 세상에서 가장 느리게 움직이는 게 더 고통스러웠다. 매일 밤 나는 인간 컨베이어 벨트의 일상적 단조로움을 덜어 줄지도 모를 새로운 기계공학 장치를 발명하고 도안을 그렸다. 내가 신중하게 특허를 냈다면 얼마나 좋았을까?

인간은 항상, 반복적인 작업을 수행할 도구를 만들거나 기계를 발명해 왔다. 또한 되풀이되는 질문에 추상적인 해답을 상상하고, 지겨운 장황함을 대신하기 위한 속기를 만들어 냈다. 수학자들은 되풀이되는 산술적 단어를 수천 번씩 쓴 다음, 단어 자체를 단어의 첫 글자로 대체할 생각을 해냈다.

마흐Ernst Mach의 말을 빌면 이렇다.

이상하게 들릴지 모르지만, 수학의 힘은 모든 불필요한 사고를 피하게 하고 정신적 작업을 훌륭히 줄여 주는 데 달려 있다. 우리가 수라고 부르는 약속 기호도 단순성과 경제성이 있는 훌륭한 체계다. 여러 자리의 수를 곱하기 위해 곱셈표를 이용할 때, 연산을 전부 새로 하는 대신 오래된 연산 결과를 이용할 때, 로그표를 참조할 때, 우리는 이미 수행한 오래된 계산으로 새로운 계산을 대체해 수고를 던다. 연립 방정식을 항상 새로 푸는 대신 행렬식을 이용할 때, 새로운 적분식을 익숙한 옛 적분으로 분해할 때, 우리는 군사 지휘관같이 예리한 안목으로 수많은 낡은 것을 새로운 연산으로 대체한 라그랑주Joseph Louis Lagrange나 코시Augustin Cauchy의 지적인 행위가 미미하게나마 반영된 것을 본다. 가장 기본적이고도 가장 고등한 수학은 언제라도 쓸 수 있는 형태로 정연하게 효율적으로 형성된 수세기의 경험이라는 내 말에 어느 누구도 이의를 제기하지 못할 것이다.[14]

소심한
근의 기호

카르다노의 《위대한 기술》이 인쇄되기 1년 전에 사람들은 독일 뉘른베르크에서 산술학과 대수학에 관한 슈티펠의 《산술백과Arithmetica Integra》를 공부하고 있었다. 슈티펠은 이미 쓰고 있던 +, −, √ 같은 기호를 거기에 넣고 그것들을 '플러스', '마이너스', '근'이라고 불렀지만 '같다'를 나타내는 기호는 없었다.

기호는 대수학에 관한 유럽 문서들에서 두 가지 유형으로 나타나고 있었다. 하나는 이탈리아인으로부터, 다른 하나는 독일인으로부터 온 것이었다. 이탈리아인은 방정식의 모르는 근, 즉 미지수를 언급할 때 (무엇'이나 '~ 것을 뜻하는) 코사cosa라는 단어를 썼다. 대수학이 결국 그런 코사를 찾아내는 기술이었기 때문에, 북유럽 사람들은 대수학을 코사의 기술이라고 부르기 시작했다.

(제곱근, 세제곱근 등) 거듭제곱근의 가장 오래된 표기법은 1480년 무렵으로

거슬러 올라간다. 제곱근을 구하려고 하는 수 앞에 찍힌 점이 제곱근을 나타
내는 것으로 쓰여, 점 두 개는 네제곱근을 나타내고 점 세 개는 세제곱근을
나타냈다. 1524년에 이르러 이 점에 오른쪽 위로 구부러진 꼬리가 붙었는
데, 처럼 음표와 아주 비슷하게 보였다. 그러나 이 새로운 기호는 세제곱
근과 네제곱근을 나타내기 위해 반복해서 쓰이는 기존 관습을 따르지 않았
다. 그 대신 근의 등급을 나타내기 위해 또 다른 기호를 붙였다. 따라서 $2\mathfrak{z}$
는 2의 제곱근을 나타내고, $2c^e$는 2의 세제곱근을 나타냈다. 네제곱근을
나타낼 때는 점을 더 써서 $2\mathfrak{z}$가 2의 네제곱근을 나타냈다.[1]

　당시 대수학은 3차 이상 고차 다항식의 해법에 관심이 있었다. 가끔 해는
우리 표기법으로 $\sqrt{x + \sqrt{b}}$인 2항식을 수반했다. 근호가 전체 2항식에 적
용된다는 것을 나타내기 위해 길게 늘인 L이 (공통'을 뜻하는) 라틴어 콤무니스
communis를 줄인 cs와 함께 쓰였다. L의 밑변은 2항식 아래쪽에서 확장되었
다. 예컨대 $cs\overline{|3+2\mathfrak{z}}$는 $\sqrt{3 + \sqrt{2}}$를 나타내는데, 플러스 기호는 이미 독
일 사본에서 종종 쓰였다.

　루돌프가 쓴 《미지수》의 슈티펠 편집본은 제곱근에 (우리가 쓰는 $\sqrt{\ }$ 와 아주 비슷
한) 기호 $\checkmark$를 포함했고 세제곱근에 $\sqrt\sqrt$, 기이하게도 네제곱근에 $\sqrt\sqrt$을 포
함했다.[2] 따라서 $\sqrt\sqrt{64}=4$고 $\sqrt{16}=2$다. 이 기호들이 $\checkmark\checkmark\checkmark64$는 4와
같고 $\checkmark\checkmark16$은 2와 같다고 암시해 오해를 불러일으켰을 것이기 때문에 기
이하다. 후자는 참이지만 전자는 참이 아니다. 루돌프는 $\sqrt\sqrt$와 $\checkmark\checkmark\checkmark$ 사
이의 유사성에 어떤 의미를 부여할 생각은 없었다. 하지만 역사가들은 그가
세제곱근과 네제곱근의 기호로 $\sqrt\sqrt\sqrt$와 $\sqrt\sqrt$를 쓰려고 했다고 오해했다.
이 혼란은 좋은 기호를 고안하는 게 얼마나 어려운지를 보여 준다.[3]

　루돌프의 제곱근 기호는 또 다른 단점이 있다. 독자들은 $\sqrt{\sqrt{512} + 16}$

과 $\sqrt[4]{512} + \sqrt{16}$을 구별하기 위해 점들을 조심스럽게 살펴봐야 했다. 그가 $\sqrt{\sqrt{512}+16}$을 나타내려고 했다면 ✔.✔512+16이라고 썼을 것이고, 이 점은 다음 항까지를 한 덩어리로 나타냈다.[4]

아마 《미지수》는 독일어로 처음 쓰인 완전한 대수학 교재일 것이다. 이 책은 16세기 초반까지 대수학에 관해 알려져 있던 모든 것을 위한 참고서였고, 미래의 교재 집필자들에게는 기막히게 좋은 자료였다. 이 교재가 인쇄될 때 기호는 대개 정해진 표준이 없이 단어의 축약형일 뿐이었다. $+$ 와 $-$ 가 종종 쓰였지만 p와 m도 마찬가지였다. 그리고 ✔는 R이나 ℞이나 레스 $res(x)$로 표시될 수 있었다. 레스는 (어떤) '것'을 뜻하는 라틴어로, 찾아야 하는 미지의 것을 가리켰다.[5] 《미지수》가 출판되고 여러 해 동안 역사가들은 기호 ✔가 문자 'r'을 빨리 쓴 것이라고 이해했다. 오일러도 그랬다.[6] 그러나 그 기호는 점에서 ♪가 된 독일 사본에서 진화한 것일지도 모른다. 이 꼬리 달린 점은 아마 철필로 점을 빨리 표시할 때 생긴 흔적일 것이다. 《미지수》의 슈티펠 편집본에서 발견된 원래 기호 ✔에는 'r' 같이 보이는 수평선이 없다.

피사의 마에스트로 다르디라고 불린 사람의 것으로 보이는 《대수》는 미출판 필사본이다. 다르디에 대해서는, 그가 축약 표기법을 도입해 중세 수학에서 중요한 구실을 한 주산가라는 사실만 알려졌다. 심지어 필사본에서 그의 이름까지 지워졌다. 이는 이탈리아 방언으로 대수학만 다룬 필사본 중 가장 이른 시기의 것으로 여겨진다.[7] 《대수》에는 근을 뜻하는 ℞, ('더 적게'를 뜻하는 이탈리아어 meno의 첫 글자에서 온) $\hat{m}$, 미지수를 뜻하는 (코사의 첫 글자) c, (제곱의 제곱 censo di censo을 다 쓰는 대신) 네제곱을 뜻하는 $ce\ ce$ 같은 축약형이 쓰였다. 연산은 기호화되지 않았지만 곱셈을 가르치는 데 분명히 사용된 것으로 보이는 도표들이 있다.[8] 다르디의 계산은 $\sqrt{x + \sqrt{12}}$처럼 계속 내포되는 제곱근을 고려하도록 만들어졌는데, 그가 쓴 글을 그대로 옮기면 '℞ de zonto censo co ℞ de 12'다.

제곱근을 뜻하는 루돌프 기호는 1553년에 슈티펠이 약간 손질한 이래 변형된 형태로 고착되었다. 1570년까지 독일 기호 √는 서쪽으로 프랑스와 영국, 남쪽으로 스페인과 이탈리아에 이르는 유럽 전역으로 뻗어 나갔다.

역사를 거슬러 올라가면 파치올리부터 많은 저자들이 ℞ 표기법을 썼다. 그 뒤에는 더 곡선적인 ℟을 썼는데, 이것은 보통 다항식의 근을 뜻했다. 쉬케는 대수 교재《수 과학 3부작》에서 이 기호를 (2를 첨자로 해서) 썼는데, 다항식의 근으로서 쓴 것이 아니라 제곱근을 기호화하려고 썼다.[9] 우리는《수 과학 3부작》이 정확히 언제 쓰였는지 모른다. 1484년 즈음에 쓰였겠지만, 그 필사본이 1870년대에 발견되었고 거의 400년이 지난 뒤에야 인쇄되었기 때문에 표기법 발전의 역사에 큰 영향을 미칠 수 없었을 것이다. 쉬케의 학생 라로슈Estienne de la Roche가 이 책을 은밀히 베끼고 자기 이름으로 출판해 프랑스 최초의 대수학책으로 인정받았다는 것만 빼고 말이다.

쉬케에게는 수가 최초의 근이었다. 만약 그가 $\mathbf{R}^1 9$라고 쓴다면 9를 뜻했다. 그가 $\mathbf{R}^2 9$라고 쓴다면 3을 뜻했다. 1484년에 쉬케가 이렇게 썼다.

어떤 수의 근은 속성에 따라 그 자신을 한 번 또는 여러 번 곱해서 정확하게 그것이 근이 되는 수를 생산하는 수다. 그렇지 않다면 어떤 수의 근은 두 번 이상 하나를 다른 것 아래나 옆에 써 놓은 다음 처음 것에 두 번째 것을 곱하고, 세 번째 것이 있다면 세 번째 것 옆에 가는 것, 그리고 다시 네 번째 것 또 다른 것이 있다면 다른 것 옆에 가서 마지막 곱이 그 수와 같아지는 것이다. 또는 그것이 그 근인 수를 만들어

낼 것이다. 그리고 무한히 많은 근이 존재함을 알아야 한다. 왜냐하면 어떤 것은 두 번째 근, 다른 것은 세 번째 근, 다른 것은 네 번째 근, 다른 것은 다섯 번째 근, 이런 식으로 끝없이 계속되기 때문이다.[10]

쉬케의 **R** 표기는 당시 다른 저작들을 읽을 때 혼란을 일으켰다. 불행히도 그 조상 격인 R_x가 이중적 의미를 지녔기 때문이다. R_x는 때에 따라 x^2이나 x를 뜻했다. 이 혼란은 그리스 원전을 연구한 저자들이 쓴 라틴어 중 ('변'을 뜻하는) 라투스latus와 ('근'을 뜻하는) 라딕스에서 비롯했는데, 이 원전들에서 대수학은 모두 기하학 속에 감춰져 있었다. 기하학의 정사각형을 고려할 때 R_x는 변 x를 뜻하는가, 변의 근 $\sqrt{x}$를 뜻하는가? 설상가상으로 이 기호는 때때로 다항식의 근을 나타내는 미지수의 값이기도 했다. 그 의미를 구별하는 유일한 방법은 문맥을 살피는 것이었고, 따라서 독자들은 주의를 기울여야 했다. 문제는 파치올리에서부터 시작되었는데, 그는 R_x를 근을 나타낼 때도 쓰고 거듭제곱을 나타낼 때도 사용했다. 그가 《산술집성》에 이렇게 썼다.[11]

$$R_x.p^a = x^0,$$
$$R_x.2^a = x, \quad R_x.3^a = x^2, \quad R_x.4^a = x^3$$
$$R_x.2 = \sqrt{2}, \quad R_x.3 = \sqrt{3}, \quad R_x.4 = \sqrt{4}.$$

어색한 표기법은 문제를 일으킨다. 앞의 식의 두 번째 줄에서 수는 항상 그것들이 나타내는 거듭제곱보다 하나 더 큰 단위다. 우리는 x^n이 x를 n번 곱하라는 뜻이기를 바란다. 그것이 바로 지수에 대한 훌륭한 곱셈 공식 $x^n \cdot x^m = x^{n+m}$을 얻기 위해 뜻해야만 하는 바다. 파치올리의 표기법은 지수로서 불필요한 −1이 있다.

$$\mathrm{R\!x}.m^a \cdot \mathrm{R\!x}.n^a = x^{m-1} \cdot x^{n-1} = x^{(m-1)+(n-1)} = x^{m+n-2} = \mathrm{R\!x}.(m+n-1)^a.$$

이 식이 별로 우아하지 않다는 것은 무시할 수 있다. 일단 공식은 성립하고 $\mathrm{R\!x}.n^a$은 분명히 x의 거듭제곱을 나타낸다. 그저 n제곱이 아닐 뿐이다. 그러나 우아하지 않다는 것만 걱정거리는 아니다. 거듭제곱의 거듭제곱을 기호로 나타내는 방식이 없다는 것인데, 즉 수사적으로 표현하지 않으면서 $(x^m)^n$을 쓰는 방식이 없다. 그럼 아름다운 공식 $(x^m)^n = x^{mn}$은 나오지 못한다. 그래서 어색한 표기법은 더 발전된 기호를 이용하는 표현에 장애물이 된다.

그러나 이점도 있다. 바로 대수식의 항을 고대의 기하학적 은유로부터 자유롭게 했다는 것이다. 어떤 수의 제곱과 세제곱은 바빌로니아 시대 이래 기하학의 정사각형, 정육면체와 연관되어 있었다. 유클리드는 정사각형을 ('거듭제곱', 즉 우리가 지수를 말할 때 쓰는 단어) δύναμις로 나타냈다. 그는 서로 다른 두 선의 길이를 같은 척도로 측정할 수 있다는 것을 나타내기 위해 '거듭제곱에서 같은 단위로 잴 수 있다'고 말했다. 정사각형의 대각선과 한 변을 같은 척도로 측정할 수는 없다. 따라서 유클리드에게 '거듭제곱'은 순전히 기하학적인 단어고, 어떤 수를 그 자신과 곱하는 것에 따라 만들어지는 수가 아니었다.

쉬케의 수 표기법 $\mathrm{R}^1, \mathrm{R}^2, \mathrm{R}^3, \mathrm{R}^4, \dots$은 기하학적 은유의 가능성을 넘어섰다. 그럼 어떻게 이런 개념이 음수까지 확장되었을까? 실제로 쉬케는 이를 궁금해했다. 그는 $\frac{2}{x}$의 지수 형태인 $2x^{-1}$을 나타내기 위해 $\mathrm{R}2^{1\overline{m}}$이라고 썼다. 이 표기법은 x^0이 1과 같도록 만들었다. 쉬케는 이 관계를 알았고, 사용했다.

《수 과학 3부작》은 간접적으로 대수학의 진전을 세게 압박하면서 현대 지수 표기법의 초기 발전에 공헌했어야 했다.[12] 그러나 그렇게 하지 못했다. 쉬케와 그의 《수 과학 3부작》은 시대를 150년 앞섰지만 인쇄되어 보급되지 못했기 때문에 수학자들에게 알려지지 않았다.[13] 따라서 음수 지수에 관한 모든 개념이 나오기까지는 약 170년을 기다려야 했다. 월리스가 《보편적 수학》에서 음수 지수를 쓸 때까지 말이다.[14]

슈티펠은 1553년에 《미지수》의 편집본을 출판했는데, 이 책에서 방정식 x^2-3x+2는 $1Zm.3Rp.2$로 나온다. 여기서 미지수는 Z고, 이것이 x^2을 나타낸다. 이는 '~의 수'를 뜻하는 라틴어 켄수스를 옛 독일식 철자법으로 바꾼 단어 zensus에서 나왔다.[15] R은 Z의 제곱근을 나타내며 오늘날의 표기로 $\sqrt{x^2}$을 뜻할 것이고, 물론 항상 양수다. 분명히 이것은 더 좋은 표기법이라면 가능했을 음수 근의 출현을 방해하고, 마침내 허수로까지 나아갔을지도 모를 근들을 눈앞에서 차단했다.

1575년에 이 식($1Zm.3Rp.2$)은 $1Q-3N+2$를 거쳐 $1AA-3A+2$가 되었다. 이 표기법의 이점은 처음 두 항의 관계를 분명하게 드러낸다는 것이다. 즉 첫째 항과 둘째 항이 지수를 빼면 차이가 거의 없다는 것을 한눈에 알아차리게 한다. 다항식을 $1AA-3A+2$로 쓰면 처음 두 항의 관계가 보이지만, $1Q-3N+2$로 쓰면 이 관계가 보이지 않는다. 이 다항식을 오늘날에는 x^2-3x+2로 쓴다.

거듭제곱의
서열

봄벨리가 1572년에 '나는 모든 수학 분야 중 오늘날 보통 사람들이 대수학이라고 부르는 주제의 우수성에 대해 말해야 한다고 느낀다'고 썼다.[1] 그는 습지를 매립하고 다리를 놓는 것과 관련된 일을 하는 기술자였다. 그의 《대수L'Algebra》는 1579년에 출판되었지만 이에 대한 연구는 그보다 20년 전, 투스카니 중앙에 있는 키아나 계곡 습지의 배수 공사를 잠시 쉴 때 시작했다. 《대수》에는 미지수와 그 거듭제곱을 위한 새 표기법이 등장한다. 다항식 $x^2 - 3x + 2$ 를 뜻하는 현대적 표기법은 카르다노 시대부터 데카르트 시대까지 많은 단계와 긴 시간을 거치면서 진화했다.

봄벨리의 《대수》가 출판되기 27년 전, 카르다노가 《위대한 기술》을 쓸 때만 해도 등호는 경시되어 아예 쓰이지도 않았다. 라틴어 아이콸리스aequalis 가 대체로 두 식이 같고, 그 식들이 아무 손실 없이 바뀔 수 있음을 알려 주는 것으로 사용되었다. 즉 이 단어의 양옆은 등급이 같았다.

몇 년 뒤 레코드는 《기지의 숫돌》에서 자신의 쌍둥이자리 표시를 북유럽에 소개했다. 이것은 우리가 쓰는 '등호'를 더 길게 늘인 형태로, '+'나 '−'만은 못해도 전 세계의 방대한 수학 문서에서 아주 자주 등장했다.

> '~과 같다'는 표현의 지루한 반복을 피하기 위해 내가 연구에서 종종 쓴 평행선 한 쌍, 즉 길이가 같은 쌍둥이 선 ═══ 을 정할 것이다. 왜냐하면 어떤 것 두 개가 이보다 더 같을 순 없기 때문이다.[2]

이 최고의 등식 기호, 쌍둥이 선은 현대 기호에 훌륭한 선물이 되었다. 이 기호는 (어쩌면 레코드가 그것을 처음 사용하기 전에 이탈리아인이) 정확하게 같은 두 가지가 있다는 개념을 마음속에 간직하도록 뛰어나게 고안했다. 즉 추론 과정을 도울 간단한 발명품이었다.

분명히 봄벨리는 레코드의 《기지의 숫돌》을 알았지만, 한 식이 다른 식을 생기게 한다고 말하기 위해 '만든다'를 뜻하는 단어fa나 '같다'를 뜻하는 단어eguali를 쓰고 있었다. 그래서 《대수》에서 등호는 찾을 수 없다. 하지만 두 식 사이에서 드물게 보이는 표현è eguale a이 있다. 어떤 유용한 목적에서 두 개를 바꿀 수 있다거나 그 실용성을 위해 어떤 것을 사용하든지 차이가 없다고 말하고 싶을 때 우리는 '같다'는 말을 쓴다. 쿼터 동전 네 개는 1달러와 같다. 쿼터 동전은 동으로 만들어지고, 달러 지폐는 대개 펄프와 천으로 만들어진다. 이것들의 물질적 모습은 다르지만 가게에서 풍선껌을 살 때는 어느 것을 써도 차이가 없다. 그러나 근사한 식당에서 식사한 뒤 쿼터 동전으로 계산한다면 그 차이를 깨닫게 될 것이다.

이탈리아어로 쓴 《대수》는 등호를 우리가 쓰는 것과 다른 의미로 썼다. *fa,*

fara, eguale 같은 단어는 한쪽 방향으로만 작용한다. '1과 1의 합은 2를 만든다'는 것이 '1 더하기 1이 2와 같다'는 것과 정확히 똑같지는 않다. '2'가 '1 더하기 1'에 종속된다는 것을 암시하기 때문이다. 여기에는 등식 $1+1=2$의 양변 사이의 균형이라는 생각을 방해하는 개념적인 차이가 존재한다. 라틴어 아이퀄리스는 '같다'를 뜻하고, 완벽하게 바꿀 수 있는 독립체들 간의 치우치지 않은 쌍대성을 포함한다. 하지만 봄벨리는 한쪽으로만 작용하는 단어*fara*를 사용하기로 했다. 레코드의 표기가 아주 적절하고 유익했던 것은 수학자들이 의도하지 않은 종속성을 전혀 암시하지 않으면서 어떤 두 대상이 자유롭게 서로 교환될 수 있기를 바랄 때 찾고 있던 바로 그 쌍대성을 암시했기 때문이다.[3]

1572년에 봄벨리는 x^2-3x+2를 1.$\overset{2}{}$m.3.$\overset{1}{}$p.2로 또는 때때로 1.$\overset{2}{}$m.3.$\overset{1}{}$p.2^{0}로 쓴 것 같다. 때로는 곱셈 같은 두 다항식 간 연산에서 일련의 열을 나란히 놓고 싶은 곳에 1.m.3.p.2라고 썼다. 우리는 그림 14-1에서 어떻게 그가 다항식 $-4x^2+5x+2$를 제곱해 올바른 결과인 $16x^4-40x^3+9x^2+20x+4$를 얻었는지 알 수 있다.

봄벨리가 대수를 하는 데 기호를 사용했는지 알아보기 위해 이 곱셈을 어떻게 했는지 조사해 보자(그림 14-1). 첫 번째 수평선 밑에 두 열이 있다. 하나는 (플러스를 뜻하는) 피우*più*, 다른 하나는 (마이너스를 뜻하는) 메노*meno*라고 표시되어 있다. 그는 피우 열에서 2끼리 곱해 4를 얻은 다음, 디그니타*dignità* 1의 계수들을 2에 곱해 10을 얻고 다시 10을 얻었다. 그다음에 디그니타 1의 계수들을 곱해 25가 디그니타 2로 올라가게 했다. 그리고 디그니타 2의 계수들을 곱해 16이 디그니타 4로 올라가게 했다. 피우 열의 모든 연산이 완성되었다. 메노 열에서도 비슷한 곱셈과 덧셈이 그 작업을 완성했다. 디그니타

그림 14-1 《대수》 표지와 II권 217쪽
Centro di Ricerca Matematica Ennio De Giorgi.

를 섞지 않으면서 모두 더하면 다음과 같은 정답이 나온다.

$$16\overset{4}{.}\mathrm{p}.9\overset{2}{.}\mathrm{p}.20\overset{1}{.}\mathrm{p}.4.\mathrm{m}.40\overset{3}{.}$$

우리가 '지수'라고 부르는 것을 그는 디그니타라고 불렀다. 현대 이탈리아어 디그니타는 '위엄', '위계'를 뜻한다. 이는 우리가 '거듭제곱' 또는 '지수'라고 부르는 것을 뜻하는 단어로는 이상하게 보일지도 모른다. 더 높은 거듭제곱은 서열을 의미했다. 그는 제2권을 '디그니타의 이름, 값, 축약형'으로 시작했다. 그리고 디그니타를 나열했다.[4]

탄토 Tanto^1

포텐차 Potenza^2

쿠보 Cubo^3

포텐차 디 포텐차 Potenza di potneza^4

프리모 렐라토 Primo relato^5

······

쿠보 디 포텐차 디 포텐차 Cubo di potenza di potenza^{12}

나는 '지수exponent'라는 말보다 '위계'를 선호한다. '지수'는 라틴어ex-ponen에서 유래했다. 나는 이것을 '위로 올라가는 자리'라고 번역하는데, '위로 올라가는'은 서열 또는 지수의 계급을 암시한다. 그리고 '위계'는 옛 영어에서 '계급'을 뜻했다. 셰익스피어William Shakespeare는 비슷하지만 계급이 다른 것들을 구분하기 위해 이 단어를 썼다.

> 그러나 진흙과 진흙은 위계가 다르다, But clay and clay differs in dignity,
> 그것들의 먼지는 같다. Whose dust is both alike.[5]

봄벨리는 숫자를 감싸는 작은 컵으로 디그니타를 나타내는 독창적인 기호와 새로운 수학 단어를 발명했다. 이 현명한 산술 기호 덕에 대수학이 기하학으로부터 독립했다. 봄벨리의 원고 중 처음 200쪽에 다항식을 적는 전통적인 방식이 사용됐는데, 이탈리아어에서 제곱을 뜻하는 콰드라토quadrato의 Q로 Z를 대체했다. 따라서 $1Zm.3Rp.2$는 $1Q.m.3R.p.2$가 되었다.

수의 서열에 따른 순위표는 지수 곱셈의 규칙을 더 분명하게 했다. 새로운 기호 덕에 다음과 같은 사실을 알기가 쉬워졌다.

$$1^n \text{ 곱하기 } 1^m \text{은 } 1^{n+m} \text{과 같다.}$$

그럼 왜 봄벨리는 디그니타의 장황한 곱들로 된 긴 목록을 만들었을까?

1 uia 1 fa 2   2 uia 2 fa 4
1 uia 2 fa 3   2 uia 3 fa 5
1 uia 3 fa 4   2 uia 4 fa 6
1 uia 4 fa 5   2 uia 5 fa 7
1 uia 5 fa 6   2 uia 6 fa 8
1 uia 6 fa 7   2 uia 7 fa 9
1 uia 7 fa 8   2 uia 8 fa 10
1 uia 8 fa 9   2 uia 9 fa 11
1 uia 9 fa 10   2 uia 10 fa 12
1 uia 10 fa 11
1 uia 11 fa 12   3 uia 3 fa 6

3 uia 4 fa 7   5 uia 5 fa 10
3 uia 5 fa 8   5 uia 6 fa 11
3 uia 6 fa 9   5 uia 7 fa 12
3 uia 7 fa 10
3 uia 8 fa 11   6 uia 6 fa 12
3 uia 9 fa 12
4 uia 4 fa 8
4 uia 5 fa 9
4 uia 6 fa 10
4 uia 7 fa 11
4 uia 8 fa 13

그림 14-2 봄벨리가 쓴 디그니타의 장황한 곱셈
《대수》 제2권, 205~206.

그림 14-2는 현대 독자들을 졸리게 할 무의미한 양의 수 세기를 나타내는 것 같다. 우리가 이미 아는 것을 기준으로 모든 것을 보는 경향이 있다는 것은 확고한 진실이다. 우리는 $x^n x^m = x^{n+m}$을 안다. x^n의 정의는 x를 n번 곱하는 것이고, 따라서 우리는 임의의 양의 정수 n과 m만 있으면 계산을 영원히 계속할 수 있다는 확신을 갖고 x의 수를 세면 된다. 그러나 이런 일반적인 생각이 봄벨리 시대의 독자들에게는 이상하고 낯설었을 것이다.

봄벨리는 a와 b가 양수일 때 3차방정식 $x^3 = ax + b$의 해에 관심이 있었다.

한 예가 12장에서 본 방정식 $x^3 = 9x + 28$일 것이다. 이 식은 $x = 4$일 때 성립한다는 간단한 추측에서 하나의 해가 나온다. 그러나 터무니없는 음수의 제곱근을 취하게 할 다른 두 해는 어떨까?

페로에 따르면, $x^3 = ax + b$ 같은 일반적 3차방정식의 해는 다음과 같다(12장을 보라).

$$x = \sqrt[3]{\frac{b}{2} + \sqrt{\frac{b^2}{4} - \frac{a^3}{27}}} + \sqrt[3]{\frac{b}{2} - \sqrt{\frac{b^2}{4} - \frac{a^3}{27}}}$$

페로의 공식을 $a = 9$고 $b = 28$인 방정식 $x^3 = 9x + 28$에 적용하면 $x = 4$가 나온다. 현대 수학자들이 알고 있는 다른 두 해는 어디에 있을까? 표면적으로는 세제곱근 안에 있는 제곱근이 음수가 아니지만, 페로의 공식은 우리에게 $x = 4$라는 해만 준다. 그러나 실제로 a에 9를, b에 28을 대입하면 $x = \sqrt[3]{27} + \sqrt[3]{1}$임을 알게 된다. 그렇다, $\sqrt[3]{27} + 3$이고 $\sqrt[3]{1} = 1$이다. 그러나 실제로 $\sqrt[3]{27}$을 찾고 싶다면 $x = \sqrt[3]{27}$이라 놓고 x를 찾기 위해 애쓸 것이다. 이는 방정식 $x^3 = 27$의 해를 찾는 것을 뜻하고, 현대적 표기법에 따르면 $x^3 - 27 = 0$이다. 좌변은 곱 $(x-3)(x^2 + 3x + 9)$로 분해된다.

이 마지막 방정식의 근은 세 개다. 하나는 $x - 3 = 0$에서 나오고, 나머지 둘은 2차방정식 $x^2 + 3x + 9 = 0$에서 나온다. $\sqrt[3]{1}$에 대해서도 마찬가지다. 우리가 $x = \sqrt[3]{27}$의 모든 해를 $x = \sqrt[3]{1}$의 모든 해에 더하면 $x^3 = 9x + 28$의 세 가지 해, 즉 $x = 4$와 $x = -2 \pm \sqrt{-3}$이 나온다.

봄벨리가 이 이상한 음수의 제곱근과 맞닥뜨리는 장면을 상상해 보라. 그의 《대수》 제2권은 흥미진진하다. 하지만 이에 대해 더 탐구하면 의도한 방향에서 벗어나게 될 것이다. 그 방향으로 쉽게 나아가고 싶다면 마주르 Barry

Mazur의 훌륭한 책《허수Imagining Numbers》7장을 보라.[6] 지금은 봄벨리가 한동안은 허수와 마주치고 그것을 받아들였으며, 허수를 위해 축약된 표기법을 만들었음을 아는 데 만족하자.

'음수 근의 플러스*più radice di meno*'의 축약형은 *più di meno*를 거쳐 *p.dm*으로 더 축약되었다. 따라서 $\sqrt{-2}$는 *p.dm*.2로 쓰일 것이고 $\sqrt{-1}$은 간단하게 *p.dm*일 것이다. 기호 i가 $\sqrt{-1}$을 나타내는 데까지는 오랜 시간이 걸렸다. 하지만 *p.dm*은 상당한 진전이었다. 산술적 오차를 피하기 위해 고안된 적절한 표기법이 있다면 산술적 오차가 일어날 가능성이 적어지기 때문이다. 200년 뒤에 오일러가 $\sqrt{-2}\sqrt{-3}=\sqrt{6}$과 $\sqrt{-1}\sqrt{-4}=2$라고 쓰는 실수를 저질렀는데, 첫 번째 곱을 $(i\sqrt{2})(i\sqrt{3})$으로 표시해 $-\sqrt{6}$을 얻고 두 번째 곱을 $i(i\sqrt{4})$로 표시해 -2를 얻도록 기호를 가졌다면 이 실수를 피할 수 있었을 것이었다. 물론 오일러는 용서받아야 한다.《대수학 원론Elements of Algebra》인쇄본에서 이 실수가 일어났을 때 그는 이미 시력을 잃었기 때문이다.[7] 비록 오일러가 허수 $\sqrt{-1}$을 위한 기호 i를 우리에게 소개했지만, 1867년에 가우스Carl Friedrich Gauss가 쓸 때까지 이 기호는 다시 등장하지 않았다.[8]

스테빈은 다항식 x^2-3x+9를 1②$-$3①$+$9⓪으로 적었다. 코사.'근'.'어떤 것' 등 미지수를 부르는 방식은 그럭저럭 이해되었고, 따라서 다 함께 표기법에서 제외되었다. 1591년에 비에트는 같은 다항식을 '*A quad* -3 *in A* $+9$ *plano*'로 썼다. 1631년에는 해리엇이 그것을 $xx-3x+9$로 썼다. 이때까지 수학자들은 다항식의 근, 즉 다항식을 0과 같게 만드는 수에 관심이 있었다. 해리엇은 우선 다항식이 0과 같다고 놓고 다항 방정식을 세운 뒤에 그 방정식을 만족시키는 수를 찾아낸다는 독창적인 생각을 했다. 당신은 이것이 문법적인 차이일 뿐이며, 그것으로부터 새로운 것은 전혀 이끌어 낼 수 없다고 생각할지도 모른다. 그러나 이는 다항식을 완전히 새로운 방식으로 생각하게 했다. 그는 마치 수처럼, 다항식도 그 인수들의 곱에서 만들어질 수 있다는 것을 보았다. 예를 들면, 우리가 나중에 볼

$$x^4 - 4x^3 - 19xx + 106x - 120 = (x-2)(x-3)(x-4)(x+5)$$ 다.

이 독창적인 생각은 중요한 전환점이었다. 다항식의 근을 찾는 문제는 곧 다항식을 인수분해 하는 문제가 되었다. 모든 다항 방정식이 근을 갖고, 그 근이 실수나 복소수가 될 수 있다는 가능성을 발전시킨 것은 약간 문법적인 교묘한 조작이었다. 그것을 만족스러울 만큼 엄밀하게 일반적으로 증명하기란 17세기의 방법을 넘어선 것이었다. 일반적 증명은 거의 200년 뒤에 대수학의 기본 정리라고 알려진 일반적 형태로 나오게 되는데, 임의의 다항식은 그 최고 차수만큼 많은 근을 갖는다는 내용이다.

이 생각이 수학자들에게 적절한 대수적 형태라는 감각을 주었다는 것이 더 중요하다. 모든 항을 방정식의 좌변에 놓고 우변에 0만 남겨 둠으로써 그 형태가 주목받게 되었다. 방정식 $x^2 + 3x + 2 = 0$은 $3x + 2 = 0$과 바로 알아볼 수 있을 만큼 구별되는 범주에 들어가고, 방정식 $5x^3 + 2x^2 + 3x + 2 = 0$은 세 번째 범주에 들어간다. 대수학은 방정식만이 아니라 형태에 관한 것이기도 하다.

미침내 1637년에 데카르트가 《기하학》에서 다항식의 양의 정수 지수를 표시하는 데 수로 표현된 어깨 글자를 쓴다는 발상을 했다. 이 책은 현대 표기법을 아는 사람이라면 누구나 쉽게 읽을 수 있다. 각 거듭제곱의 등급을 수로 나타낸다는 단순한 생각은 우리가 방정식을 보고 작업하는 방식을 단번에 바꿨다. 거듭제곱을 그 변수가 자기 자신과 곱해진 회수를 세는 것으로 (x^2을 $x \cdot x$로, x^3을 $x \cdot x \cdot x$로) 보는 것이 현대인들에게는 자명하다. 데카르트는 비에

트와 해리엇이 시작한 미지수를 x라고 적고 x^2을 xx라고 적는 전통을 등급을 매기는 방식으로 확장하고 있었다.

모음과
자음

비에타Franciscus Vieta라는 이름으로 글을 쓴 프랑스 수학자 비에트는 이탈리아인, 독일인, 영국인 들이 수학에 지대하게 공헌한 시기에 연구하는 이점을 크게 누렸다.

그는 π에 대한 유명한 계산을《해석학 입문In Artem Analyticam Isagoge》의 명제 II에서 다음과 같이 139단어로 된 여섯 문장으로 표현했다.[1]

Propositio II

Si eidem circulo inscribantur polygona ordinata in infinitum, &
numerus laterum primi sit ad numerum laterum secundi subduplus,
ad numerum vero laterum tertii subquadruplus, quarti suboctuplus,
quinti subsexdicuplus, & ea de inceps continua ratione subdupla.

Erit polygonum primum ad teritium, sicut planum sub aptomis laterum polygoni promi &secundi ad quadratum à diametro.

Ad quartum vero, sicut solidum sub apotomis laterum primi secundi & tertii polygoni ad cubum à diametro.

Ad quintum, sicut plano-planum sub apotomis laterum primi secundi tertii & quarti ad quadrato-quadratum à diametro.

Ad sextum, sicut plano-folidum sub apotomis laterum primi secundi tertii quarti & quinti polygoni ad quadrato-cubum à diametro.

Ad septimum, sicut solido-solidum sub apotomis laterum primi secundi tertii quarti quinti & sexti polygoni ad cubo-cubum à diametro. Et eo in infinitum continuo progressu.

그의 명제 II는 π의 근삿값을 만드는 방법을 말해 준다. 우선 정사각형을 원에 내접시키고 각 변의 중점을 원에 투사해 팔각형을 얻는 과정을 계속 반복한다. 처음엔 팔각형으로, 그다음 각 결과로 나오는 다각형으로 계속 반복한다.[2] 이는 아르키메데스가 쓴 오래된 방법이지만 계산을 간단하게 하도록 약간 변형한 것이다. 비에트는 그의 명제를 '그리고 우리는 그것을 점진적으로 무한히 계속한다'는 여섯 어절짜리 문장으로 끝낸다. 이 문장에서 (내가 아는 한) 최초로 유럽 저자가 대수 과정을 무한히 계속한다는 생각을 드러냈다. 결국 $\frac{2}{\pi}$가 차례대로 한없이 포개져 들어가는 항들의 무한 곱과 같다는 것을 앎으로써 π를 발견하게 된다.[3]

$$\frac{2}{\pi} = \frac{\sqrt{2}}{2} \cdot \frac{\sqrt{2+\sqrt{2}}}{2} \cdot \frac{\sqrt{2+\sqrt{2+\sqrt{2}}}}{2} \cdots$$

루돌프와 쉬케도 차례로 포개져 들어가는 제곱근의 무한 합을 나타내는 데 알맞은 표기법은 갖지 못했다. 비록 개념적으로 더 앞선 독일 사본 몇몇은 알맞은 표기법이 있었을 것 같긴 하지만 말이다.

비에트는 연구 초반에 다항 방정식 $x^2 - 3x = 2$를 나타내는 데 라틴어로 (제곱을 뜻하는) 콰드라툼 A, 마이너스 A 셋, 둘과 같다 등의 구절을 썼다. 여기서 A는 우리가 x라고 표시할 미지수를 나타냈다. 그러나 어떤 때는 같은 방정식을 쓰는 데 라틴어 대신 더하기와 빼기를 기호화한 $+$ 와 $-$ 를 사용했다.[4]

나중에는 그가 X 콰드라툼 A 셋 마이너스 A 쿠보가 X 콰드라툼 B와 같다고 썼다.[5] 이것은 $3X^2A - A^3 = X^2B$ (또는 우리가 쓰는 $3a^2x - x^3 = a^2b$)로 번역되는데, 현이 B고 반지름이 X인 원에 삽입된 임의의 각을 3등분하려고 할 때 얻는 방정식이다. A는 지름과 B 사이 각의 1/3로 미지수다. 여기서 변수는 X가 아니라 A다.

비에트는 그리스 기하학과 대수학의 밀접한 연관성, 직선·도형·입체의 수학에서 기호 대수학으로 이어지는 근본적인 연결을 우리에게 보여 주었다. 이 연관성은 그동안 계속 있었지만 한 번도 제대로 평가받지 못했다. 이 연관성을 아주 분명하게 인식한 주석자들이 있었다. 알렉산드리아의 헤론은 1세기에 유클리드의 기하학에 대한 대수적 접근법을 생각했다. 그리고 라무스는 1569년에 기하학과 대수학의 연관성을 보고 이에 관한 책을 썼다.[6] 그러나 이에 대해 그 전 어느 때보다 확실하게 밝힌 사람은 바로 비에트다.[7]

비에트는 《기하학Geometria》에서 오늘날 '동차방정식'이라고 부르는

$3X^2A - A^3 = X^2B$에 관심을 기울였다. 여기서 각 항 문자들의 지수 합은 3이다. 핵심은 같은 차원의 항들만 더한다는 것이다. 이런 방정식이 유클리드의 《원론》에 등장한다. 제2권은 전부 직사각형, 정사각형, 그 외 도형의 기하학에 관한 것이다. 기하학이 어떻게 대수학일 수 있는지 의아하다면 이렇게 생각하라. 더하기와 빼기라는 연산은 선을 늘이거나 자르는 것과 같다. 즉 두 수 a와 b의 곱은 서로 맞붙은 변들이 a와 b인 직사각형을 기하학적으로 구성하는 것과 같다. a의 제곱근을 추출하는 것은 그 넓이가 a인 정사각형을 찾는 것과 같다. 우리는 이를 대수적인 관점에서 볼 수 있다. 그러나 유클리드는 대수적인 정리가 아니라 기하학적인 정리를 증명했다.

대수학의 증거를 찾기 위해 《원론》 제2권의 명제 7을 살펴보면[8] 다음과 같다.

직선을 임의로 자를 경우 전체 위에 있는 정사각형은 각 부분 위의 정사각형 및 부분들이 만든 직사각형의 두 배와 같다.

이 문장을 읽을 수 있어도 그 뜻은 분명하게 와 닿지 않을 것이다. '전체 위에 있는 정사각형은 각 부분 위의 정사각형 및 부분들이 만든 직사각형'이라는 구절은 설명이 필요하다. 더 깊이 생각해 보면 의미가 분명해질 것이다.

선의 양 끝을 A와 B라고 표시하고 임의로 자른 부분은 C로 표시하자. A와 B로 된 선은 AB라고 부른다. 또한 네 모서리에 문자를 적어 변의 길이가 AB인 정사각형을 만든다. 그림 15-1처럼 정사각형의 모서리에 A, B, E, D를 붙이고 C에서 AB에 수직으로 선 CF를 그린다.

전체 위에 있는 정사각형은 AB가 한 변인 정사각형으로 해석할 수 있다.

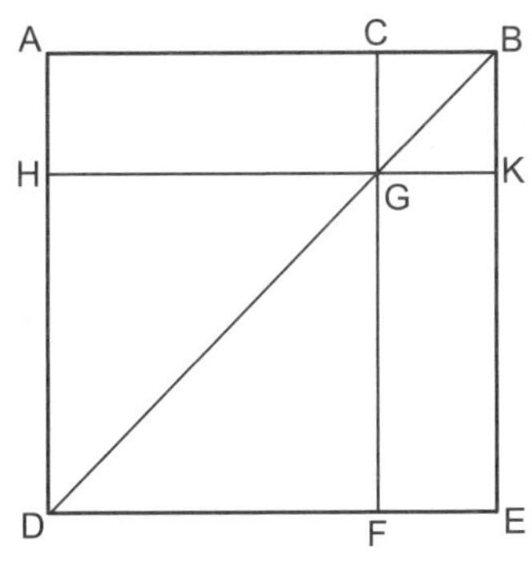

그림 15-1 전체 위에 있는 정사각형

즉 정사각형 $ABED$다. 이와 마찬가지로 그 부분 위에 있는 정사각형은 AB의 일부를 한 변으로 하는 정사각형을 뜻한다. 이런 정사각형이 $HGFD$와 $CBKG$, 두 개다. 부분들이 만든 직사각형은 변이 C 때문에 잘린 직사각형, 즉 $ACGH$를 의미한다. 우리는 그림에서 $ABED$의 넓이가 $HGFD$의 넓이 더하기 $CBKG$의 넓이 더하기 $ACGH$의 넓이 더하기 $GKEF$의 넓이와 같음을 알 수 있다.

그냥 $a=AC$, $b=CB$라고 놓고 마지막 문장을 대수적으로 보면 다음 식이 된다.

$$(a + b)^2 = a^2 + b^2 + 2ab$$

이 식은 몇 가지 기본적인 산술 법칙으로 증명할 수 있는 항등식이다.[9]

그러나 비에트는 대수학 연구에서 축약형과 기호보다는 단어와 문장을 이용했다. 레코드, 봄벨리, 스테빈의 표기법에 익숙했는데도 말로 하는 것을 선호한 것 같다. 대수학에 대한 그의 대단한 공헌은 새로운 연산기호의 소개가 아니다. 비에트의 저작들에는 새로운 연산기호가 거의 없다. 그의 공헌은, 연산에서 대상들의 일반적인 속성을 나타내는 문자의 추상적 사용과 더불어 그 문자도 수만큼이나 대수적 추론과 규칙을 따른다는 놀라운 생각이다. 알콰리즈미의 시대에도 어떤 방정식에서 공약수를 소거할 수 있다는 것은 알려졌다. 비에트는 소거라는 개념을 일반화했다. 즉 $BE^2 + B^2E = B^3$이면 $E^2 + BE = B^2$이고, $BE^3 + 3B^2E^2 = 3E^4$이면 $BE + 3B^2 = 3E^2$임을 알게 해 주었다. 즉 이미 아는 수의 상쇄를 지배하는 규칙에 따라 미지수도 상쇄된다.

왜 전에는 그렇게 하지 않았을까? 한 가지 답은, 다항식을 거의 전적으로 문자로 쓰는 것이 혼란스러웠을 수 있다는 점이다. 우리는 2차 다항식을 $ax^2 + bx + c$라고 쓰고 미지수를 특별하게 이미 아는 수와 즉시 구분할 수 있다. 그 전 표기법은 이미 아는 수와 그렇지 않은 수를 분명하게 구분하지 않았다. 두 번째 답은, 추상적인 수에 대한 산술연산의 수행(덧셈·뺄셈·곱셈·나눗셈·제곱근 추출)이 계산상 이점이 없는 상징적 행위일 뿐인 듯했다는 점이다. $3 \times 4 = 12$라고 쓰는 것은 세 개씩 네 개를 무리 짓는 편리한 연산이다. 그러나 B 곱하기 C가 B 곱하기 C와 같다고 쓰는 것에 어떤 이점이 있겠는가? 이것은 불필요하게 같은 말을 반복하는 $B \times C = BC$를 제시하는 것과 같다.

비에트는 미지수를 나타내는 데 모음을, 이미 아는 수를 나타내는 데 자음을 썼다. 이 관례는, 아는 것과 모르는 것의 표현 사이에 혼란을 피하고(더 중요하게) 우리가 모르는 것들을 곱할 수 있게 해 준다. 어떤 방정식은 미지수 사이에서 구분될 수 있다. 예를 들어, 방정식 $3X^2E - U^3 = X^2B$는 두 미지수 E와 U에 관한 방정식이다. 우리는 상수 a, b와 미지수 x, y를 사용해 이 방정식을 $3a^2x - y^3 = a^2b$로 쓰겠지만 말이다.

　문자로 나타내는 비에트의 체계는 또 다른 이점이 있다. 모음 A는 미지수를 표시하는 데 사용되었고 연속된 거듭제곱들은 A 콰드(제곱), A 쿠부스(세제곱), A 콰드콰드(네제곱)로 표시되었다. 거듭제곱근들이 R^1, R^2, R^3, R^4, … 로 표시된 (그래서 등급이 매겨진) 쉬케의 체계처럼 비에트의 체계는 마치 우리가 쓰는 x, x^2, x^3, x^4, … 과 똑같은 방식으로 단일한 미지수에 등급이 매겨진 거듭제곱들 사이의 의식적인 연관성을 제시했다. 비에트가 새로운 연산기호를 모든 저작에 쓰지는 않았어도, 그의 문자 체계 소개는 수학의 진보에 거의 핵심적인 구실을 했다.

　오늘날 우리는 비에트의 문자 사용 체계가 지극히 자명한 표기법상의 편리라고 생각할 수 있지만, 16세기 말까지도 그런 생각은 혁신적이었다. 따라서 비에트도 때때로 대수학 가문의 시조로 여겨진다.

　비에트의 모음–자음 표기법은 수명이 짧았지만 기호 대수학을 위해 큰 진전을 이루었다. 우리는 그런 생각이 아주 영리하다고 상상하기가 어려운 것 같다. 우리에게는 문자로 고정된 기지수와 변하는 미지수를 나타내는 것이 자연스럽다. 그러나 우리는 지적인 습관의 산물이다. 어떤 것을 배우고 나면 그것을 알기 위해 배웠어야 하던 때를 잊어버린다. 2010년대에 살고 있는 우리는 휴대전화와 GPS 내비게이션이 기술적으로 복잡하다고 생각할 수도 있다. 하지만 다음 세기에는 이런 현상이 훨씬 더 진보한 현상으로 대체될 것이고, 과거를 돌아보며 그 진보가 단순하다고 여길 것이다. 현재 우리가 타자기나 호스를 단순하다고 여기는 것처럼 말이다. 우리는 일상적으로 기호를 사용하는 데 완전히 익숙해져서 도대체 왜 비에트의 생각이 디오판토스부터 봄벨리에 이르는 그 많은 현명한 수학자들에게는 떠오르지 않았는지 상상하기가 어렵다.

루돌프의 R_x, 피보나치의 레스res, 쉬케의 R 비에트의 모음-자음 표기법 간에 개념적인 차이는 거의 없다고 생각할지도 모른다. 그러나 차이가 있다. 비에트의 모음은 문화의 금기에 따라 나온 게 아니고, 수가 무엇이어야 한다고 인식된 개념을 제한하지도 않았다. R_x과 res는 둘 다 기호 자체를 뜻한다. 쉬케의 R도 마찬가지다. 이것들이 닮은 것들을 나타낸다는 선입견을 수반하기 때문에, 진정한 의미에서는 기호가 아니다. 비에트는 우리에게 새로운 표기법 이상의 것을 주었다. 그의 A(우리의 x)는 진정한 기호다. 이것은 분명히 나타내리라고 추정된 구체적인 대상을 초월한다. 단치히가 언젠가 이렇게 썼다. "대수학을 편리한 속기 이상으로 끌어올린 것이 바로 이 전환의 힘이다."[10]

그런데 모음-자음 표기법에는 또 다른 이점이 있다. 거북한 말로 된 표현을 똑같은 뜻을 가진 더 편리한 형태로 전환하는 한편, 비에트의 모음과 자음에 연산을 수행할 수 있다는 데서 오는 이점이다. 단치히가 말한 '대수학을 편리한 속기 이상으로 끌어올린' 것이 바로 이 전환의 힘이다.

또 다른 특징은 바로 모음-자음 표기법이 대수학을 향상했다는 것이다. 만약 우리가 일반적인 표현인 ax^2+bx+c를 쓰는 대신 계수 a, b, c가 수로서 무엇인지 명시해야 한다면 대수학이 어떨지 상상해 보라. 그것은 2차 다항식 x^2+2x+3이 있는 어떤 문제에 대한 임의의 해는 2차 다항식 $2x^2+3x+1$과 다른 것으로 생각된다는 뜻일 수도 있다. 첫 번째 다항식이 두 번째 다항식을 풀기 위한 구체적인 절차를 암시하는데도 말이다. 물론 어떻게 풀어 나가야 하는지에 대한 단서들이 있어도, 각 식은 별도로 다뤄져야 할 것이다. 비에트의 훌륭한 모음-자음 표기법은 우리에게 집합적인 것, 일반적인 것, 임의의 것, 모든 것 등으로 작업하고 생각하는 방법을 제시한다. 이것도 '대수학을 편리한 속기 이상으로 끌어올린' 힘이라는 데 단치히도 동의할 것이다.

더 중요한 것은 그것이 일반화된 수 개념을 형성하는 데 기여한 구실이다. 비에트 전에 대수학자들은 (미지수를 나타내는 x 표기법을 이용해) $x^2+2x=3$, $x^2-2x=2$, $x^2-2x+2=0$을 다른 유형의 2차방정식으로 보았다. 물론 어떤 의미에서는 유형이 다른 2차방정식이다. 그들은 '제곱과 무엇 곱하기 미지수가 어떤 수와 같다' 는 표현은 '제곱이 무엇 곱하기 미지수 더하기 어떤 수와 같다' 와 같은 것이 아니라고 가정했다. 결코 기호를 조작하는 데 소심했기 때문이 아니다. 오히려 음수와 0과 관련된 곤란함과 딜레마 때문이었다.[11] 우리는 이 세 가지가 모두 똑같은 형태로 $x^2+bx+c=0$이라는 것을 안다.

첫 번째 식은 $x=1$일 때 성립한다. 두 번째 식은 유리수 해를 갖지 않는 것 같고, 세 번째 식도 마찬가지다. 두 번째 식에는 두 가지 해, $x=1+\sqrt{3}$과 $x=1-\sqrt{3}$이 있다. 마지막 식 $x^2-2x+2=0$의 해를 찾으려고 하면 $x=1+\sqrt{-1}$과 $x=1-\sqrt{-1}$처럼 보이는 기호들이 나온다.

마지막 두 해는 비에트 생전에 아무 의미도 없었다. 그러나 $x^2+bx+c=0$ 같은 표기와 함께 일반항으로 표현될 때, 그 해는 항상 다음과 같다.

$$x = \frac{-b \pm \sqrt{b^2-4c}}{2}$$

그리고 그 일반해는 종류에 따라 구분할 필요가 있었다.

1. b^2-4c가 완전제곱일 때 해의 후보: 완벽하게 받아들일 수 있는 해.

2. b^2-4c가 완전제곱이 아니고 $b^2>4c$일 때 해의 후보: 의심스러운 해. 비록 막 받아들여지려는 찰나에 있긴 했으나, 여전히 유효한 것으로 받아들

여지지 않았다.[12]

3. $b^2 < 4c$일 때 해의 후보: 의미 없는 해. 수로서는 그 존재가 부인되는 복소수.

다음은 드모르간이 이에 대해 쓴 글이다.

(비에트는) 뺄셈이 결함이라고 결론지었고, '악습 부정'이라고 부르면서 그것을 포함하는 표현은 가능한 한 피해야 한다고 말했다. 마음에 골칫거리가 될 수 있는 것을 전부 거부하는 것보다 더 쉬운 해결책은 없었을 것이다. …… 그다음 두 번째 단계는…… 대수학의 결과를, 그것이 나온 추론의 가정과 아무리 부합하지 않아도 반드시 참인 것으로 그리고 어떤 관계를 나타내는 것으로 취급하는 데 있다. 따라서 특정한 결과가 수로서 존재하지 않아도 그것은 당연히 다른 존재성을 갖도록 허용된다. 왜냐하면 새로운 상징들이 참인 결과를 가져올 상황에서, 규칙은 오래된 수에 적용하던 것과 다르지 않았기 때문이다. …… 추상적인 음수에 대한 해석이 합리적인 해를 끌어내자, 음수의 제곱근에 관한 나머지 부분들이 받아들여졌다. 그리고 그 결과도 받아들여지고, 점차 그것에 대한 확신이 커졌다.[13]

드모르간의 견해가 현대 역사학자가 보기에는 맞지 않을 수도 있다. 이상한 종인 복소수는 비에트 시대 전부터 오랫동안 알려져 있었다. 피타고라스는 정사각형과 직각삼각형에 대해 생각하자마자 무리수와 맞닥뜨렸다. 카르다노는 소심하게나마 《위대한 기술》에서 복소수에 대해 생각했다. 그러나 비에트의 표기법은 그 '참된' 그리고 '허구의' 근에 관한 문제를 더 표면화했다. 왜냐하면 일반적인 표기법이 실제 문제의 중간 단계 해와 관련 있다는 중요한 사실을 드러냈기 때문이다. 즉 어찌된 일인지, 대수적 해는 정답을 주었다. 비록 그것에 의미 없는 단계들이 있긴 해도 말이다.

그것이 16세기에는 의미 없는 해였는지도 모른다. 하지만 17세기에는 의미 없는 것들이 더 일반적인 표기법으로 과거 그 어느 때보다 많은 관심을 받았다. 따라서 그 관심이 질문을 불러일으켰다. 즉 "수란 무엇인가?" 하는 근본적인 질문이었다. 그러나 이것도 필요해지기 전에 불러내기에는 너무 심오한 질문이었다. 수에 관한 더 섬세한 개념은 이제 음수의 제곱근을 가족으로 받아들인다. 이 풍부함은 우리에게 다음과 같은 대수학의 기본 정리를 주었다. 차수가 $n \geq 1$인 임의의 다항 방정식은 항상 서로 다를 수도 있고 그렇지 않을 수도 있는 n개의 근을 갖는다.[14] 물론 그 근들은 복소수일지도 모른다(그럴 가능성이 높다). 왜 기본 정리라고 불릴까? 적어도 두 가지 이유가 있다. 첫째, 모든 방정식이 그 근 r에 대해 $(x-r)$ 형태의 1차식들의 곱이라고 말해 주기 때문이다. 둘째, 결국 다항식이 나오는 모든 질문에 답이 있음을 보장하기 때문이다.

비에트의 일반적인 표기법은 "형태란 무엇인가?" 같은 질문에 대한 관심도 불러일으켰다. 방정식 $ax+by+c=0$은 거의 다 문자다. 문자 a, b, c는 이미 아는 수를 나타내는 반면, 문자 x와 y는 미지수다. 우리는 a, b, c를 값들의 대표자로 생각한다. 이것들이 실제로 무엇인지에는 전혀 관심이 없다. 이런 식으로, 전체 식이 x와 y의 관계식으로 여겨진다. 그러나 일단 관계식이 성립되면, 우리는 표기법에 대한 이 놀라운 이해에 따라 (매개변수라고 불리는) a, b, c 의 값들을 바꾸면서 $ax+by+c=0$의 형태를 더 조사할 수 있다. 따라서

x와 y의 관계식을 만들 수 있다. 이때부터 방정식이라는 형태는 새로운 연구 대상이 되었다. 이 연구가 방정식의 분류를 낳았는데, 상수와 변수라는 두 부류의 값들을 기호로 구분하지 않고는 꿈도 못 꾸던 일이다.

비에트는《해석학 입문》의 마지막 문장을 강조했다.

마침내 해석적 기술은…… 당연히 문제들 중에서 가장 훌륭한 문제를 인식한다. 바로 **어떤 문제도 미해결인 채로 두지 않는 것**.[15]

폭발

비에트가 사망하고 34년이 지나 출판된 데카르트의 《기하학》은 표기법에 대한 새로운 생각과 규칙을 담고 있었다. 알파벳의 앞쪽 문자들은 이미 아는 고정된 수를 표현하고, (p 이후) 뒤쪽 문자들은 연속된 값을 취할 수 있는 변수나 미지수를 표현한다. 비록 해리엇이 쓴 것을 본 적이 없다고 했지만, 데카르트는 소문자를 쓰는 해리엇의 습관을 따른 것 같다. p를 기준으로 알파벳을 가르는 것은 오늘날까지 표준적 규칙으로 남아 있다.

독일 철학지 립스트로피우스Daniel Lipstropius는 데카르트와 동시대인으로서 그의 전기를 썼는데, 데카르트가 곡선 경로로 움직이는 파리를 보다가 그의 가장 뛰어난 아이디어를 떠올렸다고 말했다. 이것은 물론 꾸며 낸 이야기다. 그는 파리의 경로를 그려 보는 과정에서 데카르트 좌표계가 나왔다면서 파리가 수학의 가장 급진적인 변화를 가져왔다고 했다. 상당히 이른 대수학과 기하학의 결합인 셈이다. 이 이야기가 허구라는 것은 데카르트의 좌표계가 수평 방향 축과 수직 방향 축을 가지면서 서로 연관된 변수를 나타내는 현대 좌표계와 전혀 닮지 않았기 때문이다.[1] 이 이야기는 나중에 더 심한 허구로 부풀려져서, 건강이 좋지 않던 데카르트가 모든 과학을 수학처럼 확실하게 할 방법에 대해 고민하면서 매일 아침 늦게까지 침대에 누워 있었다는 것으로 바뀌었다.

만약 파리가 곡선 경로를 따라갔다면 자취를 산술적인 데이터로 남겼을 것이고, 데카르트는 이를 통해 곡선의 기하학을 재구성해 낼 수 있었을 것이다. 그리고 이와 반대로 곡선의 기하학에서 산술적인 데이터를 재구성할 수 있음을 알았을 것이다. 기하학과 산술학은 같은 수학에 대한 다른 해석이다. 즉 대수학과 기하학은 서로 아주 닮았다. 이것은 기적적인 일이다!

데카르트가 주변 환경과 존재에 대해 생각하면서 늦은 아침까지 침대에 누워 있었다는 것은 사실이다. 어린 시절에 기침이 심했던 그는 침대에 누워서 어떻게 물리적 세계가 근본적으로 역학적인지, 어떻게 모든 자연이 역학 법칙으로 설명되는지, 어떻게 모든 이론물리학이 일반적인 법칙 몇 가지와 자연의 관측할 수 있는 사실들을 통해 표현될 수 있어야 하는지, 어떻게 몇 가지 원칙과 기본적인 방정식이 대수방정식으로 표현될 수 있는지 등에 대해 생각했다.

직각삼각형의 변 위에 만들어진 세 정사각형 사이에 구조적인 관계가 있다고 말해 주는 것이 바로 경이로운 피타고라스 정리다. 이 정리는 어떻게 임의의 두 점 사이의 거리를 발견하는 쉬운 방법을 제시하는가? 그리고 어떻게 직선과 원뿔곡선(타원, 포물선, 쌍곡선 등 원뿔을 꼭짓점을 지나지 않는 평면으로 잘랐을 때 생기는 단면의 평면곡선)을 방정식과 비례식으로 표현할 수 있는가?

기하학과 대수학의 밀접한 연관은 플라톤 시대, 즉 플라톤 아카데미의 수학자들이 각의 3등분과 정육면체의 배적·원적 문제에 관해 연구하던 때부터 의심되었다. 기원전 3세기에 아폴로니우스는 원뿔을 평면으로 잘랐을 때 생길 수 있는 타원·포물선·쌍곡선을 조사했고, 1세기에 헤론은 표면적과 부피를 계산하는 대수적 방법을 알아냈다. 디오판토스와 동시대인인 기하학자 파푸스Pappus는 기하학과 대수학 사이에 연관성이 있어야 한다고 암시했다. 4세기에 메나에크무스Menaechmus는 원뿔곡선과 방정식의 관계를 발견했고, 초기 그리스 지리학자들은 좌표계를 자유롭게 사용했다. 1361년에 오렘Nicole Oresme은 위도와 경도 체계를 통한 연구를 바탕으로 시간을 나타내는 수평선과 속도를 나타내는 수직선으로 완성된 좌표계의 초기 개념을 소개했다. 기하학은 마음속에서 상상할 수 있는 선, 도형, 입체를 가지고 하는 작업에 대한 관심에 그 기원을 두고 있다. 대수학의 기원은 전통적인 도형의 기하학적인 개념에 따라 결정되는 수와 연관된 문제에 있었다. 중세 후반에 대수학은 점점 더 수의 추상적인 개념에 초점을 맞추게 되었는데, 특히 비에트가 상수와 미지수를 포함하는 표기법을 발전시키고 나서 더 그랬다. 그의 표기법은 대수학을 기하학의 유사물이라는 제한에서 해방했다. 그리고 이를 통해 더 일반적인 목적, 즉 추상적 수에 집중하기 위해 도약할 수 있게 되었다.

우리는 덧셈, 뺄셈, 곱셈, 나눗셈, 제곱근의 추출이라는 대수적 연산이 모두 기하학적 연산과 대응하는 것을 보았다. 그러나 이 연산들이 실제로 수행될 수 있었을까? 비에트는 두 수 a와 b의 곱이 서로 맞닿은 변의 길이가 a와 b인 직사각형의 기하학적 구성과 같음을 알았고, a의 제곱근 찾기가 넓이가 a인 정사각형을 찾는 것과 같음을 알았다. 그러나 실제로 그것을 어떻게 할 수 있었을까?

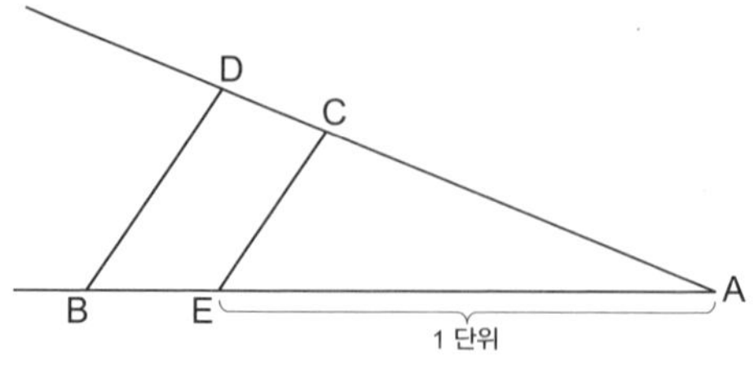

그림 16-1 곱셈

데카르트는 《기하학》 두 번째 쪽에서 그 방법을 보여 주었다.[2] 먼저, 곱셈을 이용한 방법이다. AB와 AC라는 선분이 있다고 가정하자. 이것들을 아무데나 아무렇게나 두되, A에서 만나게 하자(그림 16-1).

AB 위에 1단위 길이인 선분을 표시하고 AE라고 하자. 만약 AB가 1단위보다 짧다면, 그것을 늘여야 할 수도 있다. E를 C에 연결하고 EC와 평행한 선 BD를 만들자. 우리는 닮은 삼각형에서 AD 대 AB가 AC 대 1이고, 따라서 $AD = AB \times AC$임을 안다.

나눗셈에도 같은 설정을 이용하자. 즉 비 AD/AB는 AC와 같아야 한다.

AB의 제곱근을 찾기 위해 AB를 1단위 늘여 C까지 확장하자(그림 16-2).

선 AC를 O에서 2등분해서 지름이 AC이고 중심이 O에 있는 원을 만들고, B에서 AC에 수직으로 선을 그리자. 그 선이 원과 D에서 만나면 $BD = \sqrt{AB}$다.

이 모든 연산은 곧은 자와 컴퍼스를 가지고 작도할 수 있다. 따라서 유클리드의 공리로부터 증명할 수 있다. 그리고 곧은 자와 컴퍼스만 사용하는 기하학적인 구성을 통해 표현할 수 있는 문제는 모두 1차 또는 2차 다항 방정식으로 표현할 수 있다.

데카르트 좌표계는 기준 좌표계, 그저 여기서 저기로 가는 방법 이상이다.

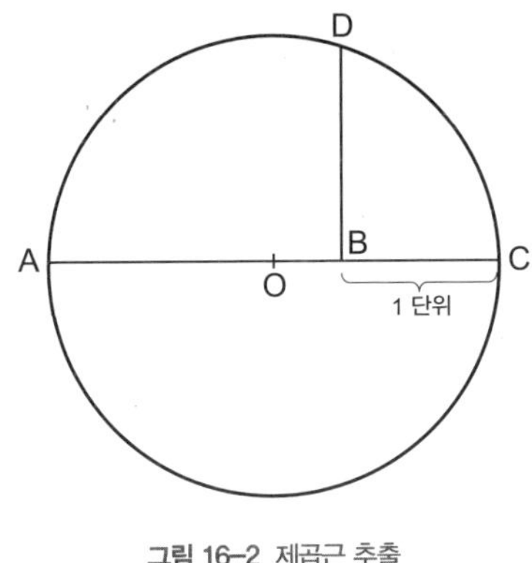

그림 16-2 제곱근 추출

그것은 기하학을 대수학의 렌즈를 통해 보게 한다. 데카르트는 (그리고 페르마 Pierre de Fermat도) 우리에게 믿을 수 없을 만큼 특별한 것을 알려 주었다. 그는 생각하는 것 자체에 선택할 수 있는 방식이 있다는 것을 보여 주었고, 문제를 개념화하기 위해 선택할 수 있는 방식이 있음을 우리에게 가르쳐 주었다. 우리는 곧은 자와 컴퍼스만으로 임의의 각을 3등분하는 기하학의 고전적 문제를 공략하고 싶을 수 있다. 이 문제는 '선'과 '각' 같은 단어를 통해 자연스럽게 기하학적으로 표현될 수 있다. 그러나 때때로 자연스럽다고 생각하는 것은 우리를 속이고, 개념화의 불필요한 뒤틀림은 우리를 속박하고 제한한다.

데카르트는 우리에게 개념화하는 방식들 간의 전환 방법, 즉 기하학적 문제를 대수적 좌표계로 번역하는 방법을 알려 주었다. 그리스 기하학자들의 점, 선, 곡선은 공간의 물성이라는 족쇄에서 벗어나 추상적인 대수식으로 자유롭게 표현될 수 있게 되었다. 상상력은 우리가 사는 세상을 훌쩍 뛰어넘어서 일반성이라는 경이로움에 도달할 수 있게 해 주었다.

임의의 각 3등분하기는 특정한 3차방정식의 실근이 존재하는지 아닌지

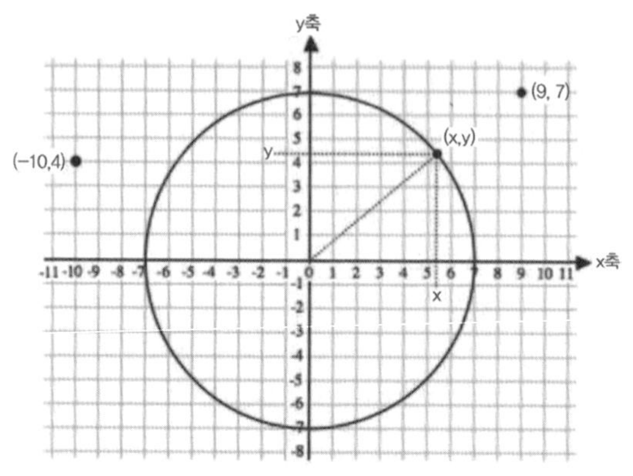

그림 16-3 한 점의 주소

에 관한 질문이 된다는 것이 밝혀졌다. 데카르트는 우리가 현재 알고 있는 답, 즉 그런 근은 존재하지 않음을 알 수 없었을 것이다.

어떻게 데카르트 좌표계가 기하학과 대수학을 연결하는지 보기 위해 고등학교 수학에서 배운 것 또는 놓친 것을 떠올려 보겠다. 데카르트가 (또한 페르마가) 발명한 좌표계는 오늘날 우리가 사용하는 좌표계와 그다지 같지 않았다는 점을 염두에 두자. 사실 좌표계를 처음 생각한 사람은 14세기 성직자인 오렘이다. 데카르트는 오늘날의 발전된 개념을 위해 시동을 건 셈이다. 임의로 선택한 고정된 기준이 있는 평면 위에서 세상을 보자. 마치 낯선 도시를 걸을 때, 위치를 알기 위해 높은 건물을 하나 지정하는 것처럼 말이다. 우리는 기준을 그 모습이 곧 분명해질 상징, (0, 0)이라고 한다(그림 16-3). 그 평면은 컴퓨터 화면의 평면처럼 (0, 0)을 통과하는 수평선과 수직선을 가진다. 여기서 화살표 방향 거리는 양수, 그 반대 방향 거리는 음수다.

평면 위에 있는 임의의 점을 선택하자. 그것을 P라 하고, P가 기준점 (0, 0)으로부터 어디에 있는지 보자. P의 위치에 대해 (여러 설명이 있지만) 자연스러운 설명은 (0, 0)으로부터 수평과 수직 방향으로 화살표와 비교해 (원하는 어떤 단위길이로든) 얼마나 멀리 (양으로 또는 음으로) 떨어져 있는가 하는 것이다. 예컨대 (9, 7)은 오른쪽 위 구석에 있는 검은 점의 주소고, (−10, 4)는 원의 왼쪽에 있는 검은 점의 주소다.

이 훌륭한 좌표계를 이용해 중심이 (0, 0)에 있고 반지름이 7인 원을 나타내기 위해 우리가 해야 하는 것이라고는 원 위의 임의의 점 (x, y)를 (0, 0)과 연결한 선의 한쪽 끝에 있는 점으로 표현하는 것이다. 이 선은 결국 원의 반지름이고, 따라서 항상 그 크기는 7단위길이와 같다. 피타고라스 정리를 밑변이 x고 높이가 y인 삼각형에 적용하면 $x^2+y^2=7^2$이 나온다. 방정식 $x^2+y^2=7^2$을 만족시키는 수 x와 y의 각 쌍은 반지름이 7인 원 위에 있는 점의 좌표 주소를 알려 준다. 이와 반대로 그 원 위에 있는 임의의 점은 방정식 $x^2+y^2=7^2$을 만족시키는 좌표 주소 (x, y)를 가질 것이다. 우리는 그 연계가 얼마나 놀랄 만큼 단순한지를 보여 주는 예로 원을 이용했다.

데카르트는 기하학 문제를 풀기 위해 해석기하학 방정식을 자신 있게 사용한 것 같다. 그는 항상 기하학을 통해 대수적 증명을 확고히 할 필요성을 발견했다.[3] 뉴턴과 라이프니츠도 그들의 무한소 미적분학에서 똑같이 행동했을 것이다. 그들은 그저 모든 조건을 보려고 하는 전체론적인 수학자였을지도 모른다.

놀랍게도 (소문자를 쓰는 관례를 뛰어넘어) 데카르트는 고정된 기지수를 위해 알파벳의 앞쪽 문자를, 미지수를 위해 뒤쪽 문자를 써서 새로운 기호들을 발명했다. 그는 봄벨리와 스테빈이 쓴 미지수의 지수 첨자를 변형해 도입했고, 미지수의 숫자 지수를 보여 주기 위해 첨자를 썼다. 그리고 괄선의 문제가 있다. 괄선은 제곱근을 나타낸 옛 독일 기호 √와 연결된 수평 방향 막대

로, 근을 추출하기 전에 막대 밑에 있는 모든 항이 한데 묶여 있음을 나타낸
다. 바로 제곱근을 위한 현대 기호 $\sqrt{}$ 다. 우리는 이 진전이 얼마나 중
요한지 알고 있다.

《기하학》에서 데카르트는 다음과 같이 썼다.[4]

Et *aa*, seu a^2, ad multiplicandam *a* in se; Et a^3, ad eandum adhuc semel
multiplicandam per *a*, atque ita in infinitum; Et $sqrt a^2 + b^2$, ad ex-
trahendam radicem Quadratam ex $a^2 + b^2$; Et $\sqrt{C.a^3 - b^3 + abb}$, ad
extrahendam radicem Cubicam ex $a^3 - b^3 + abb$, & sic de cæteris.

그리고 *aa* 또는 a^2은 *a*에 자기 자신을 곱한 것이고 a^3은 *a*를 한 번 더 곱한 것이
다. 이런 식으로 무한히 계속된다. $\sqrt{a^2 + b^2}$는 $a^2 + b^2$의 제곱근을 얻기 위한 것
이고, $\sqrt{C.a^3 - b^3 + abb}$는 $a^3 - b^3 + abb$의 세제곱근을 얻기 위한 것이다. 이런
식으로 계속된다.

그림 16–4 《기하학》 3쪽의 일부

여기에 독일 제곱근 부호 $\sqrt{}$와 그 근을 얻으려고 하는 식 위에 길게 놓인
괄선이 함께 나온다. 세제곱근을 위한 기호 $\sqrt[3]{}$은 나타나지 않다가 30년 뒤
에 롤Michel Rolle의 《대수학개론Traité d'Algèbre》과 라이프니츠가 바리뇽Pierre
Varignon에게 보내는 편지를 비롯해 여러 군데에서 한꺼번에 등장했다.[5]

《기하학》 4쪽에는 '~과 같다'고 쓰는 데 사용한 이상한 기호 ∞를 제외하
면 우리 방식대로 쓴 다항식이 등장한다(그림 16-5).[6] z처럼 보이는 것은 그냥
현란하게 쓴 z다.

69쪽(그림 16-6)에는 마치 20세기 교과서처럼 보여서 처음으로 우리가 완벽
하게 읽을 수 있는 방정식에 대한 설명이 나온다.[7]

데카르트는 다항식 $x - 2$에 $x - 3$을 곱하면 그 결과가 $x^2 - 5x + 6$이

$$Z \infty\ 6,\ aut$$
$$Z^2 \infty\ -aZ + 6^2,\ aut$$
$$Z^3 \infty\ +aZ^2 + 6^2Z - c^3,\ aut$$
$$Z^4 \infty\ +aZ^3 + 6^2Z^2 - c^3Z + d^4,\ \&c.$$

그림 16–5 《기하학》 4쪽의 일부

라고 썼다. 여기에 $x-4$를 곱하면 $x^3-9xx+26x-24$가 되고, 계속해서 마지막 다항식에 $x+5$를 곱하면 $x^4-4x^3-19xx+106x-120$이 된다. 다항식 $x^4-4x^3-19xx+106x-120$의 근은 2, 3, 4, -5고 따라서 $x^4-4x^3-19xx+106x-120$과 $(x-2)(x-3)(x-4)(x+5)$는 같은 다항식을 서로 다른 두 가지 방식으로 표현한 것일 따름이다.

Sciendum itaque, quòd icognita quatitas in qualibet Æquatione, tot diversas radices seu diversos vatlores habere profit, quot ipsa habet dimensiones. Nam si, exempli gratiâ, x supponatur æqualis 2, seu $x-2$ æqualis nihilo; & rursus $x \infty 3$, seu $x-3 \infty 0$; & multiplicetur $x-2 \infty 0$ per $x-3 \infty 0$; habebitur $xx-5x+6 \infty 0$, seu $xx \infty 5x-6$. quæ Æquatio est, in qua quantitas x valet 2, & præterea etiam 3. Quòd si rursus fiat $x \infty 4$, atque $x-4 \infty 0$ multiplicetur per $xx-5x+6 \infty 0$, producetur $x^3-9xx+26x-24 \infty 0$. quæ alia eft Æquatio, in qua x habens tres dimensiones, tres quoque habet valores, qui sunt 2, 3, & 4, atque una falsa, quæ es 5.

그림 16–6 《기하학》 69쪽의 일부

앞 장에서 우리는 비에트가 알파벳 자음을 도입해서 대수학이 어떻게 발전했는지 보았다. 그 전까지 쉬케, 봄벨리, 스테빈의 다항식 표기법은 완벽하게 적절했으며 기지수의 제곱이나 세제곱을 계산해서 또 다른 기지수를 얻을 수 있었다. 4를 나타내기 위해 굳이 2^2이라고 쓸 필요는 없다. 임의의 다항식에서 미지수에만 지수가 올라갔고, 그 미지수의 거듭제곱은 직접 계산될 수 없었다. 따라서 16세기 사본에서 $3x^2$을 3^2, $3x$를 3^1, 3을 3^0이라고 쓰는 것은 괜찮았다. 쉬케, 봄벨리, 스테빈은 애매모호하지 않게 지수를 쓰기 위해 지표 방식이라는 것을 사용했다.

그러나 문제가 있었다. 다항식은 미지수를 x와 y 등 여러 개 가질 수 있다. 따라서 $3x^2 + 5y^2$은 지표 방식에 따라 쓸 수가 없었다. 우리가 데카르트의 표기법을 선호하는 것은 그것이 주로 우리의 표기법과 닮기도 했고, 그 전의 애매모호한 표기법보다 좋기 때문이기도 하다. 또한 더 좋은 것을 아무도 생각해 내지 못했기 때문이다. 아직까지는…….

몇몇 기호는 관례가 되어 수세기 동안 사용될 수 있다. 어떤 사건이 일어나 장애물이 나타나기 전까지 말이다. 16세기 지표 방식에 그런 일이 일어났다. 다항식 대수학 표기법은 이제 1000년 동안 바뀌지 않을 것 같은 노련한 표기법이다. 파치올리의 R̥ 는 거의 200년간 여기저기 나오면서 지속되었다. 루돌프의 √는 제곱근을 표기하려는 별 가치 없는 다른 시도들과 경쟁하면서 소소한 변형을 거쳤다. 하지만 데카르트가 괄선을 첨가할 때까지 100년간 바뀌지 않았다.

데카르트의 《기하학》에는 제곱근을 나타내는 독일 기호 √와 그 근을 추출해야 하는 항들을 통합하기 위해 첨가된 괄선이 합쳐진 오늘날의 제곱근 기호(그림 16-7)가 등장한다.[8] 분명히 어떤 사람들은 R̥ 가 나와야 한다고 생각

$$Z \infty \frac{1}{2}a + \sqrt{\frac{1}{4}aa + bb}.$$

Quòd fi verò habeatur $yy - ay + bb$, atque y fit quantitas, quam invenire oportet, facio rurfus idem triangulum *NLM*, & à bafe ejus *MN* aufero *NP*, æqualem *NL*, ertique reliqua *PM*, æqualis y, radici quæfitæ. Ita ut fiat $y \, Z \infty -\frac{1}{2}a + \sqrt{\frac{1}{4}aa + bb}$. Nec aliter fit, fi proponatur $x^4 \infty - ax^2 + b^2$. *PM* enim effet x^2, & haberetur $x \infty \sqrt{-\frac{1}{2}a + \sqrt{\frac{1}{4}aa + bb}}$: atque ita de aliis.

그림 16-7 《기하학》 3쪽에 나오는 괄선

했다. 마치 우리의 지수 표기법이 우리 책에 그대로 있어야 한다고 생각하는 것처럼 말이다.

이 책에는 겹쳐진 제곱근도 나온다. 별 상상력이 없이도 (15장에서 본) $\frac{2}{\pi}$ 를 근삿값으로 만드는 비에트의 훌륭한 명제 2를 드러내기 위해 지속적으로 겹침이 사용된 것을 예상할 수 있다.

카조리는 데카르트가 새로운 제곱근 부호인 괄선까지 도입했다고 말한다. 호기심을 일으키는 수수께끼는 이것이다. 누가 실제로 이 괄선을 생각해 냈을까? 스호텐은 1646년에 비에트의 《수학 총서Opera mathematica》를 편집할 때 이미 자신의 주석에 괄선을 썼다. 그림 16-7은 1659년에 출판된 스호텐 편집본 데카르트의 《기하학》 중 한 쪽이다. 스호텐이 데카르트가 의미한 것을 단순화하기 위해 《기하학》에 괄선을 슬쩍 넣을 수 있었을까?

다행스럽게도 데카르트는 수학자로서 영향력이 대단했고, 다음 세기로 이어질 수 있는 최선의 표기법을 표준화하는 데 이바지했다. 17세기는 여러 해 동안 수학의 진전을 방해할 만한 온갖 이상하고 수고로운 표기법들의 실험으로 가득 차 있었다.

그리스 기하학자들에게 곡선은 거의 정적인 도형이었다. 하지만 데카르트는 곡선을 다르게 생각하기 시작했다. 그의 좌표계는 어떤 규칙(그것의 방정식)에 따라 결정된 역동적인 점들의 모임, 실수 x와 y로 표시된 주소가 있는 대수적인 대상(점)들의 모임으로 여겨졌다. 이 실수, 즉 '좌표들'은 함께 규정된 수적인 관계로 서로 맞물려 있다. 하나는 다른 하나의 허락 없이는 변할 수 없다. 이 새로운 기하학은 곡선을 변수들의 관계로 보았다. 그야말로 대단한 진보다. 또한 수학의 전략과 방식을 급진적으로 바꿨으며, 미적분학을 가능하게 만들었고, 운동에 대한 우리의 사고방식을 영원히 바꿔 놓았다.

17세기 초반의 전형적인 경험적 관찰은 대상의 다양한 높이를 그 값들의 표로 보여 주었을 것이다. 대상을 관찰하지 않고는 높이를 알아낼 단서가 전혀 없었다. 그래프와 임의의 시간 t에 높이 h를 관련짓는 대수방정식의 개념을 통해, 시간의 변화에 따라 높이가 변하는 방식과 수가 올라가거나 내려가는 방식에 대한 그림을 직관적으로 이해하게 되었다.

기하학과 대수학의 통합은 가장 위대한 발견이라고 할 수 있다. 이것은 단번에 어떤 사건을 지배하는 규칙의 그림뿐만 아니라 서로 의존하는 사건들의 관계도 제시했다. 또한 다음 세대 수학자들에게는 관련된 두 현상 사이에서 어떻게 한 변화가 다른 변화에 영향을 미치는지를 수학적인 그림으로 나타내고 분명하게 설명하는 데 필요한 힘을 주었다.

자연이 완전히 역학적인지 또는 수학으로 설명될 수 있는지에 대해 과학자들의 견해는 여전히 갈라져 있었다.[9] 그러나 기하학과 대수학의 이 새로운 결합은 우주의 비밀을 수학적으로 완벽히 설명할 수 있다는 것을 암시했다. 공간과 시간은 연관되어 있었다. 직관력이 잡아낸 무한하고 믿을 수 없는 기하학적인 그림뿐만 아니라 대수학을 통해서 말이다.

함수의 개념은 시공간의 관계를 탐구하는 데 자연스러웠겠지만 라이프니츠가 최초의 개념을 소개하는 1692년까지 기다려야 했다. 그 뒤 베르누이 Johann Bernoulli와 오일러가 약간 변형한 뒤 1834년에 디리클레가 그의 형태를 소개할 때까지 또다시 기다려야 했다.[10]

새로운
기호

오트레드는 1660년 6월 30일 일요일에 66세의 나이로 사망했다. 오브리 John Aubrey는 그에 대해 이렇게 말했다. "그는 검은 머리와 검은 눈을 가진, 작지만 아주 활기찬 사람이었다. 그의 머리는 쉴 새 없이 돌아가고 있었다. 그는 모래 위에 선과 도형을 그렸다. 그는 '세상은 그것들을 받을 가치가 없다'고 주장하면서 자신의 모든 저작을 불태웠다. 그는 아주 뛰어났다. 인쇄된 책들도 태웠는데, 그것들이 다 탈 때까지 꼼짝도 하지 않았다."[1]

오트레드는 1631년에 《수학의 열쇠》 초판을 완성했다. 이 책은 편집본이 여러 권 계속 나왔고, 그가 사망한 뒤에도 반세기 동안 대중적인 교재였다. 《수학의 열쇠》에서 처음으로 세인트앤드루 십자가 × 가 곱셈기호로 사용되었다. 이 기호는 중세에 두 수의 곱뿐만 아니라 많은 것들의 표식으로 쓰였다. 《수학의 열쇠》가 나올 때까지 곱셈은 그냥 병치로 표시되었다. 즉 ab가 a 곱하기 b를 뜻했다. 곱해지는 것이 기호라면 괜찮았다. 하지만 두 수를 곱할

그림 17-1 오트레드

때는 애매모호해졌다. 22는 수 22를 뜻하나, 2 곱하기 2를 뜻하나?

병치는 기호가 아니었다. 혼란을 부르는 것은 바로 표기법이라는 개념이었다. 1545년에 슈티펠은 문자 M과 D를 각각 곱셈과 나눗셈에 사용했다. 1585년에 스테빈도 그렇게 했다.

$$\frac{3x^2 z^2}{y}$$

그들은 이것을 $3②D \ sec \ ①M \ ter \ ②$라고 썼다. 여기서 세크sec는 '두 번째 미지수', 테르ter는 '세 번째 미지수'를 뜻하는 표현이었다. M, D, 세크, 테르도 진정한 기호가 아닌 축약일 뿐이었고[2] 개념적인 혼돈을 일으켰다. 어떤 미지수가 첫 번째, 어떤 것이 두 번째, 어떤 것이 세 번째일까? 현대 표기법에는 이런 문제가 없다. 데카르트 덕분에 알파벳문자들이 이미 순서대로 자리를 차지했기 때문이다.

비에트는 A와 B의 곱을 'B 안의 A'라고 썼다. 20세기에 들어설 때까지도 어떤 저자들은 곱셈을 나타내는 데 M을 쓰고 있었다.[3] $3+\frac{1}{2}$을 $3\frac{1}{2}$이라고 쓰는 것처럼 오늘날까지도 병치에서 오는 애매함이 있다. 아마 이 때문에 너무 많은 학생들이 대분수로 계산할 때 그렇게 실수를 많이 하는 것 같다. 오트 레드가 소개한 100개가 넘는 기호와 표시들 중에서 여전히 쓰이는 것은 열 개가 채 안 된다. 그런데 어떤 사람이 만든 기호 중 여섯 개가 300년 넘게 살아남아 표준이 될 정도로 잘 만들어졌다면, 그 사람은 박수받을 만하다.

17세기까지 대부분의 수사적 수학 글쓰기가 기호를 사용한 글쓰기로 바뀌었다. 온갖 새로운 표기법이 소개되었다. 어떤 것은 유용하고, 어떤 것은 그렇지 않았으며, 어떤 것은 터무니없었고, 어떤 것은 너무 바보 같았다. 그래도 계속 발전했다. 에리곤은 1634년에 출판된 《수학 코스》 서문에 '나는 어떤 언어도 사용하지 않고 간략하고 쉽게 이해할 수 있도록 설명하는 새로운 방법을 발명했다'고 썼다. 그는 자신이 수학 표기의 완전한 체계를 소개했다고 여겼다. 그러나 그의 완전한 기호 체계 중 오늘날까지 쓰이는 것은 기하학의 기호 $\perp$(수직)과 $\angle$(각)뿐이다.

화이트헤드Alfred North Whitehead는 언젠가 '영국인에게 바다의 제국을, 프랑스인에게 땅의 제국을, 독일인에게 구름의 제국을 맡기라는 오래된 경구가 있다. 확실히 독일인들은 구름에서 $+$와 $-$를 가져왔다. 이 기호들이 만들어 낸 생각은 아주 중요해서, 인류의 행복이 바다나 땅에서 나왔을 리 없다'[4]고 썼다.

문자 'p'와 'm'이 '플러스'와 '마이너스'라는 단어 대신 쓰였는데, 널리 알려진 역사는 슈티펠 덕에 $+$와 $-$ 기호가 있다고 한다. 그러나 슈티펠이 그 기호들을 다른 데서 보았다는 증거도 있다. 그것들이 독일 창고에서 물품 목

록에 분필로 표준 무게의 초과나 미달을 표시하는 것으로 처음 등장했을지도 모른다는 설도 있다.[5]

이 기호들은 슈티펠의 《산술백과》(1544)에 처음 등장했다. 또 비드만의 책 《모든 거래의 현명하고 깔끔한 계산》(1489)에도 등장했다. 하지만 비드만의 $+$는 덧셈 연산이 아니었다. 오히려 '$+2$는 기대한 것보다 2가 더 많다'는 말에서처럼 '과잉'을 뜻했다. 그 뒤 한동안 덧셈 연산을 나타내기 위해 경쟁한 표시들이 있다. 사람들이 가장 선호한 것은 축약형 p 또는 p 위에 선을 그은 $\bar{p}$다. 이것은 연산을 수와 구별하기 위해 쓰였다. 타르탈리아는 덧셈을 나타내기 위해 그리스문자 φ(피)의 사용을 선호했다. 뺄셈을 위한 기호는 디오판토스 시대까지 거슬러 올라가는데, 위나 아래를 향하는 화살표 같아 보였다. 수평 방향의 라틴 십자가 $+$가 많이 쓰였고 데카르트도 《기하학》에서 가끔 철십자 $\maltese$를 썼다. 물론 새 활자를 새기지 않으려고, 가능한 한 가장 비슷한 기호를 찾기 위해 활자 수납장을 뒤져 본 인쇄업자가 첨가한 것일지도 모르지만 말이다. 16세기 말까지 뺄셈 기호의 형태는 다양했다. ÷(우리의 나누기 부호)에서 =(우리의 등호), 다른 전도유망한 실험 이후 마침내 나온 $\sim$에 이르기까지 말이다. 이것은 에리곤이 《수학 코스》에서 빼기를 나타내려고 쓴 기호다. 이 책은 '기호의 집합을 하나도 빠짐없이 소개하려는 거침없는 열정'으로 정평이 난 기조 수학책이었다.[6] 빼기를 나타내는 기호로는 오늘날에 쓰는 것 같은 수평선이 가장 단순한 것이었는데, 문장에서 줄표로도 쓰였기 때문에 혼란을 일으켰다. 빼기 기호는 18세기가 되기 전까지 표준화되지 못했다. 17세기 사본들은 종종 한 면에서도 여러 형태의 빼기 기호를 썼다.[7]

곱셈은 오트레드가 1631년에 $\times$를 소개한 뒤 몇 년 동안 고정된 기호가 없었다. 해리엇은 점을 썼고 데카르트는 병치로 표현했다. 우리는 여전히 세 가지 표기법을 다 쓴다. 누가 맨 처음 시작했는지는 분명하지 않다. 저자일까, 인쇄업자일까? 나중에 오트레드는 나눗셈을 나타내기 위해 콜론(:)을 썼다. 분수를 뜻하는 아랍 기호는 두 수를 나누는 선이었는데, 상황에 따라 $a-b$, a/b, $\frac{a}{b}$ 사이를 왔다 갔다 했다. 우리가 쓰는 $a \div b$는 오트레드의 콜론과 아랍의 분수를 뜻하는 선이 결합된 것이다.[8] 가장 합리적인 수학 표기법 중 일부를 만든 라이프니츠조차도 곱셈에 ⌣, 나눗셈에 ⌢을 썼다. 나는 이 기호들이 인기를 얻지 못했다는 게 아주 놀랍다. 이것들의 쌍대성은 나눗셈이 단순히 곱셈의 역이라는 것을 보여 주기 때문에 기발하다. 하지만 손으로 쓸 때가 문제였다. 서로 혼동될 수 있었기 때문이다.

오늘날 무한대를 뜻하는 기호 ∞는 로마인이 종종 1000처럼 아주 큰 수를 표시할 때 쓰던 것이다(그림 47, 48). 16세기 말까지 이 기호는 우습게도 레코드의 수평선과 크실란더의 수직선과 더불어 등호를 뜻하는 가장 좋은 기호가 되려고 경쟁했다. 불쌍한 기호 ∞는 1655년까지 이런저런 것들을 나타내면서 이리저리 굴러다니다가 월리스가 《무한 산술》에서 무한대를 나타내는 데 사용되었다. 그러나 1713년에 베르누이Jakob Bernoulli가 《추측술Ars Conjectandi》에서 쓸 때까지는 별 인기를 얻지 못했다.[9]

에리곤의 여섯 권짜리 교과서가 완성되어 출판될 1642년 무렵 대수에서는 기호가 아주 많이 사용되었다. 수학을 적는 새로운 형태를 모든 사람이 반기지는 않았다. 도가 지나쳐서, 말로 된 설명이 거의 없는 기하학 교재들이 출판되기도 했다. 에리곤이 그의 방법을 공표하고 나서 바로 1648년에 철학자 홉스Thomas Hobbes는 기하학에서 말로 된 증명이 기호를 쓴 증명으로 전환된 것을 불평했다.

기호는 형편없고 매력적이지 않다. 비록 설명에 필요한 뼈대가 있어도…… 글쓰기를 줄여도 말이다. 기호는 독자가 말로 쓰여 있을 때보다 더 빨리 이해하게 하지 않는다. 선과 도형이라는 개념은…… 구어나 심사숙고된 말에서 나와야 하기 때문이다. 따라서 정신의 이중 수고, 즉 기호를 기호인 말로 전환하는 수고와 그것들이 나타내는 생각에 집중하는 또 다른 수고가 있다. 게다가 어떤 고대인도 기하학을 기록한 설명이나 산술에 대한 책에서 기호를 쓰지 않았다는 것을 고려하기만 해도…… 내가 생각하기에 당신은 앞으로도 기호를 별로 좋아하지 않을 것이다.[10]

그리고 1837년에 드모르간은 이렇게 썼다.

의미 부여 없이 기호와 그 결합에 관한 법칙을 습득한다는 생각이 익숙해지자마자 학생들은 내가 '기호 계산법'이라고 부르는 것에 대한 생각을 갖는다. 이는 특정한 기호와 특정한 결합 법칙이 있는 '기호 대수학'으로, 과학이 아니라 기술이다. 그리고 그것이 나중에 과학의 문법을 제공할지도 모른다는 것을 제외하면 분명히 쓸모없는 기술이다. 기호 계산법에 익숙해진 사람은 자연스럽게 의미를 알려 달라고 요구할 것이다.[11]

기호의 대가,
라이프니츠

온건해 보이는 표기법의 변화가 관점의 급진적 변화를 암시할지도
모른다. 따라서 새로운 표기법은 모두 새로운 질문을 던질 것이다.

— 마주르Barry Mazur

라이프니츠는 '중키의 날씬한 체형에 갈색 머리와 작지만 진하고 꿰뚫어 보는 눈이 있는' 사람으로, 기호를 만들어 내는 데 천재적이었다.[1] 이점을 고려해서 적절한 기호를 만들고 수정했으며 형편없이 만든 기호가 수학의 설명을 불필요하고 복잡하게 만들지도 모른다고 어렴풋이 느낄 때마다 그것들을 던져 버렸다. 그는 봄벨리와 비에트를 공부했고, 17세기의 전환기에 다항식을 위한 기호가 도저히 대수학의 일반화로 이어질 수 없음을 예견했다. 어색한 기호들이 15, 16세기에 대수학의 진전을 어떻게 방해했는지도 알았다.

17세기 후반까지 수학 사본은 기호들로 불타올랐다. 오트레드, 에리곤,

데카르트, 뉴턴 때문이기도 했지만 주로 라이프니츠 덕분이었다. 교과서 집필자와 덜 알려진 수학자 들은 새로운 기호를 수백 가지나 만들어 냈다. 당시 기호 만들기가 유행했는데, 조만간 독창적인 생각을 궁지에 몰아넣을 예상치 못한 곤경에 처할 거라고는 생각하지 못했다.

우리가 본 것처럼 데카르트는 대부분의 기호를 빌려서 변형하고 개선해 나갔다. 오트레드는 잠재적인 기호를 수백 가지나 소개하면서 그것들의 장점에 대해서는 별로 생각하지 않았다. 어떤 것들은 분명히 문제가 있었지만, 그는 흔들림 없이 일관되게 기호를 계속 사용했다. 에리곤도 그랬다.

반면, 라이프니츠는 기호를 만들 때 명확한 글쓰기라는 자신의 의도를 가장 우선시했다. 그는 뛰어난 표기법이란 인간이 생각하는 모든 문제를 이해하기 위한 열쇠라고 확신했다. "진정한 방법은 아리아드네의 실을 가지고, 즉 어떤 지각할 수 있는 뚜렷한 수단을 가지고 우리를 발전시켜야 한다. 기하학의 선, 그리고 학습자를 위해 산술학에 규정된 연산 공식이 의식을 인도하듯 기호가 의식을 인도할 것이다."[2]

그리스신화에서 아리아드네는 크레타의 왕 미노스의 아름다운 딸이고, 테세우스는 미로 속 괴물 미노타우로스에게 제물로 바치기 위해 아테네에서 보낸 청년이었다. 아리아드네는 테세우스와 사랑에 빠졌고, 그에게 동굴에 들어가면서 풀라머 실뭉치를 준다. 그것은 미노타우로스를 죽인 다음 동굴에서 빠져나올 길을 알려 줄 실마리였다. 테세우스는 미노타우로스를 죽이는 데 성공하고 동굴을 빠져나온 뒤에 아리아드네를 낙소스 섬으로 데려가서 그녀를 버려두고 간다.

원래 '실뭉치'를 뜻한 (그리고 여전히 그런 뜻인) '실꾸리dew'라는 영어 단어는 오늘날 '실마리due'가 되었다. 라이프니츠는 수학의 실마리와 올바른 추론의 힘이 그 표기법의 특징이라는 생각을 전하기 위해 아리아드네의 실이라는 상징을 활용했다. 그의 미적분학 표기법은 그 주제의 기본적인 논리연산 과정에 완벽하게 맞아떨어졌다. 따라서 보통 학생들은 확실한 이해에 힘입어 이 표기법이라는 실을 따라 추론이라는 미궁을 통과해 빠져나올 수 있다.

라이프니츠는 기호의 개념적 힘뿐만 아니라 한계까지 이해했다. 그는 몇몇 기호를 수정하고, 거부하고, 그가 아는 모든 이와 교신하며 실험했다. 또한 당시 그의 지나친 결벽성을 동정한 수많은 선구적 수학자들과 의논하면서 여러 해를 보냈다. 그는 레코드의 등호를 좋아하지 않았기 때문에 등호를 위해 스테이플같이 보이는 기호 ⊓를 즐겨 썼다. 나는 이것이 양쪽을 잇는 다리를 암시하기 위해 쓰였다고 추측한다.

관례에 따라 우리는 오늘날 'y는 x의 함수'라고 말한다. 또한 f가 모든 x값 각각에 대해 유일한 수 y를 지정하는 규칙임을 나타내기 위해 $y=f(x)$라는 표기법을 쓴다. 라이프니츠는 1692년에 곡선에 대한 접선에 관해 쓰면서 더 제한적인 개념을 소개했다. 그에게 함수는 단순히 대수학과 해석학의 연산에서 만들어진 식이었다. 예를 들어, $ax+b\sqrt{a^2-x^2}$은 덧셈·뺄셈·곱셈·지수·제곱근 추출이라는 대수 연산에서 만들어졌기 때문에 함수로서 자격이 된다. 함수 개념은 많은 수정을 거치다가 1837년에 이르러 현재 수학에서 쓰는 디리클레의 뛰어난 정의로 정착되었다. 즉 '모든 x값에 대응하는 유일한 y값이 있으면, y는 x의 함수다'. 디리클레의 정의는 어떻게 그 대응이 이행되는지에 대한 모든 제약을 없앴다. 데카르트는 이렇게 자유로운 정의를 갖지 않았다. 그는 방정식을 곡선과 결합시켜야 했고, 따라서 공간의 점들이 시간에 따라 움직이는 것만큼이나 쉽게 한 변수가 어떻게 다른 변수에 따라 움직이는지를 조사해야 했다.

라이프니츠가 발명한 200개가 넘는 새로운 기호 중에 미적분학을 위한 것이 있다. 미적분학을 배운 사람은 누구나 'x에 대한 y의 도함수'를 위한 기호 $\frac{dy}{dx}$를 본 적이 있을 것이다(부록 1을 보라).

왜 $\frac{dy}{dx}$가 그렇게 좋은 기호인가? 정당화되지 않은 기호를 이용한 조작에 의문을 품지 않는다면 dx를 분수처럼 생각할 수 있다. 즉 양변에 dx를 곱해 $dx = xdx$를 얻을 수 있는 것이다. 얼마나 편리한가! 사실 이상한 작은 변수 dx와 dy는 합성된 형태로 대수학 법칙을 따른다.

라이프니츠의 미분 기호 dx, dy와 적분 기호 $\int$은 미적분학을 연구하던 다른 수학자들의 어떤 기호보다도 탁월했다. 이것들은 뉴턴이나 페르마의 기호보다 훨씬 더 쉽게 미적분학 세계에서 살아남았다. 식자공들은 한 행의 공간 배치를 망치는 $\frac{dy}{dx}$ 같은 기호를 위한 3단 활자체를 반대했다.[3] 마치 d의 윗부분이 부러져서 왼쪽으로 옮겨진 것처럼 또는 그 부러진 조각이 첨자 1인 것처럼 보이는 대안 dy이 거의 고착화될 뻔했다. 우리로선 다행스럽게도 이 기호는 받아들여지지 않았다.[4]

식자植字에 대한 고려가 기호 디자인에서 크게 작용했다. 라이프니츠는 여러 항에 대한 연산을 한꺼번에 수행해야 할 때는 괄선을 쓰는 흔한 관행을 따랐다. 괄선이 연산이 행해지는 항의 무리 위로 확장되었다. 이 또한 식자공들에게 문젯거리였다. 따라서 라이프니츠는 행간을 넓히지 않는 다른 방식을 발명했다. 식자공들을 기쁘게 하고 지면을 더 매력적으로 보이게 하면서 어떤 항들을 묶으려고 하는지를 나타내기 위해 괄호 한 쌍을 쓰는 방법을 도입한 것이다.

라이프니츠는 기호 개정의 성공을 확신하며 이렇게 자랑했다.

이 작업의 완수는 인간 의식의 마지막 노력일 것이고, 이로써 모든 사람이 행복해질 것이다. 왜냐하면 시력을 완벽하게 만드는 망원경처럼 지적 능력을 찬양할 수단을 가질 것이기 때문이다.[5]

마술사의
최후

뉴턴은 '그를 모르는 사람들에게는 어떤 기대도 불러일으키지 않을 만큼 힘 없는 모습을 한' 사람이었다. 그는 자신이 거인들의 어깨 위에 올라서 있다면서 비유적으로 그들에게 영광을 돌렸다.[1] "내가 더 멀리 봤다면, 그것은 내가 거인들의 어깨 위에 올라서 있기 때문이다." 이는 12세기에 프랑스 신플라톤주의 철학자 베르나르Bernard of Chartres가 자기 세대를 '거인들의 어깨에 걸터앉은 (보잘것없는) 난쟁이들'에 비유한 말이다. 베르나르는 우리가 시력이 더 좋고 키가 더 크기 때문이 아니라, '우리가 그들의 거대한 몸 위에 올라타고 있기' 때문에 선조들보다 더 많이, 더 멀리 본다고 지적했다.[2]

20세기 수학자이자 뉴턴 역사가인 턴불Herbert Turnbull은 젊은 뉴턴에 관해 재미난 이야기를 한다.

크롬웰Oliver Cromwell이 사망할 무렵, 폭풍우가 심하게 치던 그랜섬 근처 시골에서 기이한 방식으로 점프를 즐기는 소년이 있었다. 그는 바람을 등지고 점프했다. 물론 긴 점프였다. 그런 다음 바람이 부는 쪽을 보고 다시 점프했다. 이번에는 첫 점프만큼 길지 않았다. 그는 주의를 기울이며 그 거리를 쟀는데, 이것이 그가 바람의 힘을 확인하는 방법이었기 때문이다. 이 소년이 뉴턴이었다. 그는 훗날 행성을 궤도에서 움직이게 하는 힘을, 만약 그것이 힘이라면, 측정할 터였다.[3]

이때는 이미 완벽해진 망원경으로 세계의 바다를 탐험하고 있었다. 그러나 한편으로는 여전히 마녀를 교수형이나 화형에 처하고 있었다. 일상적으로 반역자와 범죄자를 광장에서 참수하고는 그들의 머리가 썩지 않도록 뜨거운 물에 살짝 담갔다가 분주한 거리를 따라 세워진 장대에 걸어 놓았다. 그리고 연금술이 화학이라는 새로운 과학을 마주한 과학자들 중 가장 총명한 이에게까지 뜨거운 관심사였다. 즉 뉴턴조차 열렬히 연금술 실험을 했다.

17, 18세기 수학자들은 수학적 엄밀함에 대한 그리스식 고전적 고집에서 적절히 자유로워졌다. 그리고 무한히 큰 것과 무한히 작은 것에 대한 자신의 직관과 조사를 통해 힘을 얻었다. 무한대에 관한 새로운 규칙과 표기법이 발전되어야 했다. 정의는 새로웠고, 방법은 엉성했으며, 논거는 중간중간 고리가 끊어진 채 느슨히 연결되어 있었다. 단치히의 글에 따르면, "직관이 그리스인의 엄밀성에 너무 오랫동안 갇혀 있었다. 이제 직관은 느슨하게 풀어졌고, 그것의 낭만적인 비행을 억제할 유클리드 같은 이는 없었다."[4]

무한대와 무한소라는 도구가 연속체의 직관적 이해와 함께 만들어지고 받아들여지고 있었으며 허수라는 단어가 등장했다. 대수학과 약삭빠른 기호의 사용은 수학에서 미적분학 혁명을 준비시켰고, 물리학은 과학으로 격

상했다. 그리고 (아인슈타인Albert Einstein의 말로는) 뉴턴이 '한 개인이 만들어 낼 수 있는 관념에서 가장 위대한 진보'를 가져왔다.[5]

영국의 수학 역사가 화이트사이드Derek Thomas Whiteside의 헌신적인 편집 덕분에 우리에게는 뉴턴의 논문이 거의 다 있다. 화이트사이드가 뉴턴의 논문을 연구하기 시작한 1958년만 해도 그것들은 엉망진창이었다. 케임브리지에서 17세기 수학사에 관한 박사 논문을 준비하는 대학원생이던 그는 대부분의 수학 역사가 확실하지 않고 건성으로 연구되었다고 느끼기 시작했다. 소문에 따르면, 그는 케임브리지 사서에게 뉴턴의 사본들 중 이용할 수 있는 것이 있는지 물어본 결과 여덟 상자를 받았다. 이를 여덟 권으로 편집하기까지는 23년이 걸렸다.

나는 가끔 제7권을 훑어보는데, 생쥐가 책에서 신비할 만큼 맛있는 것을 발견했는지 갉아 먹은 흔적이 있다.[6] 제7권 하나만도 평생 심사숙고하기에 충분한 정보로 가득 차 있기 때문에 한 번에 한 쪽만 본다.

뉴턴은 미지의 변수가 곡선 위에서 흘러 다니는 양이라고 생각했다. 그리고 그것을 '변량fluent'이라고 불렀는데, (흐름을 뜻하는) 라틴어 플럭서스fluxus에서 나온 이 개념은 지금 우리가 '종속변수'라고 부르는 x와 아주 가깝다. 그러나 변량은 시간에 따라 변하는 것으로 한정되었다.

다음은 1704년, 즉 뉴턴이 이 개념을 처음 사용하고 거의 40년이 지난 뒤에 이에 대해 어떻게 생각했는지를 보여 주는 글이다.

나는 여기서 수학적 양을 가능한 한 가장 작은 부분으로 된 것이 아니라 연속적인 운동에 따라 설명되는 것으로 여긴다. 선들은 설명되고, 설명에 따라 부분의 병치가 아닌 점들의 연속적 운동을 통해 생성된다. 즉 표면적은 선의 운동을 통해, 입체는 표면적의 운동을 통해, 각은 변의 회전을 통해, 시간은 연속적인 유량에 따라 생성된다. 다른 경우도 이와 마찬가지다. 이런 발생은 물리적 자연계에서 일어나고, 물체의 운동 속에서 매일 관찰된다.[7]

이 개념이 라이프니츠의 수학적 양과 얼마나 다른가! 라이프니츠에게 곡선은 정적으로 고정된 것으로, 그것의 방정식에 따라 형성되고 무한히 작은 변들을 갖는 무한 다각형으로 이뤄진다.[8] 하지만 뉴턴은 곡선을 동적인 것, 움직이는 입자의 자취라고 생각했다. 여기서 임의의 접선은 그 입자가 경로에 얽매이지 않는다면 날아갈 방향을 가리킨다. 그는 곡선을 수를 나타내는 '점들의 흐름'이라고 했다. 그러나 미적분학에서 이 흐름은 라이프니츠의 정적인 곡선과 같은 것에 해당했다.

시간이 변함에 따라 곡선 위의 수는 곡선을 따라 새로운 수로 흘러간다. 변수의 변화율은 '변수의 유율'이라는 어려운 말로, 점이 하나 찍힌 형태 $\dot{x}, \dot{y}, \dot{z}$(표준적 '유율' 표기법으로 아주 빨리 세상에 받아들여진, 주근깨 달린 문자)로 기호화되었다(자세한 내용은 부록 2를 보라). 신기하게도 더 높은 차수의 도함수는 문자 위의 여러 점으로 나타냈다. 따라서 $\overset{\cdots}{\overset{\cdots}{y}}$는 변량 y의 여덟 번째 유율을 의미했다. 이는 변량 y의 유율의 유율의…… (여덟 번째) 유율을 뜻했다. 마치 누군가가 $\overset{8}{y}$처럼 적는다는 생각을 떠올리기 전에 지수를 첨자로 나타내는 오래된 이야기를 다시 해야 하는 것과 같았다. 이에 대한 오늘날의 라이프니츠식 표기는 $d^8 y$로, 훨씬 더 만족스럽다. 8계도함수를 $ddddddddy$라고 써야 했다면 어떨지 상상해 보라. 라이프니츠 시대에는 이런 고계도함수가 그다지 필요 없었는데, 결국 더 복잡한 항들이 어쩔 수 없이 등장했을지도 모른다. 결국

$12dddddddxdddddyddddz$ 같은 악몽이 나오는 것이다. 다행히도 라이프니츠식 표기법에서는 $12d^8x \cdot d^5y \cdot d^5z$라고 쓴다.

더 큰 문제는 유율이 글의 맥락에서 제한적인 표기법 때문에 독립변수의 개념적 속성을 분명히 하도록 요구한다는 점이었다. 독립변수는 일반적으로 시간 변수 t였지만 반드시 그렇지는 않았다. x의 유율은 시간 변수에 대한 것으로 이해되었고, 따라서 실상 x의 속도였다. 라이프니츠의 표기법으로는 $\frac{dx}{dt}$였으며 뉴턴의 표기법으로는 $\dot{x}$였고, 현대적 언어로는 't에 대한 x의 도함수'다.

뉴턴에 따르면, 미적분학의 근본적 과업은 주어진 변량의 유율을 찾고 주어진 유율의 변량을 찾는 것이었다. 그러나 그는 일생을 통해 여러 접근법을 썼고 무한소의 옹호자이기도 했다.[9]

$y-x^2=0$을 예로 들 경우 x를 $x+\dot{x}o$로, y를 $y+\dot{y}o$로 대체할 수 있다(뉴턴이 x^n의 유율을 찾은 방법은 부록 2를 보라). o는 문자 'o'로, 아주아주 작지만 0은 아닌 수를 뜻했다. 사실 이 문자는, 그것이 무엇을 의미하든 뉴턴이 무한히 작은 수라고 부르는 것을 뜻한다. 이런 이해에 따라 방정식은 다음과 같이 된다.

$$y + \dot{y}o - (x + \dot{x}o)^2 = 0$$

그리고 다음과 같다.

$$y + \dot{y}o - x^2 - 2x\dot{x}o - \dot{x}^2o^2 = 0$$

$y-x^2=0$이기 때문에 마지막 식은 $\dot{y}o-2x\dot{x}o-\dot{x}^2o^2=0$이 된다. 뉴턴은 o는 작지만 0이 아니고, 따라서 o로 나누는 것은 완벽하게 유효하다고 주장했다. o로 나누면 마지막 식은 $\dot{y}o-2x\dot{x}-\dot{x}^2o=0$이 된다. 뉴턴은 이제 수상하

게 보일 수 있는 것을 주장한다. 즉 o는 무한히 작은 수를 뜻하기 때문에 o가 곱해진 항은 o가 곱해지지 않은 항과 비교할 때 분명히 유의미하지 않다. 따라서 그는 $\dot{x}^2 o$항을 없앨 수 있고, 그러면 마지막 식은 $\dot{y}-2x\dot{x}=0$이 된다고 했다.[10] o가 0이 아닐 때 o로 나누는 것은 괜찮고, 완벽하게 유효하다. 그러나 o가 0이 아니라 무한소라고 (그것이 무얼 뜻하건 간에) 주장하면, 아일랜드 코크 주에 있는 클로인의 영국 성공회 주교이자 철학자인 버클리George Berkeley에게는 중요한 질문들이 미해결 상태로 남게 된다.

> 정말로 그는 유한한 선들이 그것들에 비례한다는 것을 알자마자 유율을 마치 건물의 임시 발판처럼 옆으로 치우거나 없애 버렸다. 그러나 이 유한한 지수들은 유율의 도움으로 발견된다…… 그리고 홀연히 사라지는 똑같은 증가분은 무엇인가? 그것이 유한한 양도 아니고 무한히 작은 양도 아니지만, 그렇다고 해서 아무것도 아닌 것은 아니다. 이것들을 떠나가는 양量들의 유령이라고 부르면 안 되는가?[11]

뉴턴과 라이프니츠는 무한소라고 부를 어떤 것을 두 가지 방식으로 원했다. 이 어떤 것은 0이 아니기 때문에 그것으로 나눗셈을 할 수 있으면서도 아주 작아서 무시할 수 있는 일종의 0, 즉 '떠나가는 양들의 유령'이었다.

버클리가 보기에, 뉴턴의 미적분학은 연속성의 직관적인 개념을 따르는 데 실패했다. 그가 '또는 신앙심 없는 수학자에게 보내는 담론. 어떤 점에서 현대 해석학(미적분학)의 대상, 원칙, 추론이 종교적 신비와 믿음의 관점보다 더 확실하게 구별되거나 추론되는지를 조사하려고 함'이라는 부제를 글에 붙인 것만 봐도 그의 시각이 어땠는지를 알 수 있다.[12]

진짜 논쟁은 분수의 극한이라는 애매한 의미를 뉴턴이 정당화한 것과 관련 있었다. 즉 분자와 분모가 모두 0으로 수렴하는 분수의 극한은 무한과 연속성의 미묘한 차이와 어려움에 대한 제대로 된 이해를 무시했다. 뉴턴은 그 비율을 진정한 비율로 생각하지 않고, 오히려 오늘날과 같이 극한으로 생각하고 있었다. 버클리에게는 뉴턴이 0을 0으로 나누는 것처럼 보였고, 그것이 의미 없고 터무니없는 생각으로 여겨졌다.

버클리 주교의 불평은 정당했다. 하지만 오일러, 페르마, 뉴턴, 라이프니츠같이 좋은 직관이 있는 수학자들에게는 직관이 괜찮다. 위험은, 약간 무질서한 것이 증명된 정리의 상속자인 양 변장하고 미적분학의 정문으로 들어올 수 있다는 것이었다. 18세기 말에 이르자 논리의 문으로 몰래 들어온 모순을 고려하지 않은 채, 미적분학과 좌표 기하학의 실용적 응용이 인류의 삶과 실제 세상의 지식을 향상하면서 폭발적으로 증가하고 있었다. 미적분학의 발명은 건축학, 천문학, 대포, 목공, 지도학, 천체역학, 화학, 토목공학, 시계 디자인, 유체역학, 유체정역학, 자기학, 재료공학, 음악, 항해술, 광학, 기체역학, 조선술, 열역학을 발전시켰다(이 긴 목록도 모든 걸 망라하지는 않는다).

뉴턴이 사망한 1727년까지 안경과 신문은 쉽게 구해 쓸 수 있었다. 엄청난 정치적 변화가 유럽을 뒤덮었다. 유럽 중앙의 작은 영지들이 전쟁을 거치면서 합병되어 왕국을 이루기 시작한 반면, 이웃 나라들은 폴란드와 오스만 제국으로부터 많은 땅을 빼앗았다. 늑대들이 여전히 도시 외곽에서 자유롭게 어슬렁거렸는데, 밝게 빛나는 커피하우스와 화려한 풍경이 유럽 대도시뿐 아니라 대학 도시마다 즐비했다. 매일 오후에 신문을 팔았고, 밤에 사람들이 돌아다닐 수 있도록 거리에 불이 밝혀졌다. 사람들은 정치, 철학, 최근의 과학적 발견에 관해 토론했다. 유럽은 새로운 삶의 양상을 겪고 있었다.

커피하우스는 가십과 뉴스만 화제로 삼는 곳이 아니라, 학생과 교수 들이 책에 관해 이야기하고 시와 연극을 논하고 편지를 주고받거나 최근 과학 소식에 대해 들을 수 있는 곳이었다. 정기간행물을 출판하기 위한 기금과 연구 도구를 개발하고 값비싼 측정 기구를 살 돈을 갖고 과학 아카데미와 학회가 설립되었다.

뉴턴 사망 후 50년간 많은 일이 있었다. 디드로Denis Diderot는 열일곱 권으로 된 최초의 백과사전을 완성했고, 기번Edward Gibbon은 《로마제국 쇠망사The History of the Decline and Fall of the Roman Empire》를 써서 세상을 놀라게 했다. 루소Jean Jacques Rousseau는 《사회계약론Du Contrat Social》을 출판했고, 와트James Watt는 증기기관을 만들었으며, 모차르트Wolfgang Amadeus Mozart는 세레나데와 교향곡을 작곡했다. 바흐Johann Sebastian Bach는 사망하고, 베토벤Ludwig van Beethoven은 태어났다.

계몽주의 시대에 노예무역이 증가했고, 유럽 전역에서 식민지·무역·해상 장악력을 두고 여러 나라 간 전쟁이 이어졌지만 과학·예술·문학·실용적 발명은 폭발적 증가를 코앞에 두고 있었다. 중간계급은 정치뿐만 아니라 과학과 문학에 관한 정보를 갖게 되었고 생각하기 시작했다.

전 세계적 정보의 고속도로는 재앙과 지적인 유행과 과학 발명 소식을 퍼뜨리기에 알맞았다. 인류 문화의 움직임이 극적으로 복잡해지고 있었으며 위대한 발명을 낳았다. 그러나 대포와 화살은 말할 것도 없고 행성의 움직임도 본질적으로 미적분학에 따라 결정되는 것 같았다.[13] 과학의 희미한 지평선을 목격하는 시대였고, 교재를 쓰는 사람들은 대학생의 급격한 증가에 따라 수학을 표현할 새로운 방법을 찾고 있었다.

3부

기호의 힘

The Power of Symbols

호기심 많은 독자들은 기호의 갑작스럽고 폭발적인 사용과 오늘날 쓰는 기호의 형태를 향한 변형의 저변에 깔린 깊은 비밀을 알고 싶을 것이다. 거기에는, 우리에게는 당연하게 보여도 과거의 사색가가 도달하기에는 너무나 멀었던 특별한 순간이 있다.

마음속에서 만나는
기호

좋은 표기법은 두뇌의 불필요한 작업을 모두 줄임으로써 뇌를 자유
롭게 해 더 선진적인 문제에 집중할 수 있게 한다.

– 화이트헤드

15세기까지는 의지만 있다면 거의 누구나 수학에 관한 글의 요소를 이해할
수 있었다. 펜과 종이, 조용한 방, 신선한 산들바람이 부는 열린 창과 밤새
초가 타기에 충분한 기름, 심하게 마음을 쥐어짜는 노동만 있다면 자연스러
운 언어로 수학을 쓸 수도 있었다. 수학은 수학의 언어와 그 속에 숨어 있는
구성 요소와 논리를 분석하려고 하는 사람이라면 누구나 읽을 수 있었다.

《거울 나라의 앨리스Through the Looking Glass》에서 알 수 없는 말들Twas
bryllyg, and the slythy toves로 시작하는 시 〈재버워키Jabberwocky〉는 특별한 지식
이 없는 이에게 합리적인 언어가 어떻게 들릴지에 대한 이미지를 준다. 그것
은 주변의 소리를 이해하려고 애쓰는 어린아이에 가깝다. 앞에 제시한 글을

'Did gyre and gymble in ye wabe/All mimsy were ye borogoves;/ And ye mome raths outgrabe'와 연결해서 들어 보라. 그러면 아주 조금 더 합리적인 것이 나올지도 모른다. 우리가 이해하지 못하는 수학이나 다른 어떤 것을 처음 마주할 때 얻는 것이 바로 재버워키다.

18세기에 수학의 언어는 상당한 개인 교습 없이 읽기에는 너무 기호화되어 버렸다. 단순히 기호의 양이 많아졌기 때문이 아니다. 오히려 초심자가 새로운 내용을 이해하려고 애쓰는 동안 새로운 시각언어까지 배워야 했다는 게 문제였다. 그런 언어를 이해하려면 아주 특별한 전문 지식이나 고도의 집중력이 필요했다. 언어는 눈에 보이지만 의미는 숨겨져 있었다. 기호로 나타낸 문장에 꽉 들어찬 기호는 정보의 묶음을 제공했는데, 그 내용은 묶음을 풀 시간과 재능과 인내심이 있는 이들만 알 수 있었다.

우리는 뭔가 이해되지 않을 때 종종 "그건 나한테 그리스어야."라고 한다. 하지만 그리스어는 특별히 어려운 언어가 아니다. 그리스 아기들은 미국 아기들이 영어를 배우는 것만큼이나 쉽게 그리스어를 배운다. 그럼 왜 이해할 수 없다는 것을 나타내는 데 그리스어를 지목할까? 그리스어가 서양인들에게 익숙한 라틴문자가 아니라는 점이 가장 그럴듯한 답이다. 우리는 그리스문자가 낯설기 때문에 스스로 무지를 인정하게 된다.

수학기호는 우리가 이해하는 걸 도와주기 위해 만들어졌다. 수학을 읽으면서 무슨 일이 벌어지는지에 대해 어느 정도 그림으로 표현할 수 있도록 여러 가지를 쉽게 만들고 단순화하면서 우리가 수학적 설명을 따라가도록 돕는다. 그러나 우리의 이해 범위를 넘어서는 전문직의 기술 용어처럼 좌절감을 주는 그리스어가 되는 것은, 기호가 종종 그리스어이기 때문이기도 하다.

화이트헤드는 감히 우리에게 이렇게 말한다.

만약 누군가가 기호의 유용성을 의심한다면, 그 사람에게 기호를 전혀 쓰지 않고 대수학의 근본 법칙 중 일부를 나타내는 다음 방정식의 온전한 의미를 빠짐없이 써 보게 하라.

$$x + y = y + x$$
$$(x + y) + z = x + (y + z)$$
$$x \times y = y \times x$$
$$(x \times y) \times z = x \times (y \times z)$$
$$x \times (y + z) = (x \times y) + (x \times z)$$

…… 이 예는 우리가 기호 체계의 도움을 받아서, 눈을 통해 거의 기계적으로 추론할 수 있음을 보여 준다. 그렇지 않으면 두뇌의 더 높은 능력을 동원해야 할 것이다.[1]

홉스는 기호를 '설명에 필요한 뼈대'라고 부르기는 했어도, '독자들이 (기호화된 것을) 말로 쓰였을 때보다 더 빨리 이해하게 만들지는 않는다'고 썼다.[2]

왜냐하면 선과 도형의 개념이…… 사람이 말하거나 생각하는 단어에서 비롯해야 하기 때문이다. 따라서 의식의 이중적 수고가 있다. 하나는 기호를 또 다른 기호인 단어로 환원하는 수고이고, 다른 하나는 기호가 의미하는 생각에 주의를 기울이는 수고다.[3]

자연언어에서는 아주 주의 깊게 선택된 단어도 추론을 조작하는 힘이 있는 숨겨진 의미를 끌고 간다. 우리는 사전에서 단어를 배운다. 사전은 우리가 이미 알고 있는 단어를 통해 또는 우리가 찾아볼 수 있는 단어를 통해 의미를 알려 준다. 우리는 주로 서로 경합하는 의미들이 각 맥락에 얼마나 잘 맞는지 판단하면서 모호한 의미를 조정해 가며 단어를 배웠다(그리고 배운다). 의자와 스툴, 컵과 머그잔, 문과 입구의 차이가 뭔가?

수학기호들도 때때로 의미를 숨겼다. 하지만 순수한 사고를 위해 그랬다. 수학기호가 무엇을 나타내는지 문맥을 통해 배울 수는 있다. 우리는 수학기호의 의미를 대개 그 정의에서 배운다. '대개'라고 한 이유는 형식적 수학에서 경험의 익숙한 성질들과 연관되지 않은 정의를 모든 사람이 쉽게 파악하지는 못하기 때문이다. 워릭대학의 톨David Tall과 히브리대학의 비너Schlomo Vinner는 기념비적인 논문에서, 아직 결정되지 않은 정의定意의 많은 개념들이 공식적인 정의를 갖기 전에 이미 개인적 이미지의 인지 구조에 있는 마음속에 자리 잡는다고 지적한다.[4]

기호언어는 분명히 숨겨진 의미들을 활성화하는데, 이 의미들은 상상력이 풍부한 짧은 경험으로부터 잠재의식으로 들어간다. 그러나 가장 좋은 기호는, 의미를 정확하게 짚어 내면서도 의식이 모르는 것을 아는 것과 비교하고 전하고 창의적으로 연결하기 위해 문맥상 비슷한 패턴들의 정보 저장소를 재빨리 훑어 낼 수 있도록 하는 것이다.

수학은 내용을 정확하게 표현하기 위해 기호를 쓴다. 톰슨은 주목할 만한 고전《성장과 형태에 관하여On Growth and Form》에서 어떻게 우리가 무지개와 호스에서 나온 물이 만드는 포물선 모양의 차이를 말할 수 있는지를 물었다.[5] 이 둘은 똑같아 보일 수도 있고, 더 정확히 말하면 무지개의 모든 색깔을 갖고 있을지도 모르며 둘 다 물방울들로 만들어졌다. 당신은 일상적인 언어로 그것들이 부드럽게 휜 부채꼴과 비슷해 보인다고 말할 수도 있지만, 그 곡선들을 기호라는 렌즈로 보면 모양이 아주 다르다. 무지개 위에 있는 점의 좌표 (x, y)는 방정식 $y = \sqrt{a^2 - x^2}$을 만족시켜야 하는 반면, 물의 부채꼴

위에 있는 점의 좌표 (x, y)는 방정식 $y = ax^2 + bx + c$를 만족시켜야 한다. 여기서 a, b, c는 그 양 끝의 점 사이에서 곡선의 높이와 폭을 결정하는 고정된 수다. 하나는 반원이고, 다른 하나는 포물선이다. 매개변수 a, b, c를 아무리 바꿔도 두 곡선은 결코 똑같은 곡선으로 겹쳐지지 않는다.[6] 우리는 적절한 기호로 패턴, 대칭성, 유사성, 차이에 집중한다. 이들은 자연언어라는 렌즈로는 오히려 흐릿하게 보일 수도 있다.

방정식 $x^2 + y^2 = xy + 4$에서 xy라는 항만 없다면 간단한 방정식 $x^2 + y^2 = 4$를 통해 반지름이 2인 원이 나올 것이다. xy라는 항은 원을 어떻게 변화시킬까? 방정식을 단순하게 만드는 변환이 없다면 두 변수, x와 y는 분리되지 않고 뒤엉킨다. 그러나 원래 방정식에서 x와 y의 대칭성은 곡선의 기하학에 어떤 단서를 제공한다. x와 y를 서로 바꿔도 정확히 같은 방정식을 얻는다. 이는 오직 그 곡선이 $y = x$라는 직선에 관해 대칭적이라는 것을 의미한다. 실제로 축을 시계 방향으로 45도 돌리고 새로운 축을 s와 t라고 이름 붙이면, 그 방정식은 마술처럼 $3s^2 + t^2 = 8$이 된다. 이 새로운 형태에는 st항이 없고, s와 t는 곱셈으로 함께 얽혀 있지 않다. s와 t 좌표 방정식의 그래프를 그리면 $(0,0)$이 중심인 s축과 t축에 대칭인 타원이 된다.

방정식 $x^2 + y^2 = r^2$의 대칭적 형태가 원을 떠올리게 하는 것처럼, x와 y가 곱셈으로 붙어 있는 xy라는 항은 즉시 대뇌피질의 좌반구에 회전을 떠올리게 한다. 45도 회전은 xy라는 항을 사라지게 해, 서로 얽혀 있던 변수 x와 y를 풀어 준다.

방정식에서 대칭은 항상 그 방정식으로 묘사된 곡선의 기하학에서 어떤 종류의 대칭을 뜻한다. 방정식 $x^2 + y^2 = xy + 4$에 대해서도 마찬가지다. 이 식의 곡선은 수평선과 45도를 만드는 두 대각선에 대칭인 타원이다.

이 곡선이 타원이라는 사실을 재빨리 알아차릴 수 없을지도 모른다. 하지만 이 방정식은 우리에게 그것이 무엇이건 간에 직선 $y=x$에 대해 대칭성이 있어야 한다고 아주 빠르게 말한다. 왜냐하면 x를 y와 바꿔도 곡선을 바꿀 수 없기 때문이다. 변수들의 이름을 바꿀 수 있을 뿐이다.

대수학을 기하학과 연결하는 선은 끊어 버릴 수 없지만 거의 보이지 않는다. 이 선은 대수적 과정을 눈에 보이게 하고, 우리에게 패턴·연관성·유사성을 제공하며, 단어들로 가려진 우리 마음속에 묘한 만남을 가져다준다. 화이트헤드의 도전을 받아들여, 어떤 기호도 없이 말로만 방정식 $x^2+y^2=xy+4$의 전체 의미를 나타내 기하학을 이해하려고 해 보라. 할 수는 있겠지만, 아마 머리에 쥐가 날 것이다.

대칭성은 많은 형태를 취한다. 제곱이 4인 수의 제곱을 찾을 때, 우리는 일종의 자문자답을 하는 셈이다. 상징적으로, 이 질문은 대답이고 대답이 곧 질문이다. 왜냐하면 $(\sqrt{4})^2=4$이기 때문이다. 표면적으로 이 동어반복의 항등식은 새로운 정보를 요구하지 않는다. 그러나 기호를 이용해 모든 양수를 $(\sqrt{x})^2=x$로 일반화하면, 우리의 창의력은 다음과 같이 질문하도록 자극한다. 항등식 $(\sqrt[3]{x})^3=x$는 참인가? $(\sqrt[4]{x})^4=x$는 어떤가? 그리고 임의의 양수 n에 대해 $(\sqrt[n]{x})^n=x$는 어떤가?

재능 있는 사람들은 이를 통해 기호 $\sqrt[n]{x}$에 대한 새로운 이해로 도약할지도 모른다. x^n이 x 자체를 n번 곱하는 것을 나타낸다면, 그리고 양수 n과 m에 대해 $(x^n)^m=x^{n\times m}$이라면, 기호 $x^{\frac{1}{n}}$이 $\sqrt[n]{x}$, 'n제곱이 x인 수'를 나타내도록 하는 게 타당하지 않겠는가? 그것이 실제로 어떤 수라면 말이다. 이런 식으로 대수학은 우리가 이미 알고 있는 것을 확실하게 한다. 그러나 지수의 산술학을 포함하도록 그 자체를 확장한다. 따라서 우리는 다음을 알 수 있다.

$$(x^{\frac{1}{n}})^n = x^{\frac{1}{n} \times n} = x^1 = x$$

여기서 조금만 더 나아가면 n과 m이 양수일 때 $x^{\frac{m}{n}}$은 $(\sqrt[n]{x})^m$을 나타내야 한다는 것도 알 수 있다. 그리고 조금만 더 가면 n과 m을 모든 정수로 확장해 정의할 수 있다. 그리고 이를 통해 우리는, 기호와 정의가 더 강력한 일반화로 이끄는 안내자로서 어떻게 훌륭한 생각으로부터 그다음 생각을 만들어 내는지 보게 된다.

지수를 형성하고 거듭제곱근을 추출하는 이 훌륭한 기호를 이용한 형태는 지수의 산술학에 문법을 제공한다. 지수를 취하는 것과 거듭제곱근을 구하는 것은 서로 역산이다. 덧셈과 뺄셈도 역산이다. 어떤 수를 더한 다음 그 수를 다시 빼면 시작한 수로 돌아가기 때문이다. 곱셈과 나눗셈에 대해서도 마찬가지다. 일반적으로 수학 연산은 그 연산을 되돌리는 과정이 있다면 가장 유용하다. 역산은 방정식을 푸는 데 결정적이다. 예를 들어, 방정식 $x+2=4$를 풀기 위해 우리는 양변에서 2를 빼서 $x=2$를 얻는다. $x^2=4$를 풀려면 양변에 제곱근을 취해 $x=\pm 2$를 얻는다.

수는 손가락 열 개, 눈 두 개, 코 한 개를 세던 맨 처음에서부터 멀리 진보해 왔다. 수는 이제 우리가 보는 것이나 세는 데 필요한 것만 가리키지 않는다. 현대 수학은 상징적으로 나타나는 정의, 추론, 패턴에 관심이 있다. 정의는 수학적 규칙과 기호의 문법이 지켜지는 한 직관적 개념, 특히 물리적 개념과 일상적 언어와도 모순될 수 있다. 규칙과 문법은 눈에 보이는 자연의 바깥에 있는 논리적 세계로 가는 문을 열어 준다. 당신이 유리수 너머에 무엇이 있는지를 알기 시작할 때보다 이것이 더 자명한 경우는 없다. 순수한 수학적 언어만이 고도로 발전된 상징적 의미를 가는 데다 그 너머에 무엇이

놓여 있는지를 알 수 있다.

한때 그 제곱이 음수인 수가 있을 수 있다는 개념은 넘어설 수 없는 것을 넘어선 것 같았다. $\sqrt{-1}$ 같은 상상의 것이 도대체 무슨 쓸모가 있단 말인가? 올바른 기호로 된 문법을 통해 방정식 $x^2-2x-2=0$을 풀면, 그럴듯한 두 가지 해 $1+\sqrt{3}$과 $1-\sqrt{3}$을 얻게 된다. 그러나 이와 똑같은 기호를 이용한 문법으로 2차방정식 $x^2-2x+2=0$를 풀면 뭐가 나올까? 이상한 해 두 가지, 바로 $1+\sqrt{-1}$과 $1-\sqrt{-1}$이다. 이 중 아무거나 하나를 택하고 그것을 제곱한 뒤 그 자신의 두 배를 빼고 2를 더하면 결과는 0이다. 이 해들이 개별적으로는 소용없어 보일지 몰라도, 이것들을 더하면 2를 얻는다. 즉 이상한 항 $\sqrt{-1}$은 방정식에 대입하는 과정에서 사라져 버린다.[7]

만약 16세기 초에서 온 사람이 이 장을 읽고 있다면, $1+\sqrt{-1}$과 $1-\sqrt{-1}$을 더해 2를 얻는 것이 뭔가 수상쩍다고 생각할 것이다. 이 둘의 합은 $\sqrt{-1}-\sqrt{-1}=0$임을 암시한다. 이것은 참일까? 현대인들은 "당연하지. x가 뭐든 $x-x$는 0이어야지."라고 대답할 것이다. 분명히 산술의 일반적 규칙을 따르는 수에 대해서는 참이다. 그러나 지금까지 우리가 아는 것은 $\sqrt{-1}$이 2차방정식에 기호 대수학을 수행한 결과로 나온 어떤 것을 나타내는 기호일 뿐이라는 점이다. 우리가 $\sqrt{-1}$에 대해 아는 것은 '이것을 그 자신과 곱하면', 그것이 어떤 의미이든 간에 '음수 -1을 얻는다'는 분명한 성질이 있는 신비로운 무언가를 나타낸다는 사실뿐이다.

과거에서 온 사람은 (오늘날의 표기법으로) $x^2-2x+2=0$ 같은 2차방정식을 도출해 내는 실제 현상들이 있다고 보여 주는 증거가 없기 때문에 $1+\sqrt{-1}$과 $1-\sqrt{-1}$이 터무니없는 해라고 생각할지도 모른다. 만약 16세기 말엽에서 왔고 직교좌표계의 2차함수 그래프에 대해 뭔가 알고 있다면, 이 그래프는 포물선이며 가장 낮은 점은 x축 위쪽으로 단위길이 2만큼 올라간 점 $(0,2)$ 라고 말할 것이다. y의 값이 0이 되는 x는 존재하지 않는다.

그러나 직교좌표계를 걷어 내고 그 너머의 다른 것을 생각해 보라. 우리의 수 체계에 $a+b\sqrt{-1}$ 형태의 모든 수를 허락한다면 어떻게 되겠는가? 여기서 a와 b는 실수의 무리에 이미 받아들여진 임의의 수다. 우습다고 생각할지 몰라도, 이런 형태의 수는 그것이 무엇이건 간에 기호로서 우리의 일상적 수의 문법과 구문론 안에서 완벽하게 행동하며 일상적인 수의 모든 법칙을 따르는 것 같다. 그런 수 두 개를 더하고, 빼고, 곱하고, 나눠 보라. 그럼 $a+b\sqrt{-1}$ 형태의 다른 수를 얻는다. 일반적인 규칙이 다 적용된다고 믿고 그렇게 해 보라. 하지만 1, 2, 3… 같은 평범한 수 또는 이보다 약간 이상한 $3/4$, π, $\sqrt{2}$ 와 달리 $\sqrt{-1}$이 무엇을 나타내는지에 대해 뚜렷한 이미지를 갖지 못하는 이유가 뭘까?

당신은 $\sqrt{-1}$이 -1의 제곱근을 나타내는 기호라고 생각할 것이다. 그러나 이 수는 그런 목적으로 만들어진 게 아니라 방정식을 푸는 과정에서 대수적 조작의 결과로 나왔다. -1이 그 과정에서 우연히 제곱근 부호 아래 붙잡힌 것처럼 보일지도 모른다. 그러나 산술적인 속임수를 조금만 이용하면 실수인 a와 c에 대해 $a+\sqrt{-c}$ 형태의 임의의 수는 실수인 a와 b를 가지고 $a+b\sqrt{-1}$로 쓸 수 있다. 따라서 $\sqrt{-1}$은 실질적 중요성이 있는 특별한 기호임에 틀림없다. 우리는 이를 '상상의'를 뜻하는 단어imaginary에서 영감을 얻어 i로 나타낸다. 실수를 나타내는 b에 대해 bi로 표현된 형태는 '순허수'라고 하고, a와 b가 실수일 때 $a+bi$로 표현된 형태는 '복소수complex number'라고 한다. 실수와 허수의 복합이라는 뜻에서 복소수다(불행히도 '허수'와 '복소수'가 다 수학 언어로 확고하게 자리 잡았다. 불행히도 상상의 수도 아니고 복잡한 수도 아닌 수의 종류를 나타내는 이름이기 때문이다).

기호 i가 (비록 그저 '상상'이라는 단어의 축약일지라도) $\sqrt{-1}$ 보다 확실한 장점이 있다는 것이 놀라울지도 모른다. 수학을 읽을 때 $a+b\sqrt{-1}$과 $a+bi$의 차이는 코를 막고 달콤한 맛을 모르는 채로 딸기를 먹는 것과 숨을 쉬면서 딸기를 먹는 것의 차이와 같다.

왜 우리는 이것들을 수라고 부를까? 우리는 한때 손가락, 발가락, 양, 날짜, 돈, 눈, 코, 입처럼 뭔가를 세는 것이 수라고 생각했다. 다음 수는 어떤 측정값, 분수일 수도 있으며 심지어 무리수일 수도 있는 측정값이라고 생각했다. 그러나 복소수라는 것이 무엇을 세거나 측정하는가? 아마 복소수는 '수의 순서쌍'이라고 불러야 할 것이다. 하지만 이조차 흔히 수는 무엇이라고 느낄 수 있게 하지는 못할 것이다. 그것은 심지어 수의 순서쌍도 아니다. 왜냐하면 순서쌍의 두 번째 수에 뭔가가 들러붙어 있으니 말이다.[8]

우리는 직선 하나로 된 정수의 이미지가 있다. 각 정수들은 0으로부터 단위거리를 측정하는 것처럼, 양의 정수는 오른쪽으로 음의 정수는 왼쪽으로 자리를 잡았다. 절대 끝나지 않는 소수로 쓰이기도 하는 유리수와 실수에 대해서도 마찬가지다. 수의 그림이 마음속에 그려지기를 간절히 바라는 뭔가가 문명의 축적된 의식 속에 존재한다. 비록 그 그림이 흐릿할지라도 말이다. 그러나 복소수를 시각화하는 데는 더 창의적인 것이 필요하다(부록 4를 보라).

한때 수의 개념은 '열' 손가락처럼 단순한 형용사로 표현되었고, 그 후 오랜 세월을 거쳐 명사가 되었다. 즉 특정한 단위를 나타내는 명사와 상관없는 '열'로 말이다. 그러나 기호들이 수학의 언어에 물밀듯이 들어온 16세기 중반 이래 수의 정의는 존재하는 움직임이나 상태를 포함하도록 개념적으로 확장되었다. 따라서 우리는 이제 90도 회전하는 움직임을 나타내는 수, 즉 i 를 갖게 된 것이다.

카르다노의 3차방정식의 해에 대한 공식이 (후회스러운 이름이지만) 허수가 유용할지도 모른다는 생각을 가져온 그 옛날에, 아주 존경받는 수학자와 철학자들까지 복소수라는 이상한 것에 어리둥절해했다. 한편으로는 분명히 응용될 수 없는 수이기 때문이었다. 장미가 다른 이름으로 불려도 달콤한 향기가 나는 건 변함없듯이, $\sqrt{-1}$은 '허수'가 아닌 다른 어떤 이름으로 불려도 허수였다. 상상의 수이건 아니건 간에 불행한 이름이다.

음수는 $x+a=b$ 같은 방정식을, 허수는 $x^2+a=b$ 같은 방정식을 다루다가 나왔다. 따라서 그 방정식이 말이 되는지, 터무니없는지는 기호 a와 b의 관계와 음수의 제곱근의 정당성에 달려 있다. a가 b보다 클 때는 문제가 생긴다. 어떤 수 곱하기 그 수 자신은 음수가 되어 버리기 때문이다. 음수의 제곱근을 수 집합의 일원으로 인정하지 않는 한 이는 터무니없는 일이다. 이를 타당하게 만들려면 $x^2+a=b$ 형태의 모든 방정식의 해가 의미를 갖도록 수학의 근본적 질문, 즉 '수란 무엇인가?'를 다시 살펴봐야 한다. 우리는 a와 b가 유리수인 $\sqrt{b-a}$가 항상 의미를 갖기를 바란다.

아마 어떤 신비한 방식으로 이 터무니없는 기호 i가 우리의 상상보다 더 현실적인 타당성을 가질지도 모른다. 또한 이 이상하고 의미 없는 기호가 문제의 해답과 유효한 결과를 가져오는 데 어떤 식으로든 쓰일 수 있을지도 모른다.

화이트헤드가 한번은 이렇게 말했다.

적절하게 정의되지 않은 기호는 결코 기호가 아니다. 그것은 쉽게 인식되는 형태를 가진, 종이 위의 잉크 자국일 따름이다. 일련의 자국들로 증명할 수 있는 사실은 나쁜 펜이나 조심성 없는 작가가 존재한다는 것 말고는 아무것도 없다.[9]

일련의 쉬운 규칙을 따라야만 하는 실수들의 순서쌍 (x, y)일 뿐인 복소수 $x+iy$는 유체의 흐름, 열전도, 중력에 관한 문제 해결과 대부분의 수리물리학에 대단히 유용하다고 판명되었다. 복소수 순서쌍의 덧셈과 곱셈에 관한 규칙을 그림으로 나타내는 것은 놀랄 만큼 쉽고, 그런 연산의 의미도 놀랄 만큼 간단하다.

수학의 훌륭한 점들 중 하나는 최상의 수학기호에서 비롯한 진보가 시야를 넓힌다는 데 있다. 임의의 실수에 -1을 곱해 보자. 그러면 모든 양수는 음수가, 모든 음수는 양수가 된다. 실직선을 시각적으로 생각해 보면, 실직선 전체가 원래 보이는 모습에서 180도 회전된 셈이다. 그럼 오른쪽으로 가면서 커지던 수들이 왼쪽으로 가면서 커진다. 임의의 복소수에 i를 곱하는 것은 그 수에 해당하는 점을 2차원 평면에서 반시계 방향으로 90도 회전시키는 것과 같다.

3중쌍 (x, y, z)에 기초해 3차원 수 체계를 구성하려면, '영인자'(0이 아닌 수 중 그 곱이 0이 되는 수들)라는 지저분한 것을 포함하는 수 체계를 가질 수밖에 없다. 이는 방정식을 푸는 데 사용되던 일상적인 대수를 망쳐 버린다. 따라서 3차원 공간을 뛰어넘어 영인자가 없으면서 $a \cdot (b \cdot c) = (a \cdot b) \cdot c$라는 결합법칙을 따르는 수 체계를 형성할 수 있는 4차원으로 가자. 물론 교환법칙을 포기해야 한다는 대가가 따른다. 우리가 이제까지 만난 모든 수와 달리 $a \cdot b$는 $b \cdot a$와 같지 않다.

19세기 아일랜드의 수학자 해밀턴이 '4원수'라고 부른 수는 4차원의 새로운 수 체계에 속한다. 이 체계는 교환법칙을 제외한 모든 대수학의 법칙을 따르는 복소수와 곱셈 체계를 포함한다. 해밀턴은 더블린에서 부인과 산책하던 중에 이 개념을 생각했다. 그는 이렇게 썼다. "그때 나는 생각의 회로가 닫히는 것을 느꼈다. 그리고 거기에서 나온 불꽃은 i, j, k 사이의 근본적 방정식들이었으며 그 이후 줄곧 내가 사용하는 것과 정확히 같은 것이었다."[10](4원수에 대해 더 알고 싶다면 부록 5를 보라). 화이트헤드의 도전을 떠올리면서 어떤 기호도 없이 4원수의 근본 방정식이 가진 전체적인 의미를 적으려고 노력해 보라.

좋은 기호

기호 π는 1706년에 처음 등장했다. (우리 중 얼마나 많은 이가 들어 봤을지 의문인) 존스가 원의 지름에 대한 원주의 비를 나타내기 위해 그리스문자 π를 썼다.[1] 얼마나 단순한가! "그리스문자에서 온 이 유명한 손님은 독자에게 준비할 시간도 주지 않고 아무 예고 없이 수학사의 무대에 등장했다."[2] 그러나 그 뒤 오일러가 스털링Sterling과 나눈 편지에서 π를 사용할 때까지 30년 동안 이 기호는 다시 사용되지 않았다.

우리는 π가 신성한 기호가 아니라고 비난할 수 있다. 결국 '둘레 $\pi\epsilon\rho\iota\phi\acute{\epsilon}\rho\epsilon\iota\alpha$'라는 그리스어 단어의 첫 글자일 뿐이기 때문이다.[3] 사실이다. 하지만 i 같이 버거운 기호들로는 드러나지 않았을 생각을 불러일으킨다. "i은 무엇인가?" 같은 질문은 심사숙고하지 않고도 우리의 생각을 지나쳐 갈지 모른다. 순수수학은 이런 질문을 제기한다. 왜냐하면 순수수학은 그저 기호를 사용한 정의나 규칙과 연관되어 있을 뿐 아니라, 일상적인 언어가 무시할 수 있는 질문을 제기해 그 경계를 얼마나 멀리까지 넓힐 수 있는지와도 연관되어 있기 때문이다. 당신은 i^i이 말도 안 되고 아무것도 아니며, 복소수가 아닐 거라고 생각할지도 모른다. 놀라지 마시라. 이것은 실수로 밝혀졌다![4]

수는 우리가 처음 초원에서 양이 몇 마리인지를 세기 시작했을 때보다 훨씬 더 넓은 의미를 갖는 듯하다. 우리는 일상적인 수라는 집합체뿐만 아니라 수에 관한 연산 규칙을 따르는 개념적인 것들의 집합체를 포함하도록 생각을 넓혔다. 우리가 사용하는 많은 단어들처럼 수는 한때 내포하던 것보다 더 폭넓은 의미를 갖는다.

마흐는 놀라워했다.

> 허수라고 불리는 것에 대해 생각해 보라. 수학자들은 오랫동안 허수를 가지고 연산을 수행했고 그로부터 중요한 결과를 얻기도 했다. 수학자들이 완벽하게 확정적이면서 시각화할 수 있는 의미를 허수에 부여할 만한 위치에 서기 전부터 그랬다.[5]

현실 세계와 연관성을 유지하는 것은 수학자들의 일이 아니다. 그러나 세상은 결국 수학의 추상화와 일반화를 이해하고 그것들을 지구상의 존재와 관련된 어떤 것에 적용한다. 수학자들이 허수 지수를 쓰면서 거의 100년이 흐르는 동안 새로운 개념이 싹텄다. 한때 질색했던 $\sqrt{-1}$을 나타냈던 기호 i로부터 새로운 생각이 생겼다. 즉 그 크기와 방향, 회전이 그 기호 자체에 체화될 수 있었다. 마치 기호들이 자체적으로 지적 능력을 갖는 것 같다.

좋은 수학적 표기법은 무엇인가? 탁월한 질문이 대개 그렇듯 이에 대한 답은 그리 간단하지 않다. 기호가 무엇이건 간에 그것은 패턴을 드러내는 것, 일반화를 가리키는 것으로서 기능을 수행해야 한다. 분명히 기호는 고유의 지적 능력을 갖거나, 적어도 우리 자신의 지적 능력을 지원함으로써 우리 스스로 생각하도록 돕는다. 그것은 다가올 것들의 지표고, 새로운 생각의 신호이며, 헷갈리는 개념을 명확하게 하는 것이어야 한다. 그렇지 않다면 수사적인 것이나 속기에 따른 혼란에서 비롯한 정신적 피로를 극복하게 돕는 것이어야 한다. 또한 기호는 우리 자신의 지적 능력에 대한 안내자여야 한다. 마흐는 이렇게 썼다.

> 우리는 대수학을 할 때 가능한 한 그 형태에서 동일한 모든 수치 연산을 단 한 번만 수행해 개별적 경우를 위한 작업만 남겨지도록 한다. 수행되는 연산의 기호일 뿐인 부호를 대수학과 해석학에서 쓰는 것은, 우리가 가진 기계적인 연산을 모두 이용해 마음의 짐을 상당히 덜 수 있고 더 중요하고 어려운 일을 위해 힘을 아낄 수 있기 때문이다.
>
> 수학을 공부하는 학생들은 종종 과학이 연필의 형상으로 나타나 지적 능력에서 자신을 능가한다는 불편한 느낌을 떨쳐 버리기 힘들다고 느낀다(위대한 오일러도 종종 떨쳐 버릴 수 없었다고 고백했다).[6]

기호 하나가 모든 걸 이야기할 수 있다.

어느 순간 갑자기 x의 n제곱을 나타내는 데 x^n을 사용하지는 않았다. 봄벨리의 1.²에서 데카르트의 x^n이 나오는 데 반세기가 걸렸다. 우리에게는 당연한 생각처럼 보일지 몰라도 x를 여러 개 곱할 때 x의 개수를 기호로 붙인다는 생각은 위대한 진보다. 독자는 이제 x의 개수를 셀 필요가 없어졌다. 그런데 이런 행위가 독자의 사색을 잠시 멈추게 만들고, 매끄러운 독서를 방해하며, 생각의 지평을 넓힐 수 있는 연상과 유사성에 대한 폭넓은 통찰을 막았다. 정수 n과 m에 대해 $x^n x^m = x^{n+m}$과 $(x^n)^m = x^{nm}$이라는 규칙은 첨자를 붙인 기호 x^n에서 거의 바로 따라 나왔다. $x^n x^m = x^{n+m}$이라는 법칙을 분수까지 확장하면 $x^{\frac{1}{2}} x^{\frac{1}{2}} = x^1$이 성립하고, 이에 고무되어 $x^{\frac{1}{2}}$이 $\sqrt{x}$를 나타낸다는 생각이 나왔다.

n^x이 무엇일지에 관한 추가적인 고찰은 $y = 10^x$ 같은 식에서 주어진 y에 대해 x가 무엇인지를 묻게 했다. 이에 대한 답은 곱셈을 수행하는 데 덧셈을 이용하는 방식을 갖게 할 것이었다. 그러나 로그를 발명한 네이피어John Napier 는 수학자에게 아무 기호도 없던 오래전부터 이미 그 대답을 알고 있었다!

기호는 그것이 원래 갖고 있지 않던 의미를 획득한다. 그러나 한편으로 기호를 쓴 표현은, 그렇게 표현되는 사물을 너무 쉽게 잊어버리게 한다는 단점과 어떤 대상에도 대응하지 않는 기호들로 연산이 이어지게 한다는 단점이 있다.

마흐를 다시 인용해 보자.

> 수학자에게 기호를 쓴 계산 수단의 표현이 중요하듯이, 물리학자에게는 모형이나 눈으로 볼 수 있는 잠정적 가정이 중요하다. 기호, 모형, 가정은 그에 따라 표현되는 것과 나란히 간다. 그러나 유사성은 원래 기호를 채택하며 의도한 것보다 더 멀리 확장될 수 있다. 표현된 것과 표현하는 장치는 결국 다르기 때문에, 그중 하나에 숨겨져 있었을 것이 다른 것에서는 명백하게 나타난다.[7]

> …… 귀를 기울여라! 폭설이다!

보이지 않는 고릴라

해가 깨운 눈사태! 누구의 눈덩이가
폭풍에 세 번 뿌려져서, 거기 모였다
계속 펄펄, 천국을 무시하는 마음에
생각에 생각이 자꾸 쌓이듯, 어떤 위대한 진실이
낱낱이 흩어지고, 나라들이 계속 메아리치고,
그 뿌리까지 흔들릴 때까지, 이제 산이 그런 것처럼 말이다.

— 셸리Percy Bysshe Shelley, 〈해방된 프로메테우스Prometheus Unbound〉[1]

개구리는 움직이는 벌레를 쉽게 잡는다. 그러나 바도 앞에 앉아 있는 믿음직스럽게 통통한 파리는 괴롭히지 않는다. 파리는 잡아먹힐 걱정 없이 안전하게 개구리의 등으로 기어 올라갈 수 있다. 죽은 파리들을 접시에 담아 개구리 앞에 놓아 보라. 개구리는 정원의 장식용 돌처럼 가만히 앉아 있을 것이다. 불쌍한 개구리는 움직이지 않는 것을 공격하느니 차라리 굶어 죽을 것이다.

"개구리가 움직이는 먹잇감을 놓치기도 할까요?" 개구리가 정말로 보는 것에 관해 혁신적인 논문을 쓴 신경생물학자 레트빈Jerry Lettvin에게 내가 물어보았다.[2] "음, 개구리는 움직이는 게 시야에 머물러 있는 한, 그걸 기억할 겁니다. 한눈팔지 않지요."[3] 그의 답이다. 개구리는 움직임을 본다. 그리고 다른 방해되는 혼란이 시야에 없기 때문에 파리를 잘 잡을 수 있다. 인간은 배경이 하얀색이거나 단색일 때는 파리를 꽤 잘 잡는다. 하지만 파리가 어지러운 배경이 있는 곳으로 움직이는 순간 그 움직임을 놓친다.

기호는 우리가 순수한 의미를 심사숙고할 수 있는 백지의 배경을 제공해서 우리가 마치 개구리의 눈으로 보듯, 재료들을 구별하도록 도와준다. 핵심적인 것과 쓰고서 버릴 수 있는 것, 기본적인 것과 잡동사니를 구별하도록 말이다.

나는 방정식 $x^2 - ab = 0$을 보는 즉시 $x = \pm\sqrt{ab}$임을 안다. 그러나 비교되고 싶어 못 견디는 정사각형과 직사각형도 보게 될 것이다. 내 마음속에서는 "가로가 a, 세로가 b인 직사각형과 넓이가 같은 정사각형의 변은 뭐지?"라는 문제가 꿈틀댄다.

내가 아는 수학자는 모두 같은 경험을 할 것이다.

이는 마치 앞의 악보를 음악가나 악보를 읽을 줄 아는 사람의 눈앞에 갖다 놓는 것과 같다. 그 사람은 '단-단-단-장' 선율이 두 번 연주되는 것을 들을 것이고, 이 악보가 베토벤 교향곡 5번 C단조 작품 67의 도입부임을 알 것이다.

내 마음속에는 몇 가지 이미지들이 떠오른다. 어쩌면 직사각형을 정사각형으로 재구성할 방법으로 두 도형이 비교되는 기하학적 이미지일지도 모른다. a와 b가 특정한 값을 갖지 않기 때문에 이 문제는 오직 기호 조작의 문제일 수밖에 없다. 나는 학교에서 배운 대수학의 법칙을 따를 것이다. 즉 ab를 양변에 더하고 ab의 제곱근을 취해 $x = \pm\sqrt{ab}$를 얻는 것이다.

그러는 동안 아마 내 마음은 거의 동시에 지금까지 보던 $a = \cdots -3, -2, -1, 0, 1, 2, 3, 4, \sqrt{2}, \pi \cdots$ 등으로 b도 이와 마찬가지로 바꿔 가면서 지금까지 보던 모든 방정식과 연관성을 찾으면서 수백 가지 경우를 바삐 지나칠 것이다. 그런 특별한 경우들은 특정한 직사각형의 고정된 이미지를 줄 것이다. $a = 3$이고 $b = 12$일 때 곱셈을 하면, 나는 그 넓이가 36제곱단위이고 그 변이 6단위길이인 완전한 정사각형을 인식할 것이다. 그러나 $a = 3$이고 $b = 10$이라면 그 넓이가 30제곱단위인 정사각형을 찾을 텐데, 그런 정사각형의 변이 뭔지에 대해서는 당황해서 어찌할 바를 모를 것이다.

이때 내 머리는 두 번째 방식으로 돌입해야만 한다. 나는 제곱근을 추출한다는 말과 내가 축적한 모든 정보에 대해 생각해 봐야 한다. 만약 내가 최근에 그 계산을 해 보지 않았다면 30의 제곱근을 찾는 것은 어려운 문제다. 나는 그 값이 5.5보다 작고 5.2보다 크다는 것을 기억한다. 그러나 그것이 정확히 무엇인지는 별로 관심이 없고, $\sqrt{30}$이나 $\sqrt{2 \times 3 \times 5}$면 충분하다고 나 자신에게 말할 것이다.

19세기 초반에 독일 자연주의자 슈베르트Gotthilf von Schubert가 꿈에 관해 가장 영향력 있는 책을 썼고, 이 책이 프로이트Sigmund Freud와 융Carl Gustav Jung에게 영향을 끼쳤다고 평가받는다. 슈베르트는 우리가 말로 된 언어가 아닌 '꿈 시각 언어'와 '수준 높은 대수'로 꿈꾼다는 것을 관찰했다. 우리가 보는 그림은 전 세계 사람들의 신화와 풍습의 상징이다. 그러나 그림은 대개 조용하다. 말로 된 행위가 존재하는 몇몇 경우를 제외하면, 꿈꾸는 이가 말하는 소리는 듣는 이에게 웅얼거리는 왜곡된 소리로 나타난다. 심지어 악몽 속 외침도 꿈속에서는 조용하다. 그래서 꿈속에서 고통을 겪는 이는 아주 희미한 소리라도 내기 위해 분투한다.

1940년대에 미국 심리학자 홀Calvin Hall과 노드비Vernon Nordby는 꿈을 수집하기 시작했다. 그 뒤 30년간 이들이 전 세계 모든 연령대의 사람들로부터 5만 가지가 넘는 꿈을 수집했는데, 전 세계적으로 흩어져 있는 무작위 집단에 속한 사람들의 꿈이 다르기보다는 비슷하다는 점을 발견했다.

왜 전 세계의 그 많은 문화권에서 주제가 같은 꿈이 되풀이될까? 홀과 노드비는 이를 '전형적인 꿈'이라고 부르며 이렇게 말했다. "꿈꾸는 사람들이 거의 다 경험하는 이 전형적인 꿈은 이들이 공유하는 관심사, 선입견, 흥미를 나타낸다. 이 꿈들은 인류 의식의 보편상수를 구성한다고 말할 수 있다."[4]

왜 그럴까? 그럴듯한 대답은 그림 언어가 말로 된 언어보다 앞서고, 꿈은 집단 무의식의 일부라는 것이다. 이것이 융의 이론이다. 마음속 그림은 인간에게 생존을 위한 강력한 조어祖語를 주었다. 인간에게는 사냥개가 내는 것과 비슷하게 단순한 소리로 생각하고 의사소통하던 시기가 있다. 최초의 말로 된 언어는 아마 단일 모음으로 된 끙끙거림이나 요구하는 소리였을 것이다. 새가 삑삑 울어 댄다고 해서 **사고**하는 것은 아니다. 새는 무엇을 하는지에 대해 분명한 생각 없이 중앙신경계에서 오는 본능적 지각 작용의 지시를 받아 둥지를 만든다. 새는 행동 양식에 대한 종種 특유의 감각으로 일상적인 일을 수행한다.

우리가 시각적 의미를 알아차리는 능력은 오늘날 언어라고 부르는 의사소통 수단을 갖기 훨씬 전에 진화했다. 그래서 우리는 직관적인 인식에서 이미지가 말보다 더 핵심적이라고 예상하는 경향이 있다. 우리는 자기 자신과 소리 없이 혼자 수다를 떨 수 있고 대화할 수도 있지만, 우리가 보는 이미지들은 더 근원적이며 우리가 보는 것을 이해하는 데 꼭 말이 필요한 것은 아니다. 우리가 이미지를 말로 옮길 수 있지만, 이런 번역이 생각을 위해 꼭 필요하지는 않다.

이미지와 소리는 생각의 감각적 표현 중 볼 수 없는 것을 볼 수 있게 만들고, 들을 수 없는 것을 들을 수 있게 만든다. 감각적 생각이 쓸모 있으려면 어떤 이미지나 소리를 의식으로 불러오는 전환 코드가 있어야 한다. 이미지는 원시적이다. 그래서 단어나 수학기호가 발명된다. 숲속 산책은 모양이 제각각인 돌, 떨어진 가지, 졸졸 흐르는 개울가의 젖은 나뭇잎, 초록색 잔디, 나무 꼭대기 사이로 보이는 푸른 하늘처럼 아주 많은 이미지를 제공한다. 이것들은 말로 표현되지 않는다. 오히려 뇌 속 어디 있는지 아무도 모르는 생각 저장소에 이미지들이 저장된다. 이 이미지들은 실제로 일어난 일의 기억과 마음속 이미지의 비교와 결합을 통해 다른 경험들과 혼동되고 합성된다.

미국 철학자 랭어Suzanne Langer가 1967년에 유작이자 혁신적인 저작인 《마음: 인간 감정에 관한 에세이Mind: An Essay on Human Feeling》에서 제시했듯 수학에서 상징은 꿈, 신화, 의식, 시의 경험적인 감각에서 비롯한 상징과 구분된다는 것이 사실일지도 모른다. 그러나 우리가 단순하건 복잡하건 어떤 식을 읽는 순간, 전에 본 것과 다중적·비유적으로 연관되고 연상되는 것을 암시하는 언어적 묘사를 통해 마음속에 이미지들이 형성된다.[5] 사람의 지식은 이미지와 언어적 묘사를 대뇌에서 회상하는 것과 다르지 않다고 말할 수도 있다. 숲속 산책처럼 통합은 지나간 모든 수학 여정의 상징적 탐험에서 태어나며 추상화 과정에서 생겨난다. 다음은 랭어가 1954년에 쓴 글이다.

> (상징을 이해하는 힘은) 추상화의 무의식적·자발적 과정에서 생겨난다. 이는 인간의 의식 속에서 계속된다. 이것은 경험에 주어진 임의의 형상에서 개념을 인지하는 과정, 그리고 그에 따라 개념을 형성하는 과정이다.[6]

시각적 인지와 달리 말로 된 묘사는, 비영속성을 극복해 의미를 형성하고 장기간 기억 속에 안전하게 저장되게 하는 데 의식적인 도움이 조금 필요하다. 랭어의 글을 다시 보자.

> 관습적인 의미의 배치는 없고, 스쳐 가는 소리를 넘어 영원한 것도 없다. 그러나 짧은 순간의 연상은 불현듯 떠오른 이해였다. 그 지속적인 영향은 마치 의식의 발전에서 말의 첫 번째 영향과 마찬가지로, 어떤 것을 기억하기보다는 인지할 수 있게 만든다.[7]

우리가 무의식적으로 의지와 상관없이 하는 생각은 의식적인 생각과 상호작용함으로써 우리의 생각에 의미를 부여한다. 실제 세상에 대한 감각적 경험에 따라 무의식적으로 떠올라 설명할 수 없는 지각이 없었다면, 어떻게 그런 의미들이 생겨날 수 있겠는가? 기호와 단어가 우리의 생각과 관점을 형성하도록 도와주지만, 오직 기호만이 의사소통할 수 있는 복잡한 생각들을 응집력 있는 표현으로 만들 수 있다. 물론 단어도 같은 일을 할 수 있으며 생각과 개념을 설명하는 데 필요하다. 하지만 단어는 한 번에 한 가지 생각을 재빨리 다뤄야 하기 때문에 생각을 끝내는 데 필수적인 단어들의 맹습으로 혼돈의 틈새에 빠져들 수 있다. 비록 수학에서 기호가 단어의 설명에 따라 엄격하게 정의되지만, 이런 기호는 단어가 직접적으로 의도하지 않은 함축적인 생각을 불러일으킨다.

대수에 관한 한 시각적 개념은 물리적 세계의 유사성을 뛰어넘는다. 이것은 괜찮다. 앞에서 말했듯이 물리적 세계 또는 우리가 '현실'이라고 부르는 세계를 다루는 것은 수학이 하는 일이 아니기 때문이다. 기호의 일관성과 의미가 수학의 본질이다. 확실성과 상상력과 창의적인 과정도 그렇다. 가정과 경험을 뛰어넘는 믿음, 지식의 탐험도 그렇다. 그리고 복잡한 오늘날 수학을 해 나가는 데 마음속에서 기호로 상상하는 것보다 더 좋은 방식은 없다.

오늘날 수학적 표현은 온갖 형태로 나타난다. 어떤 것은 그것들이 나타내는 것을 닮았다는 점에서 상징적이다. 어떤 것은 정말로 상징적이고 어떤 것은 순전히 지표를 나타내기 위해 쓰인다. 그로슐츠Emily Grosholz는《수학과 과학의 표현과 생산적인 모호함Representation and Productive Ambiguity in Mathematics and the Sciences》에서 이렇게 주장했다. "우리가 어떤 표현을 마음대로 쓸 수 있는지 그리고 그것을 어떻게 결합시키는지에 따라 우리가 문제를 공식화해서 풀고, 항목을 파악해서 절차를 분명하게 설명하고, 논증에서 승거와 설넝을 세공힐 빙법이 걸정된다. 그리고 표현이 어떻게 이해되어야 하는지의 중요성과 의미는 틀림없이 특정한 문제 풀이의 전통에서 표현의 사용과 연관된다."[8]

최근 보스턴에서 열린 한 수학 학회에서 나는 수학과 동료 교수들의 인터뷰에서 기호 인식에 관한 작은 실험을 고안했다. 내 노트북 화면 중앙에는 제곱근과 몇 가지 제곱이 들어간 기호의 식이 있었다. 자세한 식은 중요하지 않다(인터뷰 원고는 부록 3을 보라). 각 인터뷰는 내가 노트북 화면을 가리키면서 질문하는 것으로 시작했다. "이 식을 보니 무슨 생각이 드나요?" 각 경우마다 긴 침묵이 흘렀고, 나는 실험 대상에게 정답도 오답도 없다고 말했다. 그러고 나서야 사람들이 대답하려고 했는데, 보통 방정식의 그래프와 관련된 기하학적 주장이었다. '타원과 관련 있을지도 모른다'는 답이 있고, '원뿔'이라는 답도 있다.

그러다 어느 순간 원래 식을 가리키는 화살표가 두 개 있는 명백한 힌트가 화면에 서서히 등장해 10초 동안 보인다. 실험 대상들은 그 식과 화살표가 사라질 때까지 화면을 보고 있었다.

내가 이런 식으로 아홉 명을 인터뷰했는데, 두 명을 빼고 모두가 질문을 문제에 있는 식의 그래프와 연결하려고 애썼다. 그러나 서서히 나타나 10초간 머물러 있다가 사라진 이상한 식을 보고 실험 대상 중 두 사람은 같은 생각을 했다.[9] 그들의 답은 정확하게 힌트가 보여 준 것, 즉 일반적인 2차방정식의 해였다. 두 사람 중 누구도 화면에 서서히 등장했다 사라진 방정식을 알아봤다고 하지는 않았다. 나는 마지막에 각 실험자에게 내 질문에 대해 심사숙고하는 동안 화면에서 뭔가 이상한 것을 봤는지 물었다. 그들의 눈이 휘둥그레졌다. 예외적인 두 명을 포함해 모두가 한결같이 서서히 나타났다가 사라지는 걸 못 봤다고 주장했다.

그 식이 내 노트북에 기호 대신 말로 나타났다면 어떤 일이 벌어졌을까? 누구나 불가피하게 그 말을 기호로 번역했을 것이다. 그러나 만약 우리가 말로만 표현된 2차방정식의 근을 알고 있던 세계, (저 멀리 7세기까지 거슬러 올라가야 하는 브라마굽타 시대는 아니더라도) 카르다노가 살던 16세기 중반의 수학 세계에 살아서 내 식에서 나온 힌트를 말로 설명했다면 사람들이 그렇게 빨리 연상할 수 있었을까?

　내가 질문한 방식은 지난 20세기 중반에 사회과학 실험들이 어떻게 수행되었는지를 떠올리게 한다. 당시 대답을 측정하기 위해 준비된 장치는 별로 없었다. 내 표본 크기는 너무 작고, 대답의 빈도를 셀 실질적인 방법은 없었다. 또한 표본 크기가 훨씬 더 컸다고 해도 실험은 어떻게 최근의 연상 작용이 뇌의 즉각적인 반응에 얽매이는지에 대한 현대적 개념 두 가지를 고려했어야 할 것이다. 이제는 우리 모두가 '점화 효과'와 '닻내림 효과'의 영향이 크다는 것을 안다. 잘 연구된 이 두 가지 강력한 잠재의식은 우리의 인지 추론을 조작할 수 있다.

　점화 효과는 우리의 행동과 감정이 최근 사건의 경험으로부터 영향받는다는 것이다. 예를 들어, 당신이 'S__P'라는 빈칸 채우기 질문을 받았다고 해 보자. 막 손을 씻었다면 '비누SOAP'라고 답할 가능성이 크고, 저녁을 먹으려고 막 자리에 앉았다면 '수프SOUP'라고 답할 가능성이 클 것이다. 또 부끄러운 행동을 생각해 보라고 요청받았다면 '비누'라고 쓸 거라는 프로이트식 상징적 연결도 있다. 비누는 더럽혀진 영혼을 위한 세정제라는 의미에서 프로이트식이다.[10]

　닻내림 효과는 다르다. 그것은 우리의 의견을 즉각적 편견에 고정하려는 경향이 있으며 연관된 생각들이 작은 범주에 우리를 무의식적으로 가둬 놓는다. 1974년에 트버스키Amos Tversky와 카너먼Daniel Kahneman은 사람들이 유엔 회원국이 된 아프리카 나라들의 백분율을 추측하게 하는 실험을 했다. 0부터 100까지 수가 적힌 원판이 돌아가다가 어떤 수를 가리키는 자리에서 멈춘다. 예를 들어, X에서 멈췄다고 해 보자. 실험 대상자들은 X가 질문의 정답보다 높은지 또는 낮은지를 먼저 알아낸 뒤에, 그 수를 위로 올리거나 아래로 내려서 그 값을 추정해야 했다. 그 결과가 기이했다. 원판에서 10을 가리키는 것을 본 사람들은 비율의 추정치 중간값이 25였고, 원판에서 65를 가리키는 것을 본 사람들의 추정치 중간값은 45였다. 정답은 30이다. 회전판이 1974년 유엔 회원국의 수와 무슨 관계가 있겠는가?

"……을 볼 때 어떤 생각이 드나요?" 같은 질문을 시험 삼아 할 때, 우리는 닻내림 효과와 점화 효과가 즉각적인 연상에 따라 대답이 한쪽으로 치우치는 데 중요하게 작용한다는 것을 이해해야 한다. 어떤 생각에 막 노출된 대상은 그 생각에 얽매이게 될지도 모른다. 그러나 나는 수학기호를 읽는 데 점화와 닻내림은 어떤 관심을 받으려고 경쟁하는 연상들의 집중 세례에서 우리를 건설적으로 인도하기 위해 함께 작동해 긍정적인 새 결과들을 가져올 수 있다고 믿는다. 닻내림은 우리를 바로 직전의 생각에 얽매이게 할지 몰라도 수학을 읽을 때는 긍정적인 것이 될 수 있다.

인지심리학자 스타노비치Keith Stanovich와 웨스트Richard West는 우리가 두 단계로 생각한다고 말한다. 그들은 실험에 대해 편견을 갖지 않도록 하기 위해 그것들을 '시스템 1'과 '시스템 2'라고 했다.[11] 여기서는 '자동 모드'와 '집중 모드'라고 부르겠다. 자동 모드는 의식적인 통제의 노력이나 감각이 필요하지 않는 반면, 집중 모드는 생각의 목적에 집중하기 위해 통제의 노력이 필요함을 뜻한다. 우리는 음악을 들으면서도 2+2가 무엇인지 묻는 아이와 이야기하며 텅 빈 고속도로를 따라 자동차를 운전할 수 있다. 이것은 힘든 일이 아니다. 우리는 독서할 때 집중 모드와 자동 모드를 다 쓴다. 수학책을 볼 때도 그 책이 얼마나 이해하기 쉬운지와 상관없이 두 모드를 다 쓴다. 집중 모드가 자동 모드에 영향을 미칠 수 있다는 점에서 우리는 둘 다 쓴다. 어떻게 그럴까?

차브리스Christopher Chabris와 사이먼스Daniel Simons의 '보이지 않는 고릴라' 실험은 어떻게 집중 모드가 자동 모드에 개입할 수 있는지를 보여 주었다.[12] '무주의 맹시'에 관한 실험, 즉 어떤 일에 주의를 집중하고 있을 때 예상치 못한 대상의 등장을 인식하지 못하는 현상에 대한 실험은 새로운 게 아니다.[13] 최근의 실험은 1950년대와 1960년대에 진행된 청각에 관한 연구와 비슷한 시각에 관한 연구다. 그런데 차브리스와 사이먼스의 '보이지 않는 고릴라 실험'은 놀랍다. 그들은 학생들을 두 팀으로 나누어 농구공을 패스하는 1분짜리 영화를 만들었다. 한 팀은 흰 셔츠, 다른 팀은 검은 셔츠 차림이었다. 실험 대상자들은 검은 옷을 입은 선수들이 패스하는 건 무시하고 흰 셔츠를 입은 선수들이 패스한 것만 조용히 세라고 요청받았다. 영화가 끝나고 실험 대상자들은 학생들이 얼마나 많은 패스를 했는지 보고했다. 영화의 중간쯤에 고릴라로 분장한 여학생이 경기장을 가로질러 걸어 들어와 카메라 바로 앞에 멈춰 서서 가슴을 쾅쾅 치고는 나갔다. 실험 대상자들은 일련의 질문에 대답했다.

질문: 수를 세는 동안에 이상한 점이 있었나요?

대답: 아니오

질문: 선수들 말고 다른 것을 봤나요?

대답: 음, 엘리베이터가 있었고, 벽에 S자가 그려져 있었어요. S가 뭘 뜻하는지는 모르겠어요.

질문: 선수 말고 누군가가 있다는 걸 알아차렸나요?

대답: 아니오

질문: 고릴라를 봤나요?

대답: 뭐라고요?[14]

절반 정도의 실험 대상자들은 고릴라를 알아차리지 못했다! 코트 한가운데를 곧장 가로질러 걸어온 고릴라를 말이다! 고릴라는 그들이 해야 할 일과 상관없었다. 학생들은 고릴라에 주의를 기울이지 않았고, 그들의 눈에 보이지도 않았다.

이 실험은 우리가 수학을 하고 있을 때 의식이 어떻게 작용하는지를 말해 주려고 수행된 게 아니다. 오히려 우리가 시각적인 대상에 집중해야 하는 동안 예상치 않은 것을 놓칠 수도 있음을 보여 준다. 하지만 제한적 의미에서 수학에 적용되기도 한다. 많은 수학자들이 어떤 문제에 대해 깊이 생각하고 있을 때 방에 살아 있는 고릴라가 있어도 알아채지 못할 것이다. 아내가 나한테 뭔가를 말했는데, 나는 들은 것이 없다고 얼마나 여러 번 부인했던가? 고릴라가 방 안에 있어도 나는 몰랐을 것이다. 그러나 내가 연구하는 문제를 가로질러 걸어온다면 자신이 거기 있다고 내게 알리기 위해 가슴을 탕탕 칠 필요는 없을 것이다.

보이지 않는 고릴라 실험은 시야에 나타난 예상치 않은 대상의 무주의 맹시에만 적용된다. 수학 문제에서 고릴라들은 어떤가? 내가 미국 수학회와 수학연합회 합동 모임에서 수행한 실험으로 돌아가 보자. 두 사람은 전에 본 뭔가를 상기시키는 어떤 것을 보았다. 아홉 명 모두가 잠재의식 속에서 같은 힌트를 목격해야만 했을 때, 무엇이 두 실험 대상자가 대수적인 것을 보게 하고 일곱 명의 대상자는 기하학적 연관을 찾게 했을까? 아마 푸앵카레Jules Henri Poincaré가 말했듯이 그것은 단순히 수학을 담당하는 두뇌의 유형 문제일지도 모른다. 그는 이렇게 썼다.

우리 학생들 중에서…… 어떤 이는 문제를 '해석학으로', 다른 이는 '기하학으로' 다루는 걸 좋아한다. 전자의 학생들은 '공간 속에서 보는' 능력이 없고, 후자의 학생은 긴 계산에 빨리 지치고 어찌할 바를 모르게 된다.[15]

어떤 이는 즉시 기하학적인 몽상에, 다른 이는 해석학적인 몽상에 의지하는 이유는 여러 가지가 있다. 물론 수학적 증명, 기술, 계산을 창의적으로 이해하는 재능과 직관의 심리적이고 신경정신적인 면을 이해하려고 하는 연구가 많았다. 20세기 초반의 아다마르Jacques Hadamard와 푸앵카레, 20세기에 두빈스키David Dubinsky와 폴랴George Polya, 21세기에 레이코프Goerge Lakoff, 기어리David Geary, 데하네Stanislas Dehaene, 톨 외에도 많은 사람들이 있다.[16] 하지만 동일한 기호적 서술과 반대되는 수사적 서술을 읽을 때 어떤 생각을 하는지에 대한 답을 찾으려는 인지신경과학 실험은 지금 민감한 시작 단계에 있다. 나는 두뇌에서 수학적 사고를 담당하는 정확한 골상학적 위치 또는 수학적 사고의 위치를 알아내는 두뇌의 신경정신학적 고속도로의 GPS 같은 것에 대해 이야기하는 게 아니다. 내 질문은 대답하기에 아주 어렵지 않아야 하는데도 어려운 것 같고, 실험적인 심리학자들에게는 그리 흥미롭지 않을지도 모른다. 수학적 인지 실험이 정말 어려운 것은 인간이 서로 아주 많이 다르고 상상력이 풍부한 사고방식이 있어서 확실하고 흥미롭게 분석하지 못한다는 점이다. 우리 모두는 아주 정교한 두뇌로 다양한 사고방식을 통해 각자 조금씩 다르게 생각함으로써 인간이라는 귀중함에 기여한다.

흥미롭게도 데하네의 실험실인 파리 원자력청CEA의 인지 뇌 영상 부서에서 이에 가장 근접한 연구가 진행되었다. 데하네와 학생들은 두뇌 활동에서 수에 대한 생각과 언어에 대한 생각의 차이를 연구하기 위해, 뇌 활동이 전류를 형성한다는 생각에 착안해 뇌파 전위 기록술을 활용했다. 그들은 인도숫자와 수 단어들을 컴퓨터 화면에 깜박이게 하고, 뇌가 4가 5보다 더 작은지를 결정하는 데 걸리는 시간도 1000분의 1초의 정확도로 알아냈다. 놀라운 결과들이 나왔다.

그들은 지원자들에게 5보다 작은 수를 나타낼 때는 왼손으로 어떤 키를 누르고, 5보다 큰 수를 나타낼 때는 오른손으로 다른 키를 누르라고 했다. 뇌 활동으로 생성된 두피 전압의 미묘한 변화가 64개의 두피 전극으로부터 1000분의 1초 단위로 기록되었다.[17] 처음 0.1초 동안 전기 퍼텐셜은 0에 가깝게 기록되었다. 그리고 양의 퍼텐셜이 머리 뒤쪽에 나타나면서 후두엽의 시각 영역이 활성화되었음을 암시했다. 데하네는 눈으로 확인하던 단계에서는 인도숫자와 영어 단어로 된 수 사이에 눈에 띌 만한 차이가 없다는 것을 발견했다. 그러나 갑자기 '4' 같은 숫자는 좌뇌와 우뇌에서 동시에 퍼텐셜을 만든 반면, '넷' 같은 단어는 좌뇌에서만 음의 퍼텐셜을 생성하기 시작했다.

어떤 수가 5보다 큰지 작은지를 머릿속에서 결정하는 것, 즉 수를 인지해서 키를 누르는 운동 반응은 평균적으로 1/2초보다 짧은 시간이 걸린다. 그렇다면 이 과정에서 무슨 일이 벌어지는가? 짐작건대 약 150/1000초쯤에 어떤 의미를 부여하지 않은 채 숫자 기호의 모양을 인식하면서 시각피질의 다양한 영역들이 활성화된다. 그리고 숫자가 처음으로 부호화된다고 가정되는 약 190/1000초에 5에 가까운 숫자들과 5에서 멀리 떨어진 숫자들 간에 전기 퍼텐셜 크기에서 차이가 발견되었다. 아마 5에서 멀리 떨어진 숫자들이 5보다 큰지 또는 작은지가 더 쉽게 구분되기 때문인 것 같다.

여기서 첫 번째 놀라운 사실이 나온다. 수 단어들은 좌뇌에서만 음의 퍼텐셜을 생성하고 숫자는 양쪽 뇌 모두에서 전류를 생성했어도, 수 단어와 숫자의 전기 퍼텐셜 크기는 비슷했다. 다시 말해, (언어와 수학 연산을 담당하는) 하위 두정엽은 표기법에 상관없이 수의 추상적인 크기를 인식하는 것 같다.

두 번째 놀라운 사실은 수 비교가 끝나고 대답이 준비된 직후인 첫 운동 반응의 아주 짧은 순간, 즉 숫자나 수 단어가 화면에 나타난 시간으로부터 약 250/1000초부터 330/1000초 사이에 오른쪽과 왼쪽 전운동 영역과 운동 영역 사이에 전압 차이가 나타난다. 실험 대상이 오른손 대답을 준비할 때 좌뇌의 뇌파는 음의 퍼텐셜을 나타냈고, 왼손 대답을 준비할 때는 우뇌에서 음의 퍼텐셜을 만들어 냈다. 이는 마음이 숫자나 수 단어의 모양을 인식하고 그 양적인 내용을 풀어내는 데 1/4초에서 1/3초가 걸린다는 것을 암시한다.

그다음 세 번째 놀라운 사실은 평균적으로 손가락 근육이 수축해서 실제로 키를 누르는 데 또 50/1000초가 걸렸다는 것이다. 어떤 수가 5보다 큰지 작은지를 결정하는 단순한 일을 하는데도 사람은 실수를 한다. 이럴 때 (행동을 통제하고 원하지 않는 행동 양상을 금지하는 것과 관련된 영역인) 전두엽에서 실수를 바로잡으려는 정신적 시도를 암시하는 즉각적이고 강력한 음의 퍼텐셜이 발생한다. 이 현상은 잘못된 키를 누르고 70/1000초도 되지 않는 엄청나게 빠른 속도로 일어나는데, 의도하지 않은 답에 대한 반응이 정신역학적 반응임을 보여 주는 것이라서 놀랍다.

데하네의 실험에서 두개골은 전기 퍼텐셜을 분산하는 경향이 있기 때문에 정확한 뇌 활동의 위치를 제대로 알아내기 힘들었다. 전기 활동이 일어나는 특정 영역을 정확히 짚기 위해 대뇌피질에 직접 전극을 심는 것 같은 외과적인 방법이 필요했을 것이다. 1994년 예일대학의 앨리슨Truett Allison과 매카시Gregory McCarthy가 두개골 내 전극을 조사했고, 그 결과 뇌의 시각 처리 영역에 이웃한 두 지점을 정확히 찾아냈다. 첫 번째 지점은 언어에만, 두 번째는 인도숫자에만, 세 번째 지점은 얼굴에만 반응했다.[18]

데하네, 앨리슨, 매카시는 두뇌가 어떤 골상학적 방식으로 작용한다고 말하는 게 아니다. 그들은 가장 단순한 기능도 폭넓으면서 뚜렷하게 다른 두뇌 지형을 활성화한다는 것을 안다. 또한 두뇌의 어느 한 부분도 스스로 생각할 수 없다는 것을 안다. 두뇌의 어느 한 부분만으로는 아주 단순한 사고도 수행하지 못한다. 하지만 단어를 읽거나 계산하는 전문적인 두뇌 활동의 짧은 순간 동안에는 전기 활동이 집중적으로 일어나는 것 같다. 데하네는 뇌를 '멍청한 요원들의 이질적인 집단'이라고 생각한다. "각각은 혼자서 많은 걸 해낼 수가 없지만 문제를 서로 분담해 함께 해결할 수 있다."[19]

단어로 된 문구를 읽는 것과 기호로 나타낸 수학 문구를 읽는 것에는 당연히 차이가 있다. 예를 들어, '삼과 이의 차이 더하기 사에 일을 더하기'라는 문구는 $((3-2)+4)+1$ 이라는 식과 다르게 읽힌다. 차이에 대한 질문은 데하네가 제기한 두 가지 상충되는 질문으로 나뉜다.[20] 즉 수학 식에 대한 우리의 이해는 언어 구조를 처리하는 우리의 능력에서 왔는가? 또는 언어와 별개로 일련의 수학기호를 분석하기 위한 시각적 체계에 의존하는가?

이에 대한 답은 수학이 주로 시공간적인가 아니면 주로 언어적인가 하는 것으로 좁혀진다. 간단한 기호 대수학 문제를 이해할 능력이 남아 있는 심각한 실어증 환자나 치매 환자들 안에서도 차이가 있는 듯하다.[21] 뇌의 언어 영역 외부에 병변이 있는 환자들은 종종 인도숫자와 그에 대응하는 단어를

개념화하는 데 어려움을 많이 느낀다.[22]

데하네는 구체적으로 $1+(4-(2+3))$이라고 표현된 식을 계산하는 대상자들의 미세한 안구 행동을 조사했다. 이는 뇌가 여러 괄호가 중첩된 수학식을 어떻게 나타내는지와 여러 괄호가 중첩된 기호로 된 수의 계산이 그에 상응하는 언어 표현의 분석과 얼마나 밀접하게 관련되는지를 연구하기 위함이었다.

우리는 어떤 글의 문장을 읽을 때 그 문장 내 구두점을 인식해야 한다. '무엇'이 문장이 시작되는 위치에 있다고 해서 항상 질문을 나타내지는 않는다. 컴퓨터에 내장된 맞춤법 검사 프로그램은 질문을 나타낸다고 주장해도 말이다.

문장 끝에 나오는 물음표처럼, 한 문장에 내포된 구절들은 독자의 눈이 인지보다 약간 앞서기를 요구한다. 포크너William Faulkner의 《가라, 모세Go Down, Moses》에 나온 '곰'이라는 단편에 나온 한 문장은 그것이 끝날 때까지 독자를 긴장시킨다.

그것은 황무지, 그 땅을 자기가 샀다고 믿을 만큼 어리석은 백인과 그 땅을 양도할 수 있는 듯 굴 만큼 무자비한 인디언의 어떤 기록보다도 오래된 큰 숲에 관한 것인데 그 땅은 드 스페인 수령보다 크며 그가 뻔히 알면서도 자기 것인 양 한 땅뙈기보다 크고, 뻔히 알면서도 그 땅을 드 스페인 소령에게 판 늙은 토머스 서트펜보다 오래되었고, 뻔히 알면서도 그 땅을 서트펜에게 판 치카소의 노족장 이케모튜베보다도 오래되었다.[23]

포크너는 종종 각 문장에 모든 세계를 담으려고 노력했기 때문에, 그의 문장이 영어 문장의 좋은 예는 아닐 수도 있다는 것은 인정한다. 이 단편에는 훨씬 더 어려운 문장이 많지만 당신의 짐을 덜어 주기 위해 여기까지만 인용하겠다. 아마 미국 소설에서 가장 길지도 모를 (1600단어가 넘는!) 문장도 있다. 그러니 나를 용서하고 잠시만 그 문장을 다시 읽어 보시라. 포크너의 문장을 분석하려면 눈이 가는 방향보다 상당히 앞서 나가 읽어야 하는데, 그러다 보면 문장이 말이 된다는 것을 알게 된다.

$$4\left(3x^2 + 2\left(-3 + \left(2 - 3 + (2x + 1)^2 + 1\right)^2\right) - 4\right)$$

이 수학식도 가장 안쪽에 있는 괄호 속 연산, 즉 $2x + 1$을 찾기 위해 눈으로 식을 죽 훑어본 뒤에야 처리된다. 이 식을 왼쪽에서 오른쪽으로 훑어볼 수는 있지만 왼쪽에서 오른쪽으로 읽는 일반적인 방법으로 전체 식을 이해하면 안 된다.

사람들이 수학식을 어떻게 이해하는지에 관해 알려진 것은 별로 없다. 최근에 간단한 대수를 처리하고 기호를 조작하는 작업에서 반응의 인지 시간을 측정하기 위해, 즉 두뇌의 위치와 아주 기본적인 수학식의 처리 속도를 측정하기 위해 뇌파뿐만 아니라 기능적 자기공명영상과 자기뇌도측정법을 활용한 실험이 있었다. 특히 카네기멜런대학에 있는 댄커Jared Danker와 앤더슨John Anderson은 자기공명영상와 자기뇌도측정 영상으로 실험 대상자들이 세 항에 미지수가 하나인 선형대수식을 푸는 속도를 연구했다.[24] 그들은 뇌의 두정엽과 전전두피질(전두엽의 앞쪽) 영역의 활동을 따로 보려고 했다. 전두엽 뒤쪽 후두엽 위에 있는 두정엽의 주요 기능은 감각적 정보, 특히 공간 감각과 길찾기에 대해 시각적으로 인지된 데이터를 통합하는 것이다. 운동 영역과 전운동 영역의 바로 앞에 놓인 전전두피질은 복잡한 인지 양상의 조율자로 기능하면서 좋음과 나쁨, 같음과 다름같이 상충하는 생각들로부터 어떻게 행동할지를 선택한다.

댄커와 앤더슨은 대수적 기호 조작 실험을 통해 방정식을 푸는 2단계 인지 과정, 즉 수학적 표현의 전환과 수학적 사실에 대한 기억 인출을 분리해 뇌의 두 영역을 조사했다. 첫 번째 단계는 시각적으로 받아들인 정보를 처리하고 이미지 표현을 전환할 때 두정엽과 관련된다. 두 번째 단계는 전환된 표현을 받아 문제의 처리된 표현과 상호작용하는 수학적 사실의 검색 결과를 가져올 때 전전두피질과 관련된다. 이 2단계 과정은 서로 왔다 갔다 하면서 계속된다. 예를 들어, $\frac{x}{3}+2=8$ 같은 식을 푸는 자극이 생기면 전전두피질이 $8-2=6$이라는 뺄셈을 검색한 다음에 수학 지식이 들어온다. 그러면 두정엽은 그 식을 전환해 $\frac{x}{3}=6$으로 암호화한다. 전전두피질은 이를 가지고 곱셈에 관한 사실 $3 \times 6=18$을 검색한다. 그리고 마침내 전전두피질이 이 식을 전환해 $x=18$로 암호화한다. 뇌의 두 영역이 각 단계에서 다르게 행동하지만 수학적 사고에서는 검색과 표현 사이에 강하게 상호작용하는 연관성이 존재한다.[25]

모내시대학의 젠슨Anthony Jansen, 메리어트Kim Marriott, 옐런드Greg W. Yelland는 숙련된 수학 사용자들이 대수식을 이해하는 방법에 관해 연구했다.[26] 그들은 대수식을 암호화하는 데 수학 문법의 구실을 조사하는 기억 작업 실험을 설계했다. 그리고 숙련된 수학 사용자들은 구성이 좋지 않은 형태의 식보다 전에 본 좋은 형태의 식을 더 쉽게 알아본다고 결론지었다. 예를 들어, 좋은 배열 형태인 $7-x$는 $7(x$처럼 나쁜 배열보다 더 잘 기억된다. 그리고 만약 $4-x^2$을 $4-x^2(y-7)$이라는 식에서 봤다면 $4-x^2)y-7$이라는 식에서 본 것보다 더 잘 기억하리라는 것은 놀랍지 않다. 모내시 연구팀은 나중에 눈이 기호를 훑어보는 순서를 조사하고 안구의 고정 시간을 측정해서 숙련된 수학 사용자들이 대수식을 분석하는 방법을 조사했다.[27]

우리는 글을 읽을 때 구절과 문장의 끝에서 1000분의 몇 초 정도 멈추는 경향이 있다. 이는 아주 자연스럽고, 우리가 말하는 방식과 일치한다. 명사와 한두 개의 동사, 수식하는 형용사와 부사, 어쩌다 나오는 대명사 등의 흐름이라는 모든 것이 여러 요소로 구성된 캡슐에 싸인 생각에서 나온다. 우리가 잠시 멈추는 것은 말로 하는 의사소통에서 단순히 숨을 쉬기 위해서가 아니라, 단어의 배열과 그것의 문장 내 상호작용으로 문장 구조를 전달하기 위해서다. 수학식을 읽을 때는 이와 똑같은 읽기 방식을 기대하지 않을지도 모른다. 그러나 모내시 연구팀은 우리가 수학식을 읽을 때도 비슷하다는 것을 알아냈다. 즉 산술적 구절의 끝에 있는 기호를 그 구절의 시작이나 중간에 있는 기호보다 훨씬 더 오랫동안 응시한다는 것이다. 이는 우리가 자연스러운 언어로 된 문장을 읽을 때와 마찬가지로 대수식을 처리할 때도 그 계통적 배열에 따라 대수식을 '읽는다'는 것을 암시한다.

데하네는 수학적으로 훈련된 사람들이 $4+(3-(2+1))$처럼 중첩된 식을 계산하는 동안 눈의 움직임을 측정하고 조사했다. 눈은 가장 안쪽 괄호 $(2+1)$로 움직였고, 계산을 끝내기 위해 식을 차례대로 밟아 나갔다. 다시 말해, 마치 문장 형태로 나타낸 식을 볼 때처럼 식을 왼쪽에서 오른쪽으로 거의 읽지 않고도 가장 안쪽의 괄호를 바로 알아차렸다. 이는 실험 대상자들이 연속적으로 배열된 계층의 다음 단계로 눈을 옮기기 전에 연산자와 괄호라는 단서에 의존하면서 각 단계에서 계산을 위해 필요한 숫자들을 인식하고는 재빨리 배열을 위한 처음 식을 분석함을 드러낸다.

대상자들은 프랑스 대학에서 일반적인 수학 교육을 받은 (19~27세) 젊은이들이었다. 식은 항상 더하기 부호 두 개와 빼기 부호 하나와 괄호 두 쌍을 가지면서 1부터 4까지 숫자 네 개로 만들어졌다. 그 식들은 복잡한 정도에 따라 0~3단계로 분류되었다. 가장 높은 3단계는 ((3−2)+4)+1 처럼 수학적으로 유효한 항들의 식이었다. 2단계는 바깥쪽 괄호를 바꾸고 그 바깥의 기호들을 뒤섞어서)(3−2)+4(+1 처럼 만들었다. 1단계는 안쪽 괄호를 바꾸고 그 바깥의 기호들을 뒤섞어서 만든 +)3−2(4+)1(같은 식이었다. 0단계는 4−+)3)+2(1 처럼 모든 항을 뒤섞어서 만들었는데, 수학적으로 말이 안 되는 식이다.

데하네 팀은 수학적으로 훈련된 대상자들이 수학식의 복잡성에 민감하다는 것을 발견했다. 그리고 복잡성 효과는 고전적 언어 영역의 바깥에 자리한 대뇌피질부의 일부에 국한되고, 수학식의 분석은 시각적 처리 과정 초기에 시작된다는 것을 알아냈다. 또 그 영역은 잘 만들어진 수학식을 시각적으로 인지할 뿐만 아니라 단어를 모양과 이미지, 시각적 세계의 인식으로부터 구별하는 데 관련된 두뇌 영역인 방추형 대뇌피질에 깊이 의존한다는 것을 알아냈다.

특별한 표기법의 배치는 수학식에서 구조를 인지하고 식을 처리하도록 돕는다. 예를 들어 2+3 ×4가 2+3×4와 다른 답을 가져올지도 모르는 것처럼 부적절한 띄어쓰기는 공간 구성을 문장 구성상의 구조와 혼동시킬 수도 있다. 따라서 수학식을 처리하는 초기 단계는 언어 처리의 초기 단계와 어느 정도 유사할 수 있다. 두 경우 모두 우선 그것들이 적절한지 그렇지 않은지를 결정하기 위해 표현의 부분들을 식별하고 나서 문장 구조를 분석하는 단계로 넘어가기 때문이다.

아주 존경받는 언어학자들조차 생각은 언어를 통해서만 생겨난다고 믿던 시기가 있다.[28] 이들에게 언어는 단어를 뜻했다. 19세기 독일의 가장 위대한 언어학자라고 할 수 있는 밀러Max Müller는 이렇게 주장했다. "우리가 암흑을 느낄지도 모른다. 그러나 우리가 암흑에 대한 이름을 가지고 암흑을 빛이 아닌 것으로, 또는 빛을 암흑이 아닌 것으로 구별할 수 있을 때까지 우리는 아는 상태에 있지 않고 그저 수동적 무지의 상태에 있을 뿐이다."[29] 우리는 이런 이해에서부터 상당히 발전했다. 그렇다면 동물의 생각에 대해서는 어떨까?

마음속 그림

여러 해 전에 나는 여름마다 케이프 코드에서 흙길을 따라 달렸다. 목줄을
맨 커다란 독일 셰퍼드와 마주치곤 했는데, 그 옆을 지날 때마다 "으르릉."
하고 길게 짖는 소리를 들었다. 나는 아주 조용하게 "멍멍." 하고 답했다. 그
게 개의 언어로 '안녕'과 같다고 생각했기 때문이다. 그러고 며칠이 지나자
그 개는 나를 보고도 짖지 않고 내가 지나가는 걸 보기만 했다.

그 개의 머릿속에서 무슨 일이 일어나고 있었을까? 틀림없이 개는 내가
지나고 있고, 내가 친근하며 개가 내는 것 같은 소리를 낼 수 있다고 알아차
렸을 것이다. 그럼 그 개의 머릿속에서 그게 나라고 생각하게 만든 것은 도
대체 무엇일까? 내 말은, 그 개가 매일 아침 지나가는 다른 대상들과 나를
구별하려면 개의 기억 속에 나에 관한 어떤 그림이 들어 있어야 한다는 뜻이
다. 그렇지 않은가? 내가 돌아오는 길에 그 개는 멀리서부터 나를 보고 있었
다. 마치 나를 다시 보려고 기다리는 것처럼 말이다. 개는 짖지 않았다. 아리

스토텔레스는 생각이 이미지 없이는 생길 수 없다고 주장했다. 따라서 그 개는 아마도 머릿속에 저장해 둔 그림과 비교하면서 나를 확인하고 있었을 것이다. 달리 어떻게 개가 생각할 수 있겠는가?

비트겐슈타인Ludwig Wittgenstein은 '우리는 스스로 사실에 대한 그림을 만든다'고 말했다.[1] 그가 말한 그림은 우리가 진짜라고 받아들이는 것의 모형을 뜻한다. "축음기 녹음, 음악적 생각, 악보, 소리의 파동 모두가 언어와 세계 사이에 유지되는 그림으로 나타낸 내재적 관계 속에서 서로서로를 지지한다."[2]

내가 단어들을 생각할 때, 그 단어들이 이미지로 표현되지만 어쩌면 아닐 수도 있다. 라디오를 듣는 것과 TV를 보는 것은 다르다. TV를 볼 때 나는 그림을 본다. 라디오를 들을 때는 그림을 만든다. 수학을 할 때, 기호를 읽거나 두 수를 머릿속에서 곱할 때, 나는 진짜로 수를 마음속에 그리지는 않지만 그린다고 생각한다. 무슨 일이 일어나는 걸까?

이것은 마치 내가 흐릿한 기호를 생각하는 것과 같다. 정말로 흐릿한 기호를 마음속에 그리지 않아도 말이다. 그림은 거기 있지만 거기 있지 않다. 삼각형을 그리려고 할 때 나는 삼각형의 분명한 그림이 아니라 희미하고 모호한 이미지 또는 삼각형의 추상적 표현에 가까운 이미지를 갖고 있다. 정확히 삼각형처럼 보이지 않을 수도 있는 기호지만 삼각형을 대신하는 뭔가를 가지고 있다. 왜 이런 기호가 삼각형 자체가 되면 안 되나? 더 좋은 기호가 있을 수 있단 말인가?

우리는 모두 다르다. 어떤 사람은 시각적으로 생각하고, 다른 사람은 언어로 생각한다. 또 다른 사람은 설명할 수 없는 사고방식이 있을지도 모른다. 19세기 철학자와 심리학자 들은 말로 된 언어 없이 생각할 수 없다는 것은

'사실의 문제지, 논쟁의 문제가 아니'라고 공언했다.[3] 우리는 이제 더 잘 안다. '으르릉'거렸던 개는 냄새로 생각하고 있을지도 모른다는 것을 말이다.

유전학자 골턴Francis Galton은 자신이 생각을 거의 말로 나타내지 않는다고 주장했다. 그리고 드물게 말로 나타내는 것들은 터무니없는 말이라고 했다. 예를 들면 이렇다. "어떤 노래의 악보는 생각에 딸려 올지 모른다. 힘들게 작업해서 완벽하게 명확하고 스스로 만족스러운 결과에 도달한 뒤에 그런 일이 종종 생긴다. 내가 생각을 말로 표현하려면 나 자신을 상당히 다른 지적인 장에 놓아야 한다고 느낀다."[4]

프랑스 수학자 아다마르도 골턴처럼 말이 생각에 따라 나오지도 않고, 생각이 말에 따라 나오지도 않는다고 주장했다.

나는 내가 정말로 생각할 때 말은 내 마음에 전혀 없다고 주장한다. …… 질문을 읽거나 듣고 나서 그것에 대해 생각하려는 바로 그 순간 모든 말이 사라진다. 그리고 내가 탐구를 완수하거나 포기하기 전까지 내 의식에 다시 등장하지 않는다. …… '생각은 말을 통해 체화되는 순간 죽는다'고 한 쇼펜하우어Arthur Schopenhauer의 말에 나는 전적으로 동의한다.[5]

이어서 그는 자신이 대수기호에 대해 생각하고 있을 때도 마찬가지라고 했다. 그는 일반적인 생각들을 범주적 원 A와 B로, 즉 A 안의 모든 것이 B 안에 있다면 원 A는 B 안에 있다고 상상하는 식으로 나타낸다고 말한다. 만약 A 안의 어느 것도 B 안에 있지 않다면 두 원은 서로 구분된다. 비록 임의의 원에 대한 생각이 그 단어가 순간적으로 떠올라야 한다고 요구할 수 있을

지라도 어떤 말도 따라오지 않는다.[6] 그저 캐럴Lewis Carroll의 기호논리학책에 등장한 매력적인 3단논법 중 하나를 논리적으로 말이 되게 하려고 애쓰는 걸 상상해 보라.

물고기를 좋아하는 고양이 중 가르칠 수 없는 것은 없다.

꼬리가 없는 고양이 중 고릴라와 놀 것은 없다.

수염이 있는 고양이는 항상 물고기를 좋아한다.

가르칠 수 있는 고양이 중 초록색 눈을 가진 것은 없다.

수염이 없는 고양이는 꼬리가 없다.[7]

조금만 수고하면, 우리는 이 3단논법의 얽힌 실타래를 푸는 원들의 다이어그램을 구성할 수 있다. 원 없이 또는 이 다섯 문장의 논리를 의식에 그리는 고도로 발달된 비언어적 체계 없이 '초록 눈의 고양이는 고릴라와 놀지 않을 것'이라는 논리적 결론에 도달하려면 얼마나 오래 걸릴까?

소수가 무한하다고 증명하는 단계를 마음속 그림으로 표현한 아다마르의 방식은 더 흥미로운 사실을 보여 준다.

2부터 11까지 소수를 고려하면서 그는 그저 '혼란스러운 무더기'를 보았다.

2부터 11까지 소수들의 곱, 즉 $2 \times 3 \times 5 \times 7 \times 11$을 만들 때 그는 '혼란스러운 무더기에서 오히려 뚝 떨어진 점 하나'를 상상했다.

그 곱을 1만큼 증가시켜 $(2 \times 3 \times 5 \times 7 \times 11) + 1$을 얻을 때 그는 '첫 번째 점을 조금 넘어서는 두 번째 점'을 보았다.

첫 번째 점을 조금 넘어서는 두 번째 점의 수가 만일 소수가 아니라면 소수 인수를 포함해야 하기 때문에 11보다 큰 소수여야 한다. 그는 이것을 '혼란스러운 무더기와 첫 번째 점 사이 어딘가에 있는 점'으로 보았다.[8]

아틴Michael Artin은 내 박사 논문 지도 교수다. 그는 수학자들이 대수기하학적 개념인 '아벨 다양체'를 언급할 때마다 마치 자신의 이니셜을 새기듯 구불구불한 선을 그렸다.

이 그림은 도식적인 중요성도 없고, 당연히 아벨 다양체와도 전혀 닮지 않았다. 그러나 '아벨 다양체'라는 말을 들을 때마다 내 마음속에서는 이 구불구불한 선이 떠오른다. 이것은 여러모로 분명히 모호하면서 사람을 효과적으로 끌어당기는, 아다마르가 말한 혼란스러운 무더기인 셈이다.

흥미로운 것은 혼란스러운 무더기와 가까우면서도 먼 대표점들은 소수로 나누어 떨어지지도 않고 소수도 아니라는 점이다. 마치 아틴의 구불구불한 그림이 대수적 다양체를 전혀 닮지 않은 것처럼 말이다. 엄밀한 의미에서 그것들은 개념화 과정에서 상상 속에나 나올 기만적인 구실을 한다. 이렇게 모호한 표상적 형식은 전적으로 나누어 떨어지는 성질에 따라 결정되는 논리적 과정을 어떻게 돕는가? 아다마르의 이미지들은 인수의 성질이 없는 것처럼 보여도, 그 증명의 모든 원소를 동시에 보여 주는 장치를 제공했다. 그는 문제에 특징과 구조가 있는 얼굴, 즉 캐릭터를 주기 위해 그것이 필요했다.

아다마르의 답이 만족스럽지 않았기 때문에 나는 이에 대해 한동안 생각해 보았다. 소수의 무한성은 젊은 수학자가 배우기에 정말 좋은 최초의 증명이라고 할 수 있다. 정말 재능 있는 젊은 수학자는 다른 사람의 증명을 보지 않고도 그것을 증명할지도 모른다. 내가 배운 첫 번째 증명은 2의 제곱근이 유리수가 아니라는 것이었고, 두 번째 증명은 소수가 무한히 많다는 것이었다. 내 수학적 두뇌가 아다마르만큼 날카로우려면 한참 멀었지만, 한 가지 측면에서 나와 그의 생각은 놀랄 만큼 비슷했다.

나도 혼란스러운 무더기를 본다. 이 무더기는 마치 멀고도 가까이 있는 대표점들일 뿐만 아니라 어떤 것들의 뒤죽박죽처럼 보인다. 나는 좀 더 사실에 충실하게 생각하는 사람이기에 혼란스러운 무더기 사이로 살짝 보이는 실제 기호 $2 \times 3 \times 5 \times 7 \times 11$과 $(2 \times 3 \times 5 \times 7 \times 11) + 1$을 가지고 있다는 게 한 가지 차이다. 내 무더기가 별로 혼란스러워 보이지 않는다고 말할 수도 있다. 11보다 더 큰 소수 인수를 찾는 마지막 단계에 도달하면 혼란스러운 무더기와 첫 번째 점 사이 어딘가에 물음표로 표시된 실제 수가 보인다. 나는 그 이유를 점 한 개는 자리지킴이처럼 생각되는 반면, 물음표는 점과 달리 마음속에서 나눗셈 성질을 가질 수 있기 때문이라고 가정한다.

$\sqrt{2}$가 무리수라는 증명에는 다른 정신적 향기가 있다. 이것은 모순에 따른 증명으로 불리며 다음과 같이 진행된다. $\sqrt{2}$가 유리수라고 가정하자. 따라서 $\sqrt{2} = \frac{p}{q}$다. 여기서 p와 q는 정수이고 q는 0과 같지 않다. 또 $\frac{p}{q}$는 기약분수고, 따라서 p와 q는 모두 짝수일 수 없다. 등식의 양변을 제곱해 $2 = \frac{p^2}{q^2}$을 얻자. 양변에 q^2을 곱하면 $p^2 = 2q^2$이 되고, 따라서 p가 짝수임이 나온다. p가 짝수이기 때문에 어떤 정수 s에 대해 그것을 $2s$라고 쓸 수 있다. 등식 $\sqrt{2} = \frac{p}{q}$에서 p에 $2s$를 대입하면 $\sqrt{2} = \frac{2s}{q}$가 된다. 양변을 제곱하면 $2 = \frac{4s^2}{q^2}$을 얻는다. 이를 간단히 하면 $q^2 = 2s^2$이 나온다. 이는 q도 짝수여야 한다는 뜻

인데, p와 q가 모두 짝수일 수 없다는 가정에 모순된다. 이것이 내가 증명하려는 내용이었다.

이제 내 마음속에서 어떤 일이 일어난다. 나는 (내가 믿기에) 누구나 그러하듯이 등식 $\sqrt{2}=\frac{p}{q}$를 실제로 본다. 결국, 다른 무엇이 기호를 이용한 등식의 핵심일 수 있단 말인가? 제곱을 하는 연산도 기호를 쓰지만 나는 내 문자로 표현된 의식 속에서 4, 9, 16, 25, 36으로 시작해 100, 121, 144같이 점점 커져서 더 큰 제곱수로 끝나는 많은 제곱수 묶음을 본다. 실제 인도숫자가 등장하는 것 같다기보다는 오히려 그 수가 거기 있다는 것을 아는 정도인 것 같다. 방정식을 제곱하자마자 제곱근 부호는 사라지고, 나는 갑자기 모든 짝수를 나타내는 점들의 원에서 p를 본다. p^2이 짝수라는 사실은 아직 작동하지 않았다. 내 마음은 p^2이 짝수라는 것을 p가 짝수라는 것과 연결하는 단계를 뛰어넘는다. 아마도 내가 그 연관성을 평생 너무 많이 써서 그것에 대해 생각하는 데 신경 쓰지 않기 때문일 것이다. 이것은 의심할 여지가 없는 내 수집 지식의 일부가 되었다.

물론 $\sqrt{2}$가 무리수라는 증명도 의심할 여지 없는 내 수집 지식의 일부가 되었다. 나는 지금까지 이 증명을 대학 신입생들에게 수천 번 보여 주었다. 왜 그 증명 자체는 필요하다면 분명하게 만들어질 수 있는 마음속 구름 같은 무더기로 그려지지 않을까? 잘 배우고 반복된 다른 모든 것처럼, 어떤 무의식적 구름은 그것을 모순에 따른 단순한 증명과 연관되거나 그것을 연상시키는 모든 것을 포함하는 주머니로 나타낼지도 모른다. 그것은 끝없이 추가되면서 끓고 있는 기억의 가마솥이다.

어느 누가 사람의 내밀한 사고나 사고방식의 내적 분투를 알 수 있겠는가? 우리 자신의 것을 알기도 어렵다. 우리는 즐거운 소식을 들었을 때 기능적 자기공명영상 스캔에 빨간불이 들어오게 하거나 위험스러운 결정을 내려야 할 때 양전자단층촬영 스캔에 파란불이 들어오게 하는 뇌의 구성부나 그 기능에 대해서는 알 수 있을지도 모른다. 우리가 뇌와 뇌의 작동 방식에 대해 아무리 많이 알아내도, 개인이 생각하는 방법에 관한 지식에는 전혀 근접하지 못한다. 정말 놀랍지 않은가?

나는 학생들에게 알파벳, 계절 또는 한 해의 열두 달을 어떻게 생각하는지 물어보곤 했다. 모든 학생들이 각기 다른 방식을 가졌다. 나는 알파벳을 무게중심이 M에 놓인 균형 잡힌 판 위에 있는 것처럼 생각한다. 마주르Mazur라는 내 성 때문에 그렇게 생각하는 것 같다. M 왼쪽의 글자들을 훑고 지나가면 그 판은 왼쪽으로 기울어지고, M을 지나가면 그 판은 오른쪽으로 기울어진다. 마치 내가 판 위에 서서 글자들에 무게를 실어 주는 것 같다. 아마도 나는 시소 위에서 내 성을 적는 방법을 배웠나 보다. 그러나 내가 (종이로 된) 사전이나 전화번호부에서 단어나 이름을 찾을 때는 아무런 이미지도 없다. 그런데도 나는 세심하게 찾아보기도 전에 내 이름이나 찾으려고 하는 단어, 이름이 있는 곳을 아는 것처럼 정확하게 바로 찾을 수 있다.

한 해의 열두 달은 더 이상하다. 땅 위에는 달마다 이름이 붙은 타일로 된 거대한 원이 있다. 나는 이달로부터 여섯 달 뒤인 타일 위에 서서 정확하게 원의 반대편에 있는 달을 본다. 나는 그 괴상한 달력 방식이 어디에서 왔는지 전혀 모르겠다. 내 학생들 중 어느 누구도 이런 식으로 달력에 대한 인식을 표현한 적이 없다.

내가 방금 한 말로 보면 나는 문자와 단어로 생각하는 것 같지만 그렇지 않다. 단어가 정말 있다면, 그것은 마음속 안개다. 전체 사고 과정은 너무 순간적인 것이어서 자신의 사고 과정을 스스로 가늠하기란 불가능하기 때문이다. 말, 그림 또는 다른 무엇이건 그 과정의 일부일지도 모른다. 그러나 이것들은 피아노 협주곡의 개별적인 음 같다. 일단 한 마디가 연주되면 귀는 자연스럽게 다음 마디로 넘어간다.

기호의
빛나는 효율성

언어의 단어들은, 그것이 쓰이든 말해지든 우리의 생각이 작동하는
방식에 아무 구실도 하지 않는 것 같다. 생각에서 원소로 작용하는
것 같은 물리적인 실체는 어떤 부호들과 어느 정도 분명한 이미지들
이다.　　　　　　　　　　　　　　　　　　　　　　 – 아인슈타인

우리는 희미한 그림들, 즉 거기 있지만 거기에 없는 모호한 상징들 속에서
우리의 일상적인 활동을 하게 해 주는 감각과 인상을 느낀다. 문학에서는 자
각에 이르는 데 시간이 걸린다. 도스토예프스키Fyodor Mikhailovich Dostoevskii
의《죄와 벌Prestuplenie i nakazanie》을 읽다 보면 라스콜니코프가 도끼를 휘둘러
노파의 목을 베는 순간에 이른다. 더 읽으면 도끼가 어떤 구실을 할까? 왜
도스토예프스키는 노파를 총으로 쏴 죽이는 것도 아니고 부지깽이로 찔러
죽이는 것도 아니고, 도끼로 살해하기로 마음먹었을까? 다른 무기가 쓰였다
면 우리의 심리는 어떻게 반응했을까? 그 답은 두개골을 치는 것에 있다. 두

개골을 부수는 것은 때려죽이는 것과 아주 다른 함축적 의미를 지닌다. 그것은 독자들 마음에 모순된 감정과 상충적 이미지를 남긴다. 바로 피로 범벅된 소름 끼치는 죽음과 인도적인 신속한 죽음이다.

이와 비슷하게 수학에서도 아마 생각하는 방식을 위한 분위기를 조성하면서 상충되는 인식을 가져오는 표현들이 있다. 이를 보어 줄 수 있는 방법은 없기 때문에 나는 내 믿음을 제시할 뿐이다. 기호는 배후의 무의식적인 연상들을 위한 예고편으로 가득 차 있지만, 마음은 즉시 그런 방정식을 보던 다른 모든 때와 연관성을 찾으면서 수백 가지 특별한 경우로 돌진한다. 왜 아니겠는가? 수학책들은 단순한 기호로 만들어진 방정식으로 가득 차 있다. 이런 방정식들은 스스로 기호가 되어서 얼핏 보기에는 관련 없는 분야에서 반복적으로 일어날 수 있는 무해한 생각과 강력한 연관성을 제공하고, 때때로 경험적인 것을 물질적인 것과 연결한다.

거의 모든 생각이 다중적 길을 따른다. 어떤 길은 의식적이고, 다른 길은 그렇지 않다. 의식적인 길에는 논리가 흘러가도록 유지하는 행위들이 많다. 다른 길에는 연관성에 노출되었던 모든 것의 무의식적인 기억이 존재한다. 그리고 더 복잡한 식을 보면 무수히 많은 호의적인 생각들이 작동하기 시작한다. 이 생각들은 독자 자신의 경험과 잘 맞아떨어지거나 창의적인 가능성으로 가득 찬 더 심오한 잠재의식적 생각을 하던 모든 순간과 연관되는 성질을 시사하는 잠재의식의 길을 따라 의미를 전달할 수 있다.

읽기는 보통 인지 행위이자 감정적 행위다. 우리는 의식적으로 중요한 상징이 될지도 모를 단어와 구절을 지나가며 읽지만, 우리도 모르는 사이에 의미를 발견하게 된다. 의미를 파악하기 위해 모든 단어나 구절을 알 필요는 없다. 문학에서 의미는 연상 경험에서 나온다. 때때로 수학과 물리학을 읽을 때도 그렇다.

시의 상징과 달리 수학의 상징은 수학자가 만든 계획적인 설계로 시작한다. 하지만 시처럼 상징이 경험과 미지의 것을 연결해 의미를 전달할 수 있는 비유적 생각을 전달하는 기능의 수행을 막지는 않는다. 시처럼 수학에도 전형이 있다. 만약 자명한 진실 같은 것이 존재한다면 아마도 인간이 타고난 세상에 대한 지식일 것이다.

1950년대에 프랜츠Robert Frantz, 본스타인Marc Bornstein, 깁슨Eleanor Gibson을 비롯해 심리학 연구자들이 한 아기 실험은 어떻게 아주 어린 아기들이 다양한 패턴에 반응하는지에 대한 우리의 생각을 바꿔 놓았다. 그들은 생후 8주밖에 안 된 아기들이 특정한 패턴에 더 흥미를 느낀다는 걸 발견했다. 당시로서는 흥미진진한 발견이었다. 왜냐하면 우리가 아주 어릴 때부터 주변의 세상을 구조화하기 위해 보는 것을 분석하기 시작한다는 증거가 되기 때문이다. 유아는 어린 신경계를 자극하는 실제 세계의 특정한 조직적 패턴에 자동적으로 사로잡힌다. 다시 말해, 유아의 관심 행동은 직접적으로 자신이 사는 세상의 구조를 통해 통제된다. 깊은 구조들은 우리의 행동 양상을 좌우하고 우리의 읽기와 생각의 이중적 길, 즉 의식과 무의식을 연결한다.

플라톤의 대화편 〈메논Menon〉이 이를 언급한다. 미덕을 가르칠 수 있는지 여부에 대한 대화지만 영혼 불멸을 주장한다. 그리고 이를 증명하기 위해 소크라테스Socrates는 교육받지 않은 노예 소년을 불러 질문한다. 그는 일련의 질문을 통해 노예 소년이 다른 사람의 도움 없이 피타고라스 정리에 대한 사실을 추론해 내도록 만든다. 아마 소년은 태어나기 전부터 그 진실을 알고 있었고, 전생으로부터 그것을 기억해 낼 수 있었기 때문에 증명할 수 있었을 것이다.

이는 프로이트가 '인간 계통 발생론의 집단적 잠재의식'이라고 부르는 것에 가깝다. 물론 프로이트는 영혼이라는 개념을 피했다. 그에게 영혼은 영적인 것이라기보다는 전 인류의 집단적 무의식이었다. 즉 전통문화와 종교를 통해 세대에서 세대로 전해진 무의식적 기억들, 그리고 변화하는 환경에서 생존하는 법에 대해 축적된 일반 지식이었다. 이것이 바로 우리가 두 점 사이에 유일한 직선이 존재한다는 것, 뱀의 존재가 죽음·저승·성·풍요·아픔 또는 치료를 의미할 수 있다는 것을 알게 되는 방법이다. 뱀은 수학에 등장하지 않는다. 뱀 다이어그램이 격자판에서 원소들을 골라내는 방법을 나타내는 두 경우를 제외하고 말이다. 그러나 산술학과 기하학의 공리를 확립하는 그 자명한 진실들은 인간 계통 발생론의 집단적 잠재의식, 선천적인 기호들의 뿌리에서 나온다.

상징은 의사소통의 수단을 초월한다. 우리의 언어 어디에나 존재하며 의미의 문화적·감정적 성향을 주기 위해, 창조적인 과정을 증강하기 위해, 의식과 잠재의식 및 익숙한 것과 미지의 것을 연결하는 수학적 형상화에 (중심적이지는 않아도) 상당한 구실을 한다.

'두 점 사이에 유일한 직선이 존재한다'는 수학 표현은 프로스트Robert Lee Frost의 〈가지 않은 길The Road not Taken〉 첫 행(노랗게 물든 숲에 두 갈래 길이 있었습니다)만큼이나 상상적이다. 두 구절 모두 집단적 잠재의식에서 나오는 지배적인 잠재의식의 힘에 따라 구별된다. 비록 수학적 상징이 뱀·비둘기·사자 등을 포함한 전통문화 배경에서 나오는 전형적 상징의 고전적 목록에서 발견되지는 않지만, 그래도 미지의 것과 익숙한 것의 연관성을 북돋운다. 물리학의 맥스웰 방정식은 전자기장이 전하밀도 및 전류밀도와 어떻게 관련되는지, 그리고 그것들이 시간에 따라 어떻게 변하는지를 말해 주는 서로 연관된 방정식 네 가지다. 맥스웰 방정식은 언어로 표현되는 것보다 훨씬 더 많은 것을 말해 준다. 전자기학과 광학 모두에 대한 근본을 형성하고, 상대성과 양자역학에 대한 창의적인 생각들로 이어진다.

자연언어에서 일반적인 단어들은 우리가 보거나 생각하거나 상상하는 것을 묘사하고, 낯선 단어를 창조하는 힘을 통해 그것들을 우리의 상상력으로 불러온다. 그 세계로 가는 데는 다른 사람들과 함께한 문화에서 형성된 것에서 온 것뿐만 아니라 특별한 기술이 조금 필요하다. 우리에게는 오직 인간의 경험이 필요할 뿐이다.

수학은 다르다. 수학은 보통 기술을 요구하고, 때때로 재능과 여러 해 동안 쌓은 흔치 않은 경험을 요구한다. 많은 성공적인 수학자와 물리학자 들이 어린 나이에 명백한 수학 선호도를 보이지 않았기 때문에 보통이라고 하겠다.[1] 비록 수학은 의사소통을 단순화하기 위해 복잡한 단어로 가득 찬 기호 언어를 쓰는 경향이 있지만, 그것도 이해를 위한 핵심을 풀어내는 놀라울 만큼 빠른 정신적 과정에 의지한다. 그리고 시처럼 독자들이 숨겨진 의미와 말로 상상도 할 수 없는 것들을 알게 만드는 언어 구조를 활용한다.

수학의 전형적인 기호는 연산, 무리 짓기, 관계, 상수, 변수, 함수, 행렬, 벡터, 집합론, 논리학, 수론, 확률론, 통계학에서 쓰이는 것들이다. 기호들 각각은 수학자의 창의적인 사고에 별 영향을 미치지 않을지 몰라도, 이들이 합쳐지면 유사성·연상·동일성·닮음·반복적인 형상화를 통해 강력한 연관성을 획득한다. 심지어 깨닫지 못했던 생각을 창조할 수도 있다.

$\sqrt{x^2 + y^2}$이라는 형태가 방정식에 등장할 때마다 수학자는 이 식이 어떤 좌표계에서 일종의 거리를 나타내고 있음을 '안다'. 그것은 피타고라스 정리로부터 자연스럽게 나온다. 피타고라스 정리는 수학자에게 좌표가 (a,b)인

점에서부터 좌표가 (c,d)인 점에 이르는 거리가 $\sqrt{(c-a)^2+(d-b)^2}$과 같다고 말해 준다. 더 높은 차원에서는 $\sqrt{x^2+y^2+z^2}$으로, 또는 셋보다 더 많은 제곱들의 합의 제곱근으로 등장할 수 있다. 그 형태는 애초에 어떤 물리적 성질에서 오지 않았을 수도 있지만, 독자는 연상이 일으키는 기하학적인 모형을 통해 그것을 해석할 수 있다. 예를 들어, 반지름이 R인 원은 방정식 $R=\sqrt{x^2+y^2}$을 만족시키는 모든 좌표 (x,y)의 집합으로 주어진다. 이 식은 경험적인 것을 기하학적인 이미지와 연결한다. 비록 $\sqrt{x^2+y^2}$이 일반적으로 전통문화에서 나오는 잠재의식적 힘이 있는 전형적인 기호의 목록에는 없어도, 미지의 것과 익숙한 것들의 연관성을 부추긴다.

어떤 수학기호는 경험과 미지의 것을 연결하거나 유사성과 닮음을 통해 의미를 전달할 수 있는 비유적 생각을 전하기 위해 계획적으로 고안된다. 다른 것들도 우연히 같은 일을 할 수 있다. 예컨대 많지만 유한한 수치적 항들의 '합'을 나타내기 위해 우리는 (어떻게 세는가에 따라 결정되지만 3이라는) 유한한 수의 불연속적인 날카로운 모서리가 있는 그리스어 'S', 즉 대문자 Σ를 사용한다. 이는 '합'을 뜻하는 라틴어 숨마summa에서 왔을 가능성이 크다. 그리고 무한히 많은 항들을 더할 때는 매끄럽고 구부러진 데다 무한 합을 연상시키는 S를 닮은 기호 $\int$을 쓴다.

의미와 이해는 경험을 통한 연상과 유사성과 집단적 잠재의식에 깊이 삽입되어 있을지도 모른다. 미적으로 설득력 있는 기호라는 문화적 경향은 시와 예술뿐만 아니라 수학에서도 우리의 아름다움에 대한 감정적 평가에 안성맞춤일지 모른다. 그렇지만 수학에서 증명의 우아함, 설명의 단순함, 창의성, 복잡성의 단순화, 의미 있는 연관 만들기는 대부분 똑똑하고 깔끔한 기호들의 빛나는 효율성에서 나온다.

라이프니츠의
표기법

사소한 기술적인 측면은 무시하고 $y = x^2$을 예로 들어서 라이프니츠의 표기법을 음미해보자. 우리는 y의 값이 x의 값에 의존한다는 것을 알고 있다. 만약 x에 2를 대입하면 다음과 같은 비를 볼 수 있다.

$$\frac{x^2 - 2^2}{x - 2}$$

분자는 깔끔하게 인수분해되고, 따라서 그 비는 다음과 같다.

$$\frac{(x - 2)(x + 2)}{(x - 2)}$$

우리는 이 시점에서 분모가 분자의 인수 중 하나와 같다는 것을 알게 된다. 따라서 x가 2가 아닌 한 결국 우리가 가지고 시작했던 비는 실제로 $x + 2$라고 할 수 있다. 그러나 2에는 특이점이 없다. 우리는 어떤 수로도, 말하자면 a로도 똑같이 처리할 수 있다. 우리가 다음과 같은 비로 시작했다고 가정하자.

$$\frac{x^2 - a^2}{x - a}$$

그럼 x가 a와 같지 않은 한 $x + a$로 끝나게 될 것이다.

자, 여기서 문제가 생긴다. $x - a$가 0에 근접하면 우리는 그 비에 무슨 일이 일어나는지 알고 싶어질 것이다. $x - a$가 0에 근접하면 그 비는 x가 a에 아주 가까워질 때 x가 변함에 따라 x^2이 변해 가는 속도를 말해 주기 때문이다. 물론 $x - a$가 0이 되게 할 수는 없다. 그렇지 않으면 $x + a$를 얻기 위해 필요한 약분을 수행할 수 없기 때문이다. 이를 피하는 방법은 $x - a$가 0에 근접할 때 무슨 일이 벌어지는지를 살펴보는 것이다. 이 경우에 $x + a$는 $2a$에 근접한다. a는 임의의 수로 선택되었기 때문에 a가 무엇인지는 상관이 없다. 즉 원래 비 $\frac{x^2 - a^2}{x - a}$가 정말로 a에만 의존하는 수에 가까워짐을 뜻한다.

이것이 a에 관한 함수가 된다. 이 함수는 기호 $\frac{dy}{dx}$로 나타나며, 'x에 대한 y의 도함수'라고 부른다.

왜 $\frac{dy}{dx}$가 아주 좋은 기호일까? 마지막 결과가 반드시 두 개의 비일 필요는 없다. 우리의 예는 $2a$로 끝났고, 분수가 아니다. 일단 물리 현상에 관한 문제에서 어떤 함수의 변화율에 대해 뭔가를 알고 나면 대개 함수 자체가 알고 싶어진다. 예를 들면, $\frac{dy}{dx} = x$로 알고 있을 그 함수에 대해서 말이다. 미적분학을 공부하는 모든 학생들처럼 당신은 정당화되지 않은 기호의 조작에 의문을 제기하지 않으면서 $\frac{dy}{dx}$를 비로 생각하고는 양변에 dx를 곱해 $dy = xdx$를 얻을 것이다. 얼마나 편리한가! 사실 이 이상한 작은 변수 dx와 dy는 종합적으로 대수 법칙을 따른다는 것이 밝혀졌다. 만약 y가 x의 함수이고 x는 t의 함수라면 $\frac{dy}{dx}\frac{dx}{dt} = \frac{dy}{dt}$가 된다. 그리고 x와 y가 모두 t의 함수라면 다음이 성립한다.

$$\frac{\frac{dy}{dt}}{\frac{dx}{dt}} = \frac{dy}{dx}$$

이는 라이프니츠의 또 다른 뛰어난 기호 '적분'을 위한 준비다. 적분은 함수에 작용한다. 단순화를 위해 우리는 다시 $y=x$를 예로 사용한다. y에 작용하는 적분은 y를 변화율로 하는 함수를 제공한다.

만약 두 함수가 똑같다면 그것들의 적분은 상수만큼만 차이 난다는 게 밝혀진다. 이 경우 적분 기호는 $\int ydx$다. 따라서 만약 식 $dy=xdx$ 양변의 적분을 취한다면 기호로 $\int dy=\int xdx$가 된다. 좌변은 변수 y에 관한 변화율로 1을 갖는 함수가 무엇인지 묻고 있다. 그것은 그저 y 자체임에 틀림없다. 우변은 변수 x에 관한 변화율로 x를 갖는 함수가 무엇인지를 묻는데, 그것은 $\frac{x^2}{2}$이다. 따라서 $y-\frac{x^2}{2}=C$고, C는 어떤 수로 나타낸 상수다.

뉴턴의
x^n의 유율

어떤 양 x가 일정하게 흐른다고 하고, x^n의 유율을 찾아보자. 일정량의 x가 흘러서 $x+o$가 되는 순간에 일정량 x^n은 $\overline{x+o}|^n$이 될 것이다. 즉 무한급수 방법에 따르면 다음과 같다.

$$x^n + nox^{n-1} + \frac{nn-n}{2}oox^{n-2} + \&c.$$ 그리고 그 증가분은 o와 nox^{n-1} $+ \frac{nn-n}{2}oox^{n-2}+\&c$고 그 비는 1과 $nx^{n-1}+\frac{nn-n}{2}ox^{n-2}+\&c$다. 이제 증가분들을 사라지게 하면 이들의 궁극적 비는 1과 nx^{n-1}이 될 것이다. 따라서 어떤 양 x의 유율 대 양 x^n의 유율은 1 대 nx^{n-1}과 같다.

1723년에 해리스John Harris가 뉴턴의 《곡선의 구적법 소개Introductio ad De Quadratura Curvarum》를 영어로 옮긴 책에서 차용했다.[1]

실험

다음은 2012년 1월 4일 보스턴에서 열린 미국수학회와 미국수학협회의 합동 학회에서 행한 기호 인지실험을 위해 설계된 인터뷰 원고다.

내 노트북 화면 중앙에는 다음과 같은 도식이 있었다.

$$\sqrt{\left(\frac{y}{2}\right)^2 + z^2} + \frac{y}{2}$$

인터뷰는 다음과 비슷한 방식으로 진행되었다.

질문: (내 노트북의 화면을 가리키면서) 당신은 이런 식을 볼 때, 무슨 생각이 드십니까?

대답: 음…….(긴 침묵)

질문: 정답도 오답도 없습니다. 당신이 이것을 어떻게 보고 있는지만 알고

싶을 뿐이에요.

대답: 제곱근 아래 제곱들의 합이 있군요. 따라서 뭔가 타원과 관계된 것일지 모르겠네요. 아, 잠시만요. 한 방향으론 쌍곡선 절단면을 갖고 다른 방향으론 포물선 절단면을 갖는 원뿔이네요.

이 시점에 방정식 $x^2 + bx + c = 0$이 화면 중앙에 있는 식 쪽으로 아래를 가리키는 두 화살표와 함께 서서히 나타난다. 꼬박 10초 동안 화면에 다음과 같은 내용이 표시되었다.

$$x^2 + bx + c = 0$$

$$\downarrow$$

$$\downarrow$$

$$\sqrt{\left(\frac{y}{2}\right)^2 + z^2} + \frac{y}{2}$$

10초 후 식과 화살표들이 서서히 사라질 때도 실험 대상자들은 화면을 똑바로 보고 있었다.

나는 이런 식으로 아홉 명을 인터뷰했는데, 두 명을 제외하면 모두 질문을 문제의 방정식 그래프와 연결하려고 애썼다. 서서히 등장했다 사라지는 방정식을 10초간 보여 준 뒤에 내가 인터뷰한 사람들 중 두 명이 같은 생각을 내놓았다. 다음은 그들 중 한 사람을 인터뷰한 원고이고, 다른 하나도 거의 같다.

대답: 잠깐만요. 어쩌면 x, y, z는 변수가 아닐지도 몰라요.

그것들이 화면에 서서히 등장했다 사라지는 방정식을 알아차렸는지에 대해 말로 표현하지는 않았지만, 인터뷰를 한 두 사람은 각각 다음과 같이 기록했다.

$$\sqrt{\left(\frac{b}{2}\right)^2 + c^2} + \frac{b}{2}$$

마치 두 번째 인터뷰한 사람이 첫 번째 사람의 행동을 본 것 같았다.

질문: 음, 그래서 이제 당신은 뭐가 보이나요?

대답: …… 일반적인 2차방정식의 근처럼 보이는데요? 2차방정식의 양의 근인가요?

질문: 당신은 어떻게 생각하나요?

대상자는 $x^2 + bx + c = 0$이라고 썼다.

대답: 아니, 아니에요……($+b$를 $-b$로 고쳐서 다시 식을 쓴다).

대상자가 줄곧 $+c$를 $-c$로 고친 새로운 방정식을 보는 동안 나는 아무 말도 하지 않았다. 대상자는 시간이 조금 흐른 뒤에 $x^2 - bx - c^2 = 0$이라고 썼다. 그리고 확신이 들자 마침내 $x^2 - yx - z^2 = 0$이라고 썼다.

질문: 좋은데요!

대답: (눈이 휘둥그레지며) 저기요……, 이건 (노트북 화면의 중앙에 있는 것을 가리키며)

방정식 $x^2-yx-z^2=0$에서 x의 양의 값이네요.

나는 z를 썼어야 했지만 z^2을 써서 문제를 더 어렵게 설계했다. 내 목적은 더 복잡하게 만들기 위해 제곱근 부호 아래의 항들이 타원의 형태를 취하도록 하는 것이었다.

$$\sqrt{\left(\frac{y}{2}\right)^2+z^2}+\frac{y}{2} \qquad \sqrt{\left(\frac{b}{2}\right)^2+c^2}+\frac{b}{2}$$

나는 왼쪽 식 대신 오른쪽 식으로 시작할 수 있었지만, 그럼 너무 쉽다고 생각했다.

결국 나는 각 대상자에게 그들이 질문에 대해 심사숙고하는 동안에 노트북 화면에서 평범하지 않은 어떤 것을 봤는지 물었다.

두 사람이 제곱근 기호 아래 다음을 보았다.

$$\left(\frac{b}{2}\right)^2 + \text{무언가}$$

그리고 그들은 $x^2+bx+c=0$꼴 방정식의 해를 찾으려고 할 때, 제곱근 기호 아래에 항상 나타나는 형태인 b^2-4ac가 문득 생각났다. 그림으로 나타내면, 다음 형태는 양의 타원뿔을 암시할 수도 있다.

$$\sqrt{\left(\frac{b}{2}\right)^2+c^2}$$

무엇이 두 대상자가 다음을 2차방정식의 해로 보게 만들고, 실험 대상자 일곱 명이 그래프의 연관성을 찾게 만들었을까?

$$\sqrt{\left(\frac{y}{2}\right)^2 + z^2} + \frac{y}{2}$$

아홉 명 모두 $x^2+bx+c=0$과의 힌트로 주어진 연관성을 잠재의식 속에서 분명히 흡수했는데 말이다.

$$\sqrt{\left(\frac{y}{2}\right)^2 + z^2} + \frac{y}{2}$$

이것이 어떻게 2차방정식 $x^2+bx+c=0$의 양수 근인지 알아 가는 과정은 말로 표현할 수 없다.

나는 그저 제곱근 기호 아래에 다음과 같은 형태의 어떤 것은 내게 b^2-4c 형태를, 따라서 $x^2+bx+c=0$의 근을 생각나게 하는 과정을 통해서 알 뿐이다.

$$\left(\frac{y}{2}\right)^2 + 4 \times \text{무언가}$$

복소수 보이기

복소수 $a+ib$를 마치 데카르트 좌표평면의 점인 것처럼 (a,b)로 표시하자. 이런 식으로 표시하다 보면 공교롭게도 실수인 복소수는 모두 $(0,0)$을 지나가는 수평선을 따라 놓이고, 순허수인 복소수는 모두 $(0,0)$을 지나는 수직선을 따라 놓이게 된다.

모든 복소수는 수의 순서쌍으로 나타나 이 좌표평면에 그려진다. 그러나 왜 우리는 수의 순서쌍으로 보이는 것들을 수라고 부를까? 그 답은 바로 순서쌍이 수의 산술법칙을 따른다는 데 있다. 임외이 둘을 더하면 세 번째 것을 얻는다. 이를 $(a,b)+(c,d)=(a+c,\ b+d)$라고 정의하자. $(a+c,\ b+d)$는 $(a+ib)+(c+id)$를 나타내는 점으로, $(a+c)+i(b+d)$임을 기억하자. 곱셈은 어떨까? 우리는 (a,b)와 (c,d)의 곱을 $(ac-bd,\ ad+bc)$라고 정의한다. $(ac-bd,\ ad+bc)$는 $(a+ib)(c+id)$를 나타내는 점으로, $(ac-bd)+i(ad+bc)$임을 기억하자. 덧셈과 곱셈의 이런 정의는 모든 산술

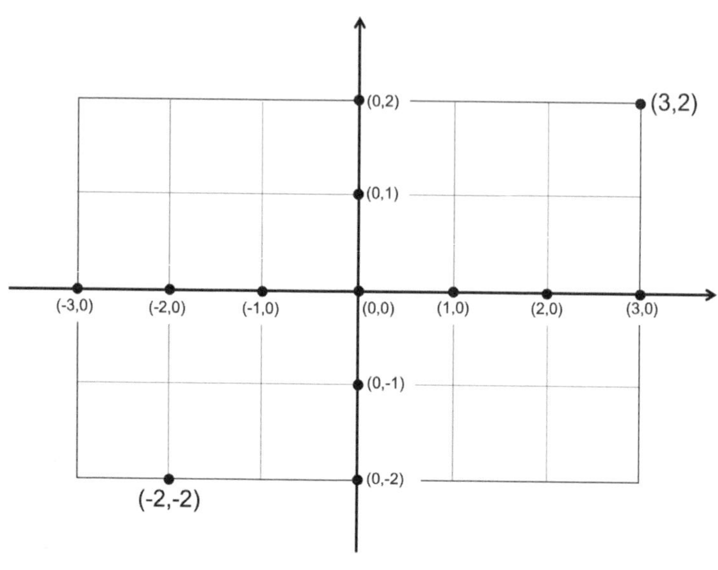

그림 복소수 보이기

법칙을 모순 없이 만족시킨다. 그러나 더 깊이 살펴보면 흥미진진한 일이 일어난다. 곱셈은 의미가 있다. i를 곱한다는 것은 반시계 방향으로 90도 회전한다는 것이다. di를 곱한다는 것은 반시계 방향으로 90도 회전한 뒤 비례상수 d를 곱한다는 것이다.

이 모든 것은 사실상 같은 의미가 있는 새로운 대표자 i 대신 $\sqrt{-1}$을 그대로 유지하는 표기법으로 표현될 수 있었을 것이다. 그러나 i는 제곱근 추출의 인식에서 회전의 개념을 분리해 우리가 대수적 결과와 수에 대한 생각의 확장을 구분하도록 만든다.

4원수

해밀턴이 깨달은 것은 마치 각 항이 곱셈 법칙 $i^2=j^2=k^2=ijk=-1$에서 다른 항들과 독립적인 것처럼 $x+iy+jz+kw$라고 쓸 수 있으며, 그것이 교환 법칙을 제외한 모든 대수 법칙을 따르는 곱셈 규칙의 4중쌍 (x, y, z, w)로 표현된다는 것이었다. 그는 $ij=k$, $ji=-k$라는 사실에 만족하고, -1의 제곱근이 두 개보다 무한히 많다는 것과 2차방정식에 둘 이상의 해가 있다는 것을 받아들여야 했을 것이다. 이것은 복소수 너머 더 높은 차원으로 수를 확장하기 위해 그가 치러야 했던 대가 중 일부다. 새로운 수 체계는 복소수를 포함하며 $iy+jz+kw$ 꼴의 4원수로 표현되는 3차원 순허수 체계가 삽입된다.

그렇다면 3차원 공간에서 i, j, k 중 어떤 것끼리라도 곱하면 무슨 일이 일어날까? 아마 회전일 것이다. 즉 i, j, k가 3차원 공간에서 서로 수직인 축의 세 가지 양의 단위방향을 나타낸다면, i와 j를 곱한 값이 전체 3차원 공간을

90도만큼 회전시킨다. 이때 k축은 그대로 고정한 채 i축을 j축으로 보낸다. 이는 3차원 공간이 두 가지 방향의 모형을 가지며, 물리학자들은 어떤 것이 통상적이어야 하는지 결정해야 함을 말한다. 즉 나사못의 홈을 나무에 시계 방향으로 들어가도록 만들어야 하는가, 아니면 반시계 방향으로 들어가도록 만들어야 하는가의 문제다. 선택은 임의적이지만 관례는 시계 방향을 선호한다. 만약 대학에서 물리학을 공부한 사람이라면 이 회전을 물리학과 수학 모두에 기본적 이해인 공간의 방향에 대한 오른손 법칙으로 기억할지도 모른다.

복소수와 달리 4원수는 공간 속에서 우리 눈에 보이게 만드는 어떤 표현도 갖지 않는다. 그리고 4차원에서 보는 것이 훈련되지 않은 우리 중 누군가가 편안하게 볼 수 있도록 열려 있지도 않다. 그러나 우리는 일반화된 수 체계 속에 4원수를 합법적인 수로 포함한다. 그것들은 기하학적인 방식이 아니라 기호적인 표현의 결과로 나왔을지도 모른다. 이제 4원수는 가장 예상하지 못한 곳에서 나타난다. 오일러는 1777년 상트페테르부르크 아카데미에 제출한 논문에 $\sqrt{-1}$을 i로 표시하지 않았고, 그가 사망하고 나서 1794년에 출판된 책에도 $\sqrt{-1}$은 i로 쓰이지 않았으며, 가우스는 1801년 이후에 i를 일관되게 사용하지 않았다. 4원수는 수리물리학에 결정적으로 기여한 그 주제의 역사 속에서 그렇게 빨리 발견되지 않았을지도 모른다.

머리말

1.   Eugene Wigner, "The Unreasonable Effectiveness of Mathematics in the Natural Sciences, Richard Courant Lecture in Mathematical Sciences Delivered at New York University, May 11, 1959", *Communications in Pure and Applied Mathematics*, vol. 13, no. I (1960): 1~14.

2.   위그너의 이야기가 드모르간Augustus De Morgan의 *A Budget of Paradoxes*(New York: Cosmo Classics, 2007), 285~286에 나오는 훨씬 더 오래된 이야기를 다시 한 것이라고 지적해 준 도슨 Robert Dawson에게 감사드린다.

3.   솔로몬의 신전에 있는 제사장의 대야에 관한 성경 이야기(열왕기 상 7:23)가 있다. "또 바다를 부어 만들었으니 그 지름이 10큐빗이요, 그 모양이 둥글며 그 높이는 5큐빗이요, 그 주위는 30큐빗 줄을 두를 만하다." 이것은 $\pi = 3$이라고 해석하게 한다. 그러나 정말 어떤 상수로 π를 언급하지는 않았다.

4.   여기서 '생략하다'라는 말은 가운데에 있는 글자를 생략해서 단어를 짧게 줄이는 것을 뜻한 다. 그것은 특별한 형태의 약어다. 9세기 중반에 독일인 네셀만G. H. F. Nesselmann은 대수 표기법의 발전을 수사적, 생략적, 상징적 단계 등 3단계로 정리했다. 이에 대해 더 알고 싶다면 John Wesley Young, William Wells Denton, and Ulysses Grant Mitchell, *Lectures on Fundamental Concepts of Algebra and Geometry*(Norwood, MA: Norwood Press, 1911), 226을 보라.

5.   Mohammed ibn Musa al-Khwārizmī, *The Algebra*, trans. and ed. Frederic Rosen(London: Oriental Translation Fund, 1831), 41~42.

6.   이를 내게 알려 준 구베아Fernando Gouvea에게 감사드린다.

정의

1.   *Webster's Third New International Dictionary of the English Language Unabridged.*

2.   앞의 책.

1부 숫자의 역사

1장 기이한 시작

1.   Piotr Wojtal and Krzyszgof Sobxzyk, "Man and Woolly Mammoth at the Krakow Spadzista Street (B)—Taphonomy of the Site", *Journal of Archaeological Science*, vol. 32, no. 2(2005): 193~206.

2.   Quentin Atkinson, R. D. Gray, and A. J. Drummond, "mtDNA Variation Predicts Population Size in Humans and Reveals a Major Southern Asian Chapter in Human Prehistory", *Molecular Biology and Evolution*, vol. 25, no. 2(2008): 468~474.

3.   Joseph Campbell, *The Hero with a Thousand Faces*(Novato, CA: New World Library, 2008), 22.

4.   Joseph Campbell, *The Power of Myth*(New York: Anchor, 1991), 4~5.

5.   A.W.G. Pike, D. L. Hoffmann, M. García-Diez, P. B. Pettitt, J. Alcolea, R. De Balbín, C. González-Sainz, C. de las Heras, J. A. Lasheras, R. Montes, and J. Zilhão, "U-Series Dating of Paleolithic Art in 11 Caves in Spain", *Science*, vol. 336, no. 6087(2012): 1409~1413.

6.   Marc D. Hauser, Noam Chomsky, and W. Tecumseh Fitch, "The Faculty of Language: What Is It, Who Has It, and How Did It Evolve?", *Science*, vol. 22, no. 298(5598)(2002): 1569~1579. Michael Tomasello, *Origin of Human Communication*(Cambridge, MA: MIT Press 2008). 동물이 어떤 바람이나 정보 교환 이상의 것을 나타내는 데 이용하는 언어 기호가 있는지 여부를 두고 오랫동안 논쟁이 벌어졌다. 나는 이 논쟁에서 어느 편도 아니다. 이 논쟁에 대해 더 알고 싶다면, 다음을 보라. Sue Savage-Rumbaugh, Stuart Shanker, and Talbot Taylor, *Apes, Language and the Human Mind*(Oxford, UK: Oxford University Press, 1998). *Characterizing Conciousness: From Cognition to the Clinic?*, ed. Stanislas Dehaene and Yves Christen(Berlin: Springer, 2011), 1~26에 나오는 "Missing Links in the Evolution of Language".

7.   David A. Anthony, *The Horse, the Wheel, and Language: How Bronze Age Riders from the Eurasioan Steppes Shaped the Modern World*(Princeton, NJ: Princeton, 2007), 67.

8.   James P. Allen, *Middle Egyptian: An Introduction to the Language and Culture of Hieroglyphics*(Cambridge, UK: Cambridge University Press, 2010), 2.

9.   앞의 책, 3.

10.   Joseph Campbell, *The Power of Myth*, xviii.

11.   H. G. Wells, *The Outline of History*, vol. 1(Garden City, NY: Garden City Books, 1956), 172.

12.   Edwin C. Krupp, *Echoes of the Ancient Skies: The Astronomy of Lost Civilizations*, *Astronomy Series*(New York: Dover, 2003), 62~70.

13.   D. E. Smith, *History of Mathematics*, vol. 1(New York: Dover, 1958), 7.

14. Levi Leonard Conant, *The Number Concept: Its Origins and Development*(New York: Macmillan, 1931), 5; Daniel G. Brinton, *Essays of an Americanist*(Philadephia: David McKay, 1890), 406.

15. 브레스테드James Henry Breasted에 따르면, 역사상 가장 이르다고 알려진 것은 이집트 달력(기원전 4241년)이다. 이것은 한 달에 30일씩 있는 열두 달 달력으로 표면적으로는 현재 우리 달력보다 좋다. 그런데 이 달력이 정말 그렇게 오래되었는지는 좀 의심스럽다. (기원전 3000년 무렵) 이집트 제1 왕조의 제르Djer 왕 때까지만 거슬러 올라갈지도 모른다. James Henry Breasted, *Ancient Times*(Boston: Ginn & Co., 1966)를 보라.

16. Joseph Campbell, *Myths to Live By*(New York: Penguin, 1993), 8; 신화와 함께하는 삶, 이은희 옮김, 한숲출판사, 2004.

2장 고대의 놀라운 수 체계

1. Daniel Zohary and Maria Hopf, *Domestication of Plants in the Old World: The Origin and Spread of Cultivated Plants in West Asia, Europe, and the Nile Valley*(Oxford, UK: Oxford University Press, 2001), 241~243.

2. Bill T. Arnold, *Who Were the Babylonians?*(Leiden: Brill Academic Publishing, 2005), 2.

3. Eleanor Robson, "Mesopotamian Mathematics" in *The Mathematics of Egypt, Mesopotamia, China, India and Islam, ed. Victor Katz*(Princeton, NJ: Princeton University Press, 2007): 64.

4. 플림프턴이 사망하던 1936년까지 개인적으로 소장하던 이것이 유품으로 컬럼비아대학에 기증되어 설형문자 컬렉션에 있다.

5. E. J. Banks, "Description of Four Tablets Sent to Plimpton", 미출판 원고, Columbia University Libraries Special Collection, Cuneiform Collection, 날짜 미상.

6. Eleanor Robson, "Neither Sherlock Holmes nor Babylon: A Reassessment of Plimpton 322", *Historia Mathematica* 28(2001): 167~206.

7. 초기 설형문자는 갈대로 원형이나 반원형 표시를 남기면서 만들어졌다.

8. 어떤 면에서는 두 가지 기호(𒁹과 𒌋)만 쓰였다. 다른 기호 58개는 두 가지 기본 기호의 연쇄로 볼 수 있었다. 그러나 사람들은 분명한 각 연쇄를 다르게 볼 것이다.

9. Florian Cajori, *A History of Mathematical Notations*(New York: Dover, 1993), 12.

10. 앞의 책, 23~25.

11. 이 수는 종종 아르키메데스의 방법을 쓴 아리스타르코스Aristarchos가 나중에 추정한 값 10^{63}과 혼동된다.

12. Otto Neugebaur, *The Exact Sciences in Antiquity*(New York: Dover Publications, 1969), 10~11.

13. Sterling Dow, "Greek Numerals", *American Journal of Archaelogy*, vol. 56, no. 1(1952): 21~23.

14. Cajori, *A History of Mathematical Notations*, 32.

3장 실크로드와 로열로드를 따라

1. Joseph Dauben, "Chinese Mathematics" in *The Mathematics of Egypt, Mesopotamia, China, India, and Islam: A Sourcebook*, ed. Victor Katz(Princeton, NJ: Princeton University Press, 2007), 297.

2. 앞의 책, 189.

3. Lay Yong Lam, "The Development of Hindu-Arabic and Traditional Chinese Arithmetic", *Chinese Science*, vol. 13(1996): 35~54.

4. 요약된 영어 번역은 Lay Yong Lam, "Nine Chapters on the Mathematical Art: An Overview", *Archive for History of Exact Sciences*, vol. 47, no. 1(1994): 2~51을 보라.

5. Dirk J. Struik, *A Concise History of Mathematics*(New York: Dover Publications, 1987), 74.

6. Wann-Sheng Horng, "Euclid versus Liu Hui: A Pedagogical Reflection" in *Using History to Teach Mathmatics: An International Perspective*, ed. Victor Katz(Cambridge, UK: Cambridge University Press, 2000), 44.

7. Joseph Dauben의 번역을 Victor Katz, ed., *The Mathematics of Egypt, Mesopotamia, China, India, and Islam*, 230에서 볼수 있다.

8. Lay Yong Lam and Tian Se Ang, *Fleeting Footsteps: Tracing the Conception of Arithmetic and Algebra in Ancient China*(Hackensack, NJ: World Scientific, 2004), 182.

9. 앞의 책, 149~182에서 영어 번역을 보라.

10. Robert Temple, *The Genius of China: 3,000 Years of Science, Discovery, and Invention*(New York: Simon & Schuster, 1986), 141.

11. Lay Yong Lam and Tian Se Ang, *Fleeting Footsteps*, 49.

12. Suan Shu Shu, trans. Joseph Dauben, ed. J. C. Marzloff, "The Suan Shu Shu(A Book on Numbers and Computation), A Preliminary Investigation", *Archive for History of Exact Sciences*, vol. 62, no. 2(2008): 91~178.

13. Yan Li and Shi Ran Du, *Chinese Mathematics: A Concise History*, trans. John N. Crossley and Anthony W.-C. Lun(Oxford, UK: Clarendon Press, 1987). Yoshio Mikami, *The Development of Mathematics in China and Japan*(New York: Chelsea, 1974). Philip D. Straffin, "Liu Hui and the First Golden Age of Chinese Mathematics", *Mathematics Magazine*, vol. 71, no. 3(1998): 163~181.

14. Lay Yong Lam and Tian Se Ang, *Fleeting Footsteps*, 183.

15. 산술의 다른 연산들이 어떻게 수행되었는지 구체적으로 잘 설명한 것을 보고 싶다면 Joseph Dauben's essay "Chinese Mathematics"를 보라.

16. Lay Yong Lam and Tian Se Ang, *Fleeting Footsteps*, 185.

17. D. E. Smith and J. Ginsburg, "From Numbers to Numerals and from Numerals to Computation" in *The World of Mathematics*, vol. I, ed. J. R. Newman(New York: Simon and Schuster, 1956), 442~463.

18. *Epinomis*, trans. A. E. Taylor, ed. Edith Hamilton and Huntington Cairns(Princeton, NJ: Princeton University Press, 1961), 978b, 1521.

19. 앞의 책, 977c, 1520 978b.

4장 인도인의 선물

1. G. R. Kay, "Notes on Indian Mathematics", *Journal and Proceedings of the Asiatic Society of Bengal*, vol. III(1907): 475~508.

2. Kim Plofker, "Mathematics in India" in *The Mathematics of Egypt, Mesopotamia, China, India, and Islam: A Sourcebook*, ed. Victor Katz(Princeton, NJ: Princeton University Press, 2007), 386.

3. Lay Yong Lam, "Linkages: Exploring the Similarities between the Chinese Rod Numeral System and Our Numeral System", *Archive for History of Exact Sciences*, vol. 37, no. 4(1987): 365~392.

4. G. G. Joseph, *The Crest of the Peacock, Non-European Roots of Mathematics*(Princeton, NJ: Princeton University Press, 2000), 215~216.

5. Tobias Dantzig, *Number: The Language of Science*, ed. Joseph Mazur(New York: Plume, 2007), 19; 수: 과학의 언어, 권혜승 옮김, 한승, 2008.

6. '고바르'는 서아라비아 숫자들의 이름이다. 이 말은 '흙'을 뜻하는 아랍어 ghubar에서 왔다. 즉 흙이나 모래에 계산하는 옛 방식과 관련된다.

7. 이 대목에서 인용된 많은 권위자들이 광범한 출전에서 정보를 얻었는데, 그중 오늘날 역사가들이 신뢰할 만하다고 보는 것은 별로 없다.

8. Henry Burchard Fine, *The Number-System of Algebra: Treated Theoretically and Historically*(Boston: D. C. Heath, 1903), 90.

9. Kay, "Notes on Indian Mathematics", 475~508.

10. 손가락셈 체계를 더 잘 알고 싶다면 James Gow, *A Short History of Greek Mathematics*(Cambridge, UK: Cambridge University Press, 1884), 25를 보라.

11. J. Wassmann and P. R. Dasen, "Yupno Number System and Counting", *Journal of Cross-Cultural Psychology*, vol. 25, no. 1(1994): 78~94.

12. D. E. Smith, *History of Mathematics*(New York: Dover, 1958), 197.

13. 각자 다른 문화권에 속한 상인들이 손가락셈을 어떻게 썼는지에 대해 더 자세한 설명과 재미난 이야기들을 알고 싶다면 Karl Menninger, *Number Words and Number Symbols: A Cultural History of Numbers*(New York: Dover, 1992), 201~220을 보라.

14. 이것은 $ab=(a-5+b-5)\times10+(10-a)\times(10-b)$이기 때문에 성립한다.

15. 이에 대한 이유는 항등식 $ab=((a-10)+(b-10))\times10+(a-10)\times(b-10)+100$ 에서 나온다. 비슷한 방법이 임의의 두 수에 대해 작동하지만, 다섯 손가락보다 많은 손가락이 필요해질지 모르기 때문에 복잡해진다. 공식 $ab=((a-c)+(b-c))\times c+(a-c)\times(b-c)+c^2$ 을 쓰는 계산이다. 여기서 c 는 곱셈을 다룰 만한 수로 끌어내리기 위해 줄여야 하는 수의 양에 해당한다. 불행히도, 더 큰 수들은 c 를 제곱하는 방법에 대한 지식을 요구한다.

16. D. E. Heath, *History of Mathematics*(New York: Dover, 1953), 119~120.

17. Brian Butterworth, *What Counts: How Every Brain Is Hardwired for Math*(New York: Free Press, 1999).

18. W. Penfield and T. Rasmussen, *The Cerebral Cortex of Man*(New York: Macmillan, 1952).

19. 알려진 로마 주판은 두 개뿐이다. 하나는 파리의 프랑스국립도서관 주화·메달·골동품 분과에 있고, 다른 하나는 로마의 디오클레티아누스 욕장 박물관에 있다.

20. 오른쪽에서 두 번째 홈은 1온스의 배수를 표시하기 위해, 1온스를 나타내는 산가지 다섯 개를 갖는다. 더 짧은 홈의 산가지는 6온스를 나타낸다. 오른쪽에서 첫 번째 홈은 세 부분으로 나뉘며 각각 1/2온스, 1/4온스, 1/3온스를 나타낸다.

21. Charles Burnett, "The Abacus at Echternach in ca. 1000 AD", *Sources and Commentaries in Exact Sciences*, vol. 3(2002): 91~108을 보라.

22. 아피세스는 고대와 중세 성기(11-13세기)의 계산에 관한 글에 나올 때 그 뜻이 헷갈리는 말이다. 때로는 제르베르 주판 자체를 의미하기도 하는데, (피타고라스는 분명히 그런 생각을 하지 않았어도) 피타고라스의 호라고도 알려져 있다. 적절하게 산가지를 의미할 때도 있는데, 이것이 뿔 모양이었기 때문에 꼭짓점을 가졌다. 또 다른 때에는 산가지 위의 기호를 의미했다. 이 책 나머지 부분에서, 이것은 산가지 자체를 의미할 것이다.

23. Menninger, *Number Words and Number Symbols*, 324.

24. Burnett, "The Abacus at Echternach in ca. 1000 AD", 92.

5장 유럽으로 건너간 아라비아숫자

1. Augustus De Morgan, *Elements of Algebra*(London: Taylor and Walton, 1837), i.

2. Sigler, Laurence E., trans., *Fibonacci's Liber Abbaci*(New York: Springer-Verlag, 2002).

3. Albrecht Heeffer, "The Abbaco Tradition(1300.1500): Its Role in the Development of European Algebra", 준비 중인 논문, 2008, pp. 1~2.

4. 1970년대에 폭넓게 작업한 덕에 지금 우리에게는 약 250개의 주산 사본 목록이 있다. 이 목록은 Warren Van Egmond, "Practical Mathematics in the Italian Renaissance: A Catalogue of Italian Abacus Manuscripts and Printed Books to 1600", *Monografia*, 4(Florence: Istituto e Museo di Storia della Scienza, 1980)에 나온다.

5. J. B. Mullinger, *The Schools of Charles the Great and the Restoration of Education in the Ninth Century*(Chicago: Norwood 1980), 12.

6. 15세기가 되기 전에 '주판abacus'이라는 단어는 기계적 수단 외의 계산이라는 더 넓은 의미로 쓰였다. 즉 '산술을 한다'는 뜻이었다.

7. Jens Høyrup, *Jacopo da Firenze's Tractatus algorismi and Early Italian Abacus Culture*(Basel: Birkhauser, 2007), 44.

8. 이 번역은 피보나치의 《산반서》 라틴어판 서문에서 따왔는데, 겐트대학의 논리학·과학 철학센터에 있는 히퍼Albrecht Heeffer 교수의 논문 8쪽에 등장한다. 논문 제목은 'Epistomic Justification and Operational Symbolism'으로 http://logica.ugent.be/albrecht/thesis/EpistemicJustification.pdf(2013년 8월 13일 접속)에서 볼 수 있다.

9. Jens Høyrup, "Leonardo Fibonacci and Abbaco Culture: A Proposal to Invert the Roles", *Revue d'histoire des mathematiques*, vol. 11(2005): 23~56.

10. D. E. Smith and L. C. Karpinski, *The Hindu-Arabic Numerals*(Boston: Ginn and Co., 1911), iii.

11. Thomas Frank, Steven John Livesey, and Faith Wallis, *Medieval Science, Technology, and Medicine*(London: Routledge, 2005), 135.

12. Warren van Egmond, "The Commercial Revolution and the Beginnings of Western Mathematics in Renaissance Florence, 1300~1500", Ph. D. Thesis, Indiana University, 1976.

13. D. E. Smith and Yekuthiel Ginsburg, "Rabbi Ben Ezra and the Hindu-Arabic Problem", *American Mathematical Monthly*, vol. 25(1918): 99~108.

14. W. W. Rouse Ball, *A Short Account of the History of Mathematics*(London: Macmillan, 1908), 168.

15. Al-Biruni, Alberuni's *India: An Account of the Religion, Philosophy, Literature, Geography, Chronology, Astronomy, Customs, Laws and Astrology of India about A.S. 1030.*, ed. Edward C. Sachau, vol. II(London: Trubner & Co, 1888), 15.

16. Jan P. Hogendijk and Abdelhamid I. Sabra, eds., *The Enterprise of Science in Islam: New Perspectives(Dibner Institute Studies in the History of Science and Technology)*(Cambridge, MA: MIT Press, 2003), 3~18.

17. 0의 역사를 다룬 좋은 책들이 있다. 따라서 여기서는 자세한 이야기로 들어갈 필요가 없다. Robert Kaplan, *The Nothing That Is: A Natural History of Zero*(New York: Oxford University Press, 2000); 존재하는 무0의 세계(심재관 옮김, 이끌리오, 2003), Charles Seife, *Zero: The Biography of a Dangerous Idea*(New York: Penguin, 2000); 무의 수학 무한의 수학(고중숙 옮김, 시스테마, 2011)을 추천한다.

18. Radha Charan Gupta, "India" in *Writing the History of Mathematics: Its Historical Development*, ed. Joseph Warren Dauben and Christopher J. Scriba(Basel: Birkhauser, 2002), 307.

19. W. W. Rouse Ball, *A Short Account of the History of Mathematics*, 144~146.

6장 아랍의 선물

1. 아랍인 이름에서 알al은 '~에서 태어난'을 뜻한다. 알콰리즈미의 이름에서는 오늘날 우즈베키스탄의 지명이 보인다.

2. Carl B. Boyer and Uta C. Merzbach, *A History of Mathematics*(New York: John Wiley, 2011), 228; 수학의 역사(양영오 외 옮김, 경문사, 2000).

3. 인도숫자를 다룬 아랍 교재가 10세기까지 많았다. Abu l'Hasan Al Uqlidisi, *Kitab al fusal fil hisab al Hindi*(950); 인도 자릿값 체계를 포함한 Ibn Al-Qifti, *Ta'rikh al-Hukama*(900); Al-Kindi, *Ketab fi Isti'mal al-'Adad al-Hindi*(830?); Abul Wafa Al-Buzjani, *Kitab al-Hindusa*(940~997, 998); 현존하는 아랍 책 중 인도숫자를 다룬 가장 오래된 책인 Kushyer Ibn Labban, *Kitab Fi Usual Hisab Al Hind*(971) 등을 예로 들 수 있다. 더 자세한 내용은 Georges Ifrah, *The Universal History of Numbers*(New York: Wiley, 2000), 589; 숫자의 탄생(김병욱 옮김, 부키, 2011)을 보라. 또한 Abu Kamil, *Principles of Hindu Reckoning*, trans. Martin Levey(Madison: University of Wisconsin, 1966), 24를 보라.

4. *Robert of Chester's Latin translation of the Algebra of al-Khowarizmi*(New York: Macmillan, 1915).

5. 알콰리즈미의 《대수》 초기 번역본의 포괄적인 목록은 Albrecht Heeffer, "A Conceptual Analysis of Early Arabic Algebra" in *Unity of Science in the Arabic Tradition*, ed. Shahid Rahman, Tony Street, and Hassan Tahiri(New York: Springer-Verlag, 2008), 91~92를 보라.

6. 13세기 라틴어 번역본은 케임브리지대학교 도서관 MS Ii, vi.5, 104r~111v에 있다.

7. Fibonacci, *Liber abbaci*, trans. L. E. Sigler(New York: Springer-Verlag, 2002), 17.

8. Charles Burnett, "Learning Indian Arithmetic in the Early Thirteenth Century", *Boletín de la Asociación Matemática Venezolana*, vol. IX, no. 1(2002): 15.

9. Otto Neugebaur, *The Exact Sciences in Antiquity*(New York: Dover Publications, 1969), 24n.

7장 《산반서》

1. Fibonacci, *Liber abbaci*에서 435, 430, 273, 274쪽을 보라.

2. 앞의 책, 1.

3. 이 주제에 관해 더 알고 싶다면 Charles Burnett, *Numerals and Arithmetic in the Middle Ages*(Farnum, Surrey, UK: Ashgate, 2010), xi, 87~97 또는 Charles Burnett, "Fibonacci's 'Method of the Indians'", *Bollettino di Storia delle scienze matematiche*, vol. 23(2003 [published 2005]): 87~97을 보라.

4. Burnett, "Learning Indian Arithmetic in the Early Thirteenth Century", 91.

5. 이에 대해 알려 준 프란치Raffaella Franci에게 감사드린다.

6. Raffaella Franci, "Trends in Fourteenth-Century Italian Algebra", *Oriens-Occidens*, vol. 4(2004): 81.105.

7.   Elisabetta Ulivi, "enedetto da Firenze(1429.1479), un maestro d'abbaco del xc secolo. Con documenti inediti e con un'Appendice su abacisti e scuole d'abaco a Firenze nei secoli xiii.xvi", *Bollettino di Storia delle Scienze Matematiche*, no. 22(2002): 1~243.

8.   나는 이 책이 언제 발견되었는지 정확하게는 모른다. 그러나 1989년보다 앞선다는 것은 확실하다. 유명한 책 몇 권은 프란치가 발견했다고 했다. 그러나 프란치와 이야기해 본 결과, 그녀는 그 책들을 아리기가 발견했다고 주장했다.

9.   Gino Arrighi, "Maestro Umbro(Sec. XIII) Livero De L'Abbecho(cod. 2404 della Biblioteca Riccardiana di Firenze)", *Bollettino Della Deputazione Di Storia Patria Per L'Umbria*, vol. LXXXVI(1989): 5.140.

10.   Jens Høyrup, "Leonardo Fibonacci and Abbaco Culture: A Proposal to Invert the Roles", *Revue d'histoire des mathematiques*, vol. 11(2005): 27~28.

11.   피사에서 13세기 초에 쓰인 두 책을 프란치가 연구하고 있는데, 사라진 《작은 책》의 내용에 대한 단서를 얻을 수도 있다. Raffaella Franci, "Leonardo Pisano e la trattatistica dell'abaco in Italia nei secoli XIV e XV", *Bollettino di Storia delle scienze matematiche*, vol. 23, no. 2(2003): 33~54를 보라.

12.   앞의 책, 82.

13.   인도숫자의 이탈리아 전파에서, 피보나치의 영향에 관한 논쟁을 명확히 해 준 것에 대해 프란치에게 감사드린다.

14.   버넷과 나눈 대화를 통해서 알았다.

15.   Høyrup, "Leonardo Fibonacci and Abbaco Culture", 23.

16.   〈산술에 관한 시〉의 고문서 사본으로 떠도는 것이 여전히 많은 점에 기초해 그것이 틀림없이 유명했다고 본다. James Andrew Corcoran, Patrick John Ryan, and Edmond Francis Prendergast, "The Catholic Church and the Gentle Science of Numbers", *American Catholic Quarterly Review*, vol. 44(1919): 135를 보라.

17.   12세기에 살렘수도원의 도서관은 유럽에서 가장 중요한 도서관으로 꼽혔다.

18.   Smith and Karpinski, *The Hindu-Arabic Numerals*, iii. Georges Ifrah, *The Universal History of Numbers*(New York: Wiley, 2000), 556~566. 사크로보스코 교재의 주요 부분에 대해 이해하기 쉽게 주석이 달린 번역을 *A Source Book in Medieval Science*, ed. E. Grant(Cambridge, MA: Harvard University Press1974), 94~102에서 찾아볼 수 있다.

19.   A. L. Basham, *The Wonder That Was India: A Survey of the Culture of the Indian Sub-Continent before the Coming of the Muslims*(New Delhi: Picador, India edition, 2005), 414.

20.   Thomas F. Glick, Steven Livesey, and Faith Wallis, eds., *Medieval Science, Technology, and Medicine: An Encyclopedia*(Routledge Encyclopedias of the Middle Ages)(Oxford, UK: Routledge, 2005), 39.

21.   Charles Burnett, "The Semantics of Indian Numerals in Arabic, Greek, and Latin", *Journal of Indian Philosophy*, vol. 34(2006): 15~30.

22. Richard Lemay, "The Hispanic Origin of Our Present Numeral Forms" in *Viator*, vol. 8: *Medieval and Renaissance Studies*, ed. Henry Ansgar Kelly(Los Angeles: University of California Press, 1977), 435~438.

23. El-Mas'údì, *Meadows of Gold and Mines of Gems*, vol. 1., trans. Aloys Sprenger(London: Oriental Translation Fund, 1841), 201.

24. 앞의 책, 27.

25. Clement Huart, *A History of Arabic Literature*(London: William Heinemann, 1903), 183.

26. El-Mas'údì, *Meadows of Gold and Mines of Gems*, 200~201.

27. 내가 알기로는 현존하는 인도 숫자에 관한 책 중 가장 오래된 《주판책*Livero de l'abbecho*》이 1290년 무렵까지 거슬러 올라간다. 하지만 이 책을 본 적이 없다. 이 책이 분명히 Warren Van Egmond, *Practical Mathematics in the Italian Renaissance: A Catalogue of Italian Abbacus Manuscripts and Printed Books to 1600*(Florence: Instituto E Museo di Storia Della Scienza, 1981)의 목록에는 있다.

28. George Peacock, "History of Arithmetic" in *Encyclopedia Metropolitana*, ed. Samuel Taylor Coleridge, London: (1847), 369~523. C. A. Bayly, *Empire and Information: Intelligence Gathering and Social Communication in India, 1780~1870*(Cambridge, UK: Cambridge University Press, 1996). Kapil Raj, "Colonial Encounters and the Forging of New Knowledge and National Identities: Great Britain and India, 1760~1850", *Osiris*, vol. 15(Nature and Empire: Science and the Colonial Enterprise, 2000): 119~134. Kapil Raj, *Relocating Modern Science: Circulation and the Construction of Scientific Knowledge in South Asia and Europe, 17th and 19th Centuries*(Delhi: Permanent Black, 2006). 물론 피콕이 영어 문화권에서만 있었다는 사실을 비롯한 다른 이유들도 고려해야 한다. Charles Burnett, "Indian Numerals in the Mediterranean Basin in the Twelfth Century, with Special Reference to the Eastern Forms" in *From China to Paris: 2000 Years' Transmission of Mathematical Ideas(Boethius. Texte und Abhandlungen zur Geschichte der Mathematik und der Naturwissenschaften)*, ed. Benno van Dalen, Joseph Dauben, Yvonne Dold-Semplonius, and Menso Folkerts(Wiesbaden: Franz Steiner Verlag, 2002), 240~245를 보라.

8장 기원을 둘러싼 논쟁

1. Michael Farquhar, *A Treasury of Deception*(New York: Penguin, 2005), 150~151.

2. Ken Alder, "History's Greatest Forger: Science, Fiction, and Fraud along the Seine", *Critical Inquiry*, vol. 30(Summer 2004): 704~716.

3. 그들의 주장 중 일부의 기록이 프랑스 국립도서관(BNF Res-Z-1249/희귀본)에 있다(나는 이 기록을 본 적이 없다).

4. Guillaume Libri, *Histoire des science en Italie: depuis la renaissance des lettres jusqu'à la fin du dix- septième siècle*, vol. 1(Paris: Jules Renouard, 1838), 117~135.

5. Mémoires et Communications, *Comptes Rendus Hebdomadaires des Séances de l'Académie des Sciences*, vol. 12(1841): 741~756.

6. 파리제7대학에 있는 켈러Agathe Keller는 1827년부터 1907년까지 출판된 수의 기원과 산술학에 관한 글 99편을 찾았는데, 그 목록이 모든 것을 포함한다고 믿지는 않는다.

7. G. R. Kaye, "Notes on Indian Mathematics.Arithmetical Notations", *Journal of the Asiatic Society of Bengal*, n.s. vol. III , no. 7(1907): 475~508.

8. 이 자작나무 껍질은 현재 옥스퍼드의 보들리도서관에 있다(MS. Sansk. d. 14). 하지만 너무 손상되기 쉬워서 살펴볼 수가 없다.

9. G. R. Kaye, "Notes on Indian Mathematics", 493.

10. Bibhutibhusan Datta, "Review: G. R. Kaye, The Bakhshali Manuscript — A Study in Medieval Mathematics", *Bulletin of the American Mathematical Society*, vol. 35, no. 4(1929): 579~580. 또한 Bibhutibhusan Datta, "The Bakhhshali Manuscript", *Bulletin of the Calcutta Mathematical Society*, vol. 21(1929): 1~60을 보라.

11. G. G. Joseph, *The Crest of the Peacock, Non-European Roots of Mathematics*(Princeton, NJ: Princeton University Press, 2000), 215~216.

12. "George Peacock's Arithmetic in the Changing Landscape of the History of Mathematics in India", *Indian journal of history of science*, vol. 46, no. 2(2011).

13. Benoy Kumar Sarkar, *Hindu Achievements in the Exact Sciences*(Ithaca, NY: Cornell University Library[scanned from the 1918 edition], 2009), 8~11.

14. G. R. Kaye, "Notes on Indian Mathematics", 293~297.

15. Bibhutibhusan Datta, "The Bakhhshali Manuscript", 1~60.

16. Karl Menninger, *Number Words and Number Symbols: A Cultural History of Numbers*(New York: Dover, 1992), 406.

17. Charles Burnett, "Learning Indian Arithmetic in the Early Thirteenth Century", *Boletin de la Asociacion Matematica Venezolana*, vol. IX, no. 1(2002): 15~26.

18. Benno van Dalen, Joseph Dauben, Yvonne Dold-Samplonius, and Menso Folkets, eds., *China to Paris: 2000 Years' Transmission of Mathematical Ideas(Boethius. Texte und Abhandlungen zur Geschichte der Mathematik und der Naturwissenschaften)*(Wiesbaden: Franz Steiner Verlag, 2002), 266.

19. Menninger, *Number Words and Number Symbols*, 315.

20. Orstein Ore, *Number Theory and Its History*(New York: Dover, 1988), 21.

21. G. F. Hill, *The Development of Arabic Numerals in Europe*(Oxford, UK: Oxford University Press, 1915), 28을 보라.

2부　대수의 역사

9장 기호 없이

1. http://www.claymath.org/library/historical/euclid를 보라(2013년 8월 13일 접속).

2. Euclid, II, 7.

3. Proclus, *A Commentary on the First Book of Euclid's Elements*, trans. with introduction and notes by Glenn R. Morrow(Princeton, NJ: Princeton University Press, 1992).

4. Stacy Schiff, *Cleopatra: A Life*(New York: Little Brown, 2010), 67~68.

5. Alberto Manguel, *A History of Reading*(New York: Penguin, 1996), 43; 독서의 역사, 정명진 옮김, 세종서적, 2000.

6. Sir Thomas Heath, *Diophantus of Alexandria: A Study in the History of Greek Algebra*(Cambridge, UK: Cambridge University Press, 1910), 32~34.

7. 앞의 책, 41~42.

8. Frederic Rosen, *The Algebra of Mohammed Ben Musa*, ed. and trans. Frederic Rosen(London: Printed for the Oriental Translation Fund, 1831), 10~11. 또한 Florian Cajori, *A History of Mathematical Notations*(New York: Dover, 1928), 84에서 찾아 이용할 수 있는 것을 보라.

9. Jens Høyrup, "Hesitating Progress-The Slow Development toward Algebraic Symbolization in Abbacus and Related Manuscripts, ca. 1300 to ca. 1550" in *Philosophical Aspects of Symbolic Reasoning in Early Modern Mathematics, Studies in Logic*, vol. 2, no. 26, ed. Albrecht Heeffer and Maarten Van Dyck(London: College Publications, 2010), 3~56.

10. 2차방정식 근의 공식에 따라 그 해는 이렇게 계산된다.

$$x = \frac{10}{2} \pm \sqrt{\left(\frac{10}{2}\right)^2 - 21}$$

$$= 5 \pm \sqrt{25 - 21}$$

$$= 5 \pm \sqrt{4}$$

$$= 5 \pm 2$$

$$= 3 \text{ 또는 } 7$$

11. Høyrup, "Hesitating Progress", 3~56.

12. 앞의 책.

13. Tobias Dantzig, Number: *The Language of Science,* ed. Joseph Mazur(New York: Plume, 2007), 90. 클라인Jacob Klein은 이 해방에서 뭔가를 잃어버렸다고 주장했다. Jacob Klein, *Greek Mathematical Thought and the Origin of Algebra*(New York: Dover, 1992)를 보라.

10장 디오판토스의 《산술》

1. Ian Stewart, *Why Beauty Is Truth: A History of Symmetry*(New York: Basic Books, 2007), 34; 아름다움은 왜 진리인가, 안재권·안기연 옮김, 승산, 2010.

2. 우리는 이를 《산술》 제5권 중 각각이 주어진 수에 더해지면 제곱수를 주는 등비수열의 세 수를 찾으라는 문제 2에서 보았다. 그는 주어진 수로 20을 고르고 $4x^2+20=4$를 풀려고 한다. 그런 다음 4가 20보다 큰 수여야 한다는 것이니, 터무니없다고 말한다.

3. Sir Thomas L. Heath, *A History of Greek Mathematics*, vol. II(Oxford, UK: Clarendon, 1921), 458.

4. L. D. Reynolds and N. G. Wilson, *Scribes and Scholars: A Guide to the Transmission of Greek and Latin Literature*(Oxford, UK: Clarendon Press, 1978), 50.

5. D'Arcy Thompson, "The S of Diophantus", *Transactions of the Royal Society of Edinburgh*, vol. XXXVIII, no. 17(1896): 607~609. 또한 James Gow, *History of Greek Mathematics*(Cambridge, UK: Cambridge University Press, 1884), addenda, ix를 보라.

6. Sir Thomas L. Heath, *Diophantus of Alexandria: A Study in the History of Greek Algebra*(Cambridge, UK: Cambridge University Press, 1910), 62~64.

7. 이 축약들도 첫 음절이라는 것에 유의하라.

8. D'Arcy Thompson, "The S of Diophantus", 607~609.

9. James Gow, *History of Greek Mathematics*, addenda, 109 footnote.

10. E. A. Wallis Budge, *Egyptian Hieroglyphic Dictionary*(Whitefish, MT: Kessinger Publishing, 2003).

11. Heath, *Diophantus of Alexandria*, 32~36.

12. http://books.google.com/books?id5RL1CAAAAcAAJ&printsec5frontcover&source5gbs_ge_summary_r&cad50v5onepage&q&f5false에서 볼 수 있다(2013년 8월 12일 접속).

13. James Gow, *History of Greek Mathematics*, addenda, 109 footnote.

14. 가장 오래된 것(Vat. gr. 191)은 13세기까지 거슬러 올라간다. 14~16세기의 다른 것들은 바티칸 도서관 Barb. gr. 267, Pal. gr. 391, Reg. gr. 128, Ross. 980, Urb. gr. 74, Vat. gr. 200, Vat. gr. 304에 있다.

15. 그 번역을 Qusta ibn Lukqa, trans., *The Arabic Text of Books IV to VII of Diophantus's Arithmetika*(Ann Arbor, MI: University Microfilms, 1979)에서 찾을 수 있다.

16. 이제 구글 e-Books 덕분에 《산술》의 바셰 편집판 전체를 온라인으로 찾아볼 수 있다. http://books.google.com/ebooks/reader?id5RL1CAAAAcAAJ&printsec5frontcover&output5reader(2013년 8월 12일 접속).

17. John W. Baldwin, *The Scholastic Culture of the Middle Ages, 1000~1300*(Lexington, MA: D. C. Heath, 1971), 40.

18. 나는 *ars rei et census*를 '어떤 것의 기술과 특징the art and quality of the thing'으로 옮기자고 제안한다. '어떤 것'을 뜻하는 rei로 그가 틀림없이 '미지수'를 나타내려고 했다고 보기 때문이다.

19. Heath, *Diophantus of Alexandria*, 21.

20. 앞의 책, 20.

21. 앞의 책, 20.

22. Tannery, Paul, *Dictionary of Scientific Biography*(New York: Scribner, 1970), 251~257. 또한 Sir Thomas L. Heath, *Diophantus of Alexandria*, 15를 보라.

23. 유럽문화유산 온라인 ECHO 덕분에 크실란더의 6권 번역을 다 http://echo.mpiwg-berlin. mpg.de/ECHOdocuViewfull?start51&viewMode5images&ws51.5&mode5imagepath&url5/mpiwg/online/permanent/library/W770Y3H9/pageimg&pn51(2013년 8월 12일 접속)에서 찾아볼 수 있다.

24. 《마르키아누스》는 그 이름에 맞게 베네치아의 산마르코도서관에 있다.

25. 바셰의 번역본에서 문자들은 소문자고 x제곱은 이상한 기호 다. 다른 번역본에서는 기호들이 대문자다.

26. 이는 15세기 중반부터 17세기 중반까지 많은 고문서들의 라틴어 번역본에서 사용된 표기법이다. W. W. Rouse Ball, *A Short Account of the History of Mathematics*(London: Macmillan, 1908), 216을 보라.

27. Bachet, *Arithmetica*, 321.

28. Diophanti Alexandrini, *Opera Omnia*, vol. 1, ed. and trans. into Latin by Paulus Tannery(Leipzig: B.G. Teubneri, 1843), xxxiv–xxxix.

29. Diophanti Alexandrini, *Opera Omnia*, 6~7.

30. Bachet VI, problem 12. 또한 간단한 분수들을 위해 Heath, A *History of Greek Mathematics*, 460과 Gow, *History of Greek Mathematics*, 110을 보라.

31. 이는 Gow, *History of Greek Mathematics*, addenda, 108에 나오는 번역이다. 히스는 *Diophantus of Alexandria*, 129에서 더 정확하게 번역했다. "아마 그 주제는 오히려 어렵게 보일 것이다. 그것이 아직 익숙하지 않기 때문에 더더욱 그럴 것이다(초보자들은 일반적으로 너무 쉽게 성공에 대한 희망을 버린다). 그러나 당신은 열정의 자극과 내 가르침이라는 이점 덕에 그것을 쉽게 통달할 수 있음을 알게 될 것이다. 배우려는 열망은 가르침의 도움을 받으면 확실히 빨리 진전한다."

32. 우리는 또한 큰 수를 세 개씩 묶어서 쉼표로 구분해서 쓰는 것에 고마워한다. 이런 방법은 피보나치의 《산반서》에서 찾을 수 있는데, 그는 숫자들을 묶기 위해 쉼표 대신 괄호와 비슷한 것을 썼다.

바세의 번역본에서, 기호들이 모두 소문자였음을 유의하라. 바세는 [그리스어 기호] 의 번역으로 1Q.+2N.+1을 제시한다.

11장 위대한 기술

1. *Encyclopaedia of the History of Science, Technology, and Medicine in Non-Western Cultures*, ed. Helaine Selin(Dordrecht: Kluwer Academic, 1997), 162.

2. Mohammed Ben Musa al-Khwārizmī, *The Algebra of Mohammed Ben Musa*, ed. and trans. Frederic Rosen(London: J. Murray, 1831), 5.

3. 14세기 Vienna MS.(Codex Vindobonensis 4770 Rec. 3246 XIV. 339.8), 15세기 Dresden MS.(Codex Dresdensis C. 80), 16세기 Columbia University MS.(Codex Universitatis Columbiae, MS X 512, Sch. 2, Q.).

4. Charles Hutton, *Mathematical and Philosophical Dictionary*, vol. 1(London: J. Johnson, 1796), 63.

5. Louis Charles Karpinski, *Robert of Chester's Latin Translation of the Algebra of Al-Khwarizmi*(New York: Macmillan, 1915), 111. 이 책은 라틴어 번역본과 영어 번역본도 있다.

6. 앞의 책, 111.

7. 앞의 책, 9.

12장 대수기호의 출현

1. Samuel Johnson, *Dictionary of the English Language, and An English Grammar*, 6th ed.(London: Revington, Payne, etc., 1785), 318.

2. Michael Sean Mahoney, *The Mathematical Career of Pierre de Fermat, 1601~1665*(Princeton, NJ: Princeton University Press, 1994), 32.

3. E. T. Bell, *The Development of Mathematics*(New York: Dover, 1945), 34.

4. 앞의 책, 125.

5. A. Djebbar, *Enseignement et recherche mathématiques dans le Maghreb des XIIIe–XIVe siècles*(Paris: Université Paris-Sud, Publications Mathématiques d'Orsay, 1981), 55~75.

6. 치환이 어떻게 일반적인 3차방정식을 2차항이 없는 방정식으로 변화하는지를 더 자세히 알고 싶다면 Paul J. Nahin, *An Imaginary Tale: The Story of i*(Princeton, NJ: Princeton University Press, 1999), 8~11을 보라.

7. 이 유명한 불화에 관해 더 알고 싶다면 John Derbyshire, *Unknown Quantity: A Real and Imaginary History of Algebra*(New York: Joseph Henry, 2006), 81~85; 미지수 상상의 역사(고중숙 옮김, 승산, 2009)를 보라.

8. Girolamo Cardano, *Ars Magna or the Rules of Algebra*, trans. T. Richard Witmer(New York: Dover, 1993), 8.

9. 앞의 책, 96.

10. Albrecht Heeffer, "Negative Numbers as an Epistemic Difficult Concept: Some Lessons from History", 집필 중인 논문, Center for Logic and Philosophy of Science, Ghent University, 5. 연도 미상.

11. 앞의 글, 6.

12. Cardano, Ars *Magna* 또는 *The Rules of Algebra*, 9.

13. 앞의 책.

14. Ernst Mach, *Popular Scientific Lectures,* trans. Thomas J. McCormack(Chicago: Open Court, 1895), 195~196.

13장 소심한 근의 기호

1. Codex Gotting. Philos. 30, University of Göttingen. 저자는 자신을 Initius Alegbras라고 불렀다.

2. W. W. Rouse Ball, *A Short Account of the History of Mathematics*(London: Macmillan, 1908), 215. 볼은 《미지수》에서 세제곱근은 √√√, 네제곱근은 √√로 표시되었다고 주장했다. 하지만 나는 《미지수》에서 실제로 아주 다른 것을 나타내는 기호 √.√ 말고는 그런 표기법을 전혀 볼 수 없었다. 또한 그는 출판 연도가 1526년이라고 주장했지만, 내가 찾을 수 있는 유일한 출판본(슈티펠 편집본)은 1554년으로 되어 있다. Michael Stifel, *Die Coss Christoffe Ludolffs mit schönen Exempeln der Coss. Gedrückt durch Alexandrum Lutomyslensem*(Königsberg, Prussia, 1554).

3. Stifel, *Die Coss* Christoffe Ludolffs, folio 83.

4. 앞의 책, folio 125.

5. 이것이 ('근'을 뜻하는) 라틴어 라딕스에서 왔을 수도 있다.

6. Cajori, A *History of Mathematical Notations*, vol. I, 366~369.

7. Jens Høyrup, "Hesitating Progress—The Slow Development toward Algebraic Symbolization in Abacus and Related Manuscripts, ca. 1300 to ca. 1550", Conference paper of Philosophical Aspects of Symbolic Reasoning in *Early Modern Science and Mathematics*, Ghent, 27~29(August 2009): 18.

8. 앞의 책, 19.

9. Nicolas Chuquet, *Renaissance Mathematician: A Study with Extensive Translation of Chuquet's Mathematical Manuscript Completed in 1484*, ed. Graham Flegg, Cynthia Hay, Barbara Moss(Dordtrecht: Reidel, 1985), 93.

10. 앞의 책.

11. 내가 본 《산술집성》 사본은 옛 독일어로 번역되어 옛 철자법을 쓴 데다 단어들이 너무 다닥다닥 붙어서 거의 읽을 수가 없었다. 그래서 나는 Florian Cajori, A *History of Mathematical Notations*, vol. I(New York: Dover, 1993), 336에 의존했다.

12. *Mathematics from Manuscript to Print 1300~1600*, ed. C. Hay(Oxford, UK: Oxford University Press, 1988), 73~88에 나오는 G Beaujouan, "The Place of Nicolas Chuquet in a

Typology of Fifteenth Century French Arithmetic"과 같은 책 117~126쪽에 나오는 B. Moss, "Chuquet's Mathematical Executor: Could Estienne de la Roche Have Changed the History of Algebra?"를 보라.

13. Cajori, A *History of Mathematical Notations*, vol. I, 100.

14. 음수 지수에 관해서는 John Wallis, *Mathesis Universalis*(Oxford, UK: Oxford, 1657), 65~68에서 찾아볼 수 있다. 뉴턴은 음수 지수라는 개념을 완성했다. 음수 지수가 그의 '곡선의 구적에 대하여 De quadratura Curvarum'에 나오고, *The Mathematical Papers of Isaac Newton*, vol. VII, 1691~1695, ed. D. T. Whiteside(Cambridge, UK: Cambridge University Press, 1976), 154에서 찾아볼 수 있다.

15. W. W. Rouse Ball, *A Short Account of the History of Mathematics*(London: Macmillan, 1908), 217.

14장 거듭제곱의 서열

1. 봄벨리의 《대수L'Algebra》 서문과 Barry Mazur and Federica La Nave, "Reading Bombelli", *The Mathematical Intelligencer*, vol. 24, no. 1 (2002): 12~21에 있다.

2. 카조리는 그가 볼로냐의 수학자 보르톨로티Ettore Bortolotti에서 비롯한 등호 기호가 볼로냐에서 '레코드와 무관하게 그리고 아마도 그보다 더 전에' 발전했다는 대화를 나눴다고 주장했다. Florian Cajori, *A History of Mathematical Notation*, vol. 1, 126을 보라.

3. 나는 《대수》를 전체적으로 샅샅이 살펴보았고, *fa·fara·eguali·eguale* 등이 사용된 수백 가지 경우를 발견했다. 하지만 어떤 표현들이 *equale*로 한데 묶인 경우는 거의 보지 못했다.

4. Rafael Bombelli, *L'Algebra*, book II(Bologna: Giouanni Rossi, 1579), 204. Biblioteca della Scuola Normale Superiore와 Centro di Ricerca Matematica Ennio De Giorgi 덕분에, 이것을 http://mathematica.sns.it/opere/9/에서 찾아볼 수 있다(2013년 8월 13일 접속).

5. William Shakespeare, *Cymbeline, King of Britain*, act IV, scene 2.

6. Barry Mazur, *Imagining Numbers: Particularly the Square Root of Minus Fifteen*(New York: Farrar, Straus and Giroux, 2003), 107~131; 허수, 박병철 옮김, 승산, 2008.

7. Florian Cajori, *A History of Mathematical Notations*, vol. II, 127.

8. 앞의 책, 224.

15장 모음과 자음

1. François Viète, *Opera mathematica*(Leiden: Elzevir, 1646), 399.

2. 원의 지름에 대한 둘레의 비인 원주율을 나타내는 기호 π를 존스가 고안했음을 기억하라. 그는 이것을 1706년에 처음 썼다. 그 과정에 대해 더 알고 싶다면 Petr Beckmann, *A History of Pi*(New York: St. Martins, 1976), 92~94; 파이의 역사(김인수 옮김, 민음사, 1995)를 보라.

3. 1646년에 비에트의 저작을 모은 책이 스호텐Franciscus van Schooten의 편집으로 출판되었다. 그는 비에트의 《수학 총서Opera mathematica》 편집자로, 여러 항에 걸쳐서 연장될 수 있는 막대가 위에

있는 기호 $\sqrt{}$ 를 쓴 주석과 설명을 넣었다. 스호텐이 비에트의 수사적 설명을 400쪽에 있는 기호를 이용한 표기로 옮기려고 할 때 $2/\pi$에 대한 공식을 잘못 쓴 것은 흥미롭다. 이것은 어떤 구절에 있는 말의 뜻을 해석하려고 할 때 실수하기가 얼마나 쉬운지를 보여 준다.

4. 비에트는 때때로 레코드의 등호 기호를 썼다. Viète, *Opera mathematica*, 20을 보라.

5. Viète, *Opera mathematica*, 246. http://books.google.com/ebooks/reader?id5DAG1icM_CkMC&printsec5frontcover&output5reader (2013년 8월 13일 접속)에서 볼 수 있다.

6. Michael Sean Mahoney, *The Mathematical Career of Pierre de Fermat, 1601~1665*(Princeton, NJ: Princeton University Press, 1994), 32.

7. Euclid, *Elements*, vol. I, trans. Sir Thomas Heath(New York: Dover, 1956), 373.

8. 앞의 책, 376.

9. $(a+b)^2 = (a+b)(a+b) = a(a+b) + b(a+b) = aa+ab+ba+bb = a^2+2ab+b^2 = b^2+2ab$

10. Tobias Dantzig, *Number: The Language of Science, ed. Joseph Mazur*(New York: Plume, 2007), 90.

11. 이를 지적해 준 구베아에게 감사드린다.

12. 스테빈은 《산술》에서 무리수를 수로 받아들이자고 했다.

13. Florian Cajori, *A History of Mathematical Notations*, vol. II(New York: Dover, 1993), 131.

14. 사실은 이보다 조금 더 많음을 가리킨다. 즉 임의의 복소수 계수를 갖는 차수가 $n-1$인 다항식은 적어도 하나의 근을 가진다고 말한다. 그러나 그것이 근을 하나 갖는다면, 그것이 근을 n개 가져야 함을 보이기는 쉽다. 이는 그 다항식을 두 다항식의 곱으로 쪼개는 것을 아는 데서 나온다. 그중 하나는 $(x-r)$로, 여기서 r은 기본 정리에서 보장된 근이며 다른 것은 차수가 $n-1$인 다항식이다.

15. Viète, *Opera mathematica*, 12.

16장 폭발

1. 데카르트의 《기하학》을 더 깊이 이해하고 싶다면, Emily R. Grosholz, *Representations and Productive Ambiguity in Mathematics and the Sciences*(Oxford, UK: Oxford University Press, 2007), 165~183을 보라.

2. René Descartes, *Geometria a Renato Descartes*, ed. Florimondi de Beaune and Francisci van Schooten(Amsterdam: Elzevir 1659), 2.

3. 이를 지적해 준 그로슐츠Emily Grosholz에게 깊이 감사드린다.

4. René Descartes, *Geometria*, ed. F. van Schooten(Leiden: Elzevir, 1659), 3.

5. Florian Cajori, *A History of Mathematical Notations*, vol. I(New York: Dover, 1993), 374.

6. Descartes, *Geometria*, 4.

7. 앞의 책, 69.

8. 앞의 책, 6.

9. 17세기에는 자연이 역학적이자 수학적이라는 생각을 하기 어려웠다고 지적해 준 그로슐츠에

게 감사드린다.

10. A. P. Youschkevitch, ˝The Concept of Function up to the Middle of the 19th Century˝, *Archive for History of Exact Sciences*, vol. 16, no. 1(1976): 37~85.

17장 새로운 기호

1. John Aubrey, ˝*Brief Lives*˝, *Chiefly of Contemporaries, Set Down by John Aubrey, between the Years 1669 & 1696*, vol. II, ed. Andrew Clark(Oxford, UK: Clarendon Press, 1898), 108.

2. Florian Cajori, *A History of Mathematical Notations*, vol. I, 250.

3. 앞의 책.

4. A. N. Whitehead, *An Introduction to Mathematics*(Oxford, UK: Oxford University Press, 1958), 60; 화이트헤드의 수학이란 무엇인가(오채환 옮김, 궁리, 2009).

5. 앞의 책, 59.

6. 앞의 책, 200.

7. 앞의 책, 244.

8. Ball, *A Short Account of the History of Mathematics*, 241.

9. 앞의 책, 243.(내가《추측술》을 다 훑어봤지만, 베르누이가 이 기호를 쓴 것을 확인할 수는 없었다.)

10. 이것은 원래 오트레드의《수학의 열쇠》에 등장했다. 그리고 Cajori, *A History of Mathematical Notations*, vol. I, 427에서 더 쉽게 찾을 수 있다.

11. 앞의 책, vol. II, 130~131.

18장 기호의 대가, 라이프니츠

1. John Theodore Merz, a Leibniz biographer: Hal Hellman, *Great Feuds in Science, Ten of the Liveliest Disputes Ever*(New York: John Wiley & Sons, 1998), 41에서 인용했다.

2. *Die Philosophischen Schriften*, ed. C. I. Gerhardt, vol. VII, Berlin 1875~1890, 22의 번역. Margaret E. Baron, *The Origins of the Infinitesimal Calculus*(Oxford, UK: Pergamon, 1969), 9에서 찾았다.

3. 식사공들은 $\frac{a}{b}$ 처럼 쓴 분수도 반대했다. 그들은 같이 사용되던 a:b를 더 좋아했다. 하지만 다행스럽게 3단 활자체가 승리했다.

4. Cajori, *A History of Mathematical Notations*, vol. I, 182~183.

5. Alessandro Padoa, *La Logique Deductive*(Paris: Gauthier-Villars, 1912), 21.

19장 마술사의 최후

1. Hellman, *Great Feuds in Science*, 41.

2. John of Salisbury, *The Metalogicon: A Twelfth-Century Defense of the Berbal and Logical Arts of the Trivium*, trans. Daniel McGarry(Baltimore: Paul Dry Books, 2009), 167.

3. James R. Newman, ed., *The World of Mathematics*, vol. II(New York: Simon and Schuster,

1956), 140.

4. Tobias Dantzig, *Number: The Language of Science*, ed. Joseph Mazur(New York: Plume, 2007), 135.

5. Fritjof Capra, *The Turning Point*(London: Fontana Collins, 1983), 49.

6. Isaac Newton, *The Mathematical Papers of Isaac Newton*, vol. VII, 1691~1695, ed. D. T. Whiteside(Cambridge, UK: Cambridge University Press, 1976).

7. Isaac Newton, *The Mathematical Papers of Isaac Newton*, vol. VIII, 1697~1722, ed. D. T. Whiteside(Cambridge, UK: Cambridge University Press, 2008), 123.

8. Mikail Katz and David Sherry, "Leibniz's Infinitesimals: Their Fictionality, Their Modern Implementations, and Their Foes from Berkeley to Russell and Beyond", *Erkenntnis* 78, no. 13(2013): 572~625.

9. 나는 이를 카츠Mikhail Katz에게 배웠다. 그는 이 장을 주의 깊게 읽고 라이프니츠와 뉴턴에 대한 내 오해를 여럿 바로잡아 주었다.

10. 물론 우리는 o가 아주 작은 양으로 선택되었다고 보는 한, 그 마지막 결과는 정확할 수 없고 정확한 값의 근삿값임을 알아야 한다. 뉴턴과 라이프니츠는 '극한'이라는 우리의 현대적인 개념으로 생각하지 않았다. 비록 그들이 확실히 그 개념에 근접했어도 말이다.

11. Bishop George Berkeley, *The Analyst: Or, A Discourse Addressed to an Infidel Mathematician*(originally printed in London for J. Tonson in 1734); William B. Ewald, ed., *From Kant to Hilbert: A Source Book in the Foundations of Mathematics*(Oxford, UK: Oxford University Press, 1996), 60~92. http://www.maths.tcd.ie/pub/HistMath/People/Berkeley/Analyst/Analyst.html에서 찾아볼 수 있다(2013년 8월 13일 접속).

12. 어떤 수학자들은 버클리가 틀렸다고 주장했다. Katz and Sherry, "Leibniz's Infinitesimals"를 보라.

13. Joseph Mazur, *The Motion Paradox*(New York: Dutton, 2007), 151~152.

3부   기호의 힘

20장 마음속에서 만나는 기호

1. A. N. Whitehead, *An Introduction to Mathematics*(Oxford, UK: Oxford University Press, 1958), 40~41.

2. Sir William Molesworth, ed., *The English Works of Thomas Hobbes of Malmesbury*, vol. VII, lesson V(London: Longman, Brown, Green and Longmans, 1845), 329~330.

3. 이것은 〈고귀하고 박식한 새빌 경이 옥스퍼드대학에 만든 석좌교수, 즉 한 명은 기하학 교수고 다른 이는 천문학 교수로서 똑같은 어처구니없는 교수들에게게To the same egregious professors of the mathematics, one of geometry, the other of astronomy, in the chairs set up by the noble and learned Sir Henry Savile, in the University of Oxford〉라는 반박문에 있다. 이것은 그 교수들의 라틴어 문법을 조롱하기까지 한 적대적

인 글로, (당시 새빌리언 석좌교수로 있던) 윌리스와 워드Seth Ward를 겨냥했다.

4. 이것을 지적해 준 톨에게 감사드린다. David Tall and Scholmo Vinner, "Concept Image and Concept Definition in Mathematics with Particular Reference to Limits and Continuity", *Educational Studies in Mathematics*, vol. 12, no. 2(1981): 151~169를 보라. 정의의 개념이 톨의 책에서 주제다. David Tall, *How Humans Learn to Think Mathematically: Journeys through Three Worlds of Mathematics*(Cambridge, UK: Cambridge University Press, 2013)를 보라.

5. Darcy Wentworth Thompson, *On Growth and Form,* ed. John Tyler(Cambridge, UK: Cambridge University Press, 1992), 269.

6. 나는 이 점에 대해 애리앤로드Robyn Arianrhod에게 빚지고 있다. 그녀가 자신의 훌륭한 책, *Einstein's Heroes*(Oxford, UK: Oxford University Press, 2005), 133; 물리의 언어로 세상을 읽다 (김승욱 옮김, 해냄, 2011)에서 이를 설명했다.

7. 역사적으로, 괴상한 것 $\sqrt{-1}$은 2차방정식이 아니라 3차방정식에 대한 질문에서 나왔다. 더 자세한 이야기는 Paul Nahin, *An Imaginary Tale: The Story of* $\sqrt{-1}$(Princeton, NJ: Princeton University Press, 1998), 8~11; 허수 이야기(허민 옮김, 경문사, 2004)를 보라.

8. 또한 그것을 $+1$과 -1의 기하 평균으로 생각할 수 있다. 즉 $+1$ 대 i는 i 대 -1이다. 기호로 나타내면 $+1:i=i:-1$일 것이다.

9. Whitehead, *An Introduction to Mathematics*, 64.

10. Ian Stewart, *Why Beauty Is Truth: A History of Symmetry*(New York: Basic Books, 2007), 152.

21장 좋은 기호

1. William Oughtred, *Clavis Mathematicae*(Strasbourg: Johann Crosleu and Amos Curteyne, 1657), 66. 카조리는 우리에게 1652년에 오트레드가 π나 δ의 의미를 분리하지 않고 원의 지름에 대한 둘레의 비를 $\frac{\pi}{\delta}$로 나타냈다고 말한다. 아마도 π는 둘레periphéria를 나타내고, δ는 지름diámĕter을 나타내는 것 같지만 말이다. 내가 본 《수학의 열쇠》에 따르면, 다른 추측이 가능하다. 즉 66쪽에서 π와 δ가 분명히 분리된다(구글 북스에 나온 다음 그림을 보라).

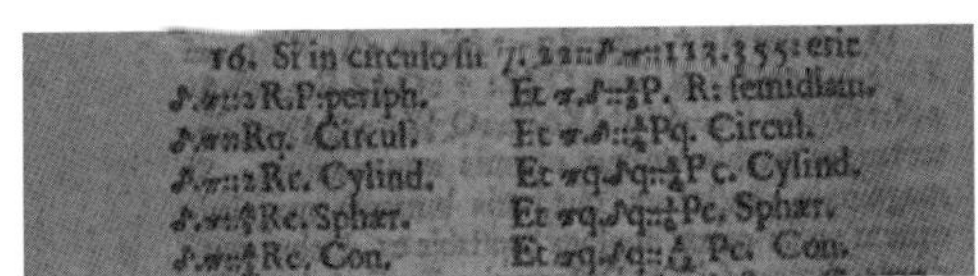

2. Cajori, *A History of Mathematical Notations*, vol. 2, p. 9.

3. 퍼스Benjamin Peirce는 상당히 다른 것을 좋아했다. 그는 π와 자연로그의 밑인 e의 밀접한 연관을 알았고, 그 연관이 기호 체계의 일부여야 한다고 느꼈다. 그는 π를 위해 ⋂, e를 위해 ⋃라는 진정한 기호를 제안했다. 그의 제안이 받아들여지지 않은 것이 얼마나 다행인지, 이 기호들이 난독증이 있는 사람들에게 얼마나 부담이 되었을지 상상해 보라. 그 유명한 오일러 항등식이 ⋂^{⋃i}+1=0으로 보

였을 것이다. 이것이 $e^{i\pi}+1=0$을 의미하는가, $\pi^{ie}+1=0$을 의미하는가?

4. 사실 $i^i=e^{i\frac{\pi}{2}}\approx 50.2.7879576$이다. 이를 알아보는 방법은 다음과 같이 쓰는 것이다.

$$i = \cos\frac{\pi}{2} + i\sin\frac{\pi}{2} = e^{i\frac{\pi}{2}}$$

좌변과 우변 모두 i제곱을 취하면 $i^i = \left(e^{i\frac{\pi}{2}}\right)^i = e^{-\frac{\pi}{2}}$을 얻는다.

5.   Ernst Mach, *Space and Geometry: In the Light of Physiological, Psychological and Physical Inquiry*, trans. T. J. McCormack(New York: Dover, 2004), 104.

6.   Ernst Mach, "The Economical Nature of Physical Enquiry" in *Popular Scientific Lectures*, trans. Thomas J. McCormack(Chicago: Open Court, 1895), 195~196.

7.   Mach, *Space and Geometry*.

22장 보이지 않는 고릴라

1.   Percy Bysshe Shelley, *Prometheus Unbound*, act 2, scene 2.3, lines 35~42.

2.   레트빈은 2011년에 91세로 사망했다.

3.   J. Y. Lettvin, H. R. Maturana, W. S. McCulloch, and W. H. Pitts, "The Mind: Biological Approaches to Its Functions", *Proceedings of the Institute of Radio Engineering*, vol. 47(1959): 1940~1951.

4.   Calvin S. Hall and Vernon J. Nordby, *The Individual and His Dreams*(New York: New American Library, 1972). "What People Dream About", *Scientific American*, vol. 184(1951): 60~63.

5.   Suzanne Langer, *Mind: An Essay on Human Feeling*(Baltimore: Johns Hopkins University Press, 1984), 265.

6.   Suzanne K. Langer, *Philosophy in a New Key: A Study in the Symbolism of Reason, Rite, and Art*, 6th ed.(Cambridge, MA: New American Library, 1954), 58.

7.   앞의 책, 206~207.

8.   Emily R. Grosholz, *Representation and Productive Ambiguity in Mathematics and the Sciences*(New York: Oxford University Press, 2007), 25.

9.   이 인터뷰를 한 사람은 내 제자 노스실드 Sam Northshield다. 자부심을 조금 느끼며 말하자면, 그는 현재 뉴욕주립대 플래츠버그 캠퍼스의 수학과 교수다. 물론 내 옛 제자를 포함한 선택이 과학적 조사로서는 분명히 '의심스럽다'고 여겨질 수 있다.

10.   Daniel Kahneman, *Thinking Fast and Slow*(New York: Farrar, Straus and Giroux), 56.

11.   Keith E. Stanovich, *Who Is Rational?: Studies of Individual Differences in Reasoning*(Mahwah, NJ: Psychology Press), 126.

12.   Christopher Chabris and Daniel Simons, *The Invisible Gorilla: And Other Ways Our Intuitions Deceive Us*(New York: Crown, 2010), 5~7.

13. U. Neisser and R. Becklen, "Selective Looking: Attending to Visually Specified Events", *Cognitive Psychology*, vol. 7(1975): 480~494. 또한 다음을 보라. A. Mack and I. Rock, "Inattentional Blindness: Perception without Attention" in *Visual Attention*, ed. R. Wright(New York: Oxford University Press, 1998), 55~76.

14. Christopher Chabris and Daniel Simons, "Gorillas in Our Midst: Sustained Inattentional Blindness for Dynamic Events", *Perception*, vol. 28(1999): 1059~1074.

15. H. Poincaré, *The Foundations of Science*, trans. G. B. Halsted(New York: Science Press, 1913), 212.

16. David Tall, ed. *Advanced Mathematical Thinking*(Holland: Kluwer, 1991), 3~21.

17. Stanislas Dehaene, "The Organization of Brain Activations in Number Comparison: Event-Related Potentials and the Additive-Factors Method", *Journal of Cognitive Neuroscience*, vol. 8, no. 1(1996): 47~68. 요약된 설명을 Stanislas Dehaene, *The Number Sense: How the Mind Creates Mathematics*(New York: Oxford University Press, 1997), 223~227에서도 찾을 수 있다.

18. T. Allison, G. McCarthy, A. Nobre, A. Pruce, and A. Belger, "Human Extrastriate Visual Cortex and the Perception of Faces, Words, Numbers and Colors", *Cerebral Cortex*, vol. 5(1994): 544~554.

19. Dehaene, "The Organization of Brain Activations in Number Comparison", 221.

20. Masaki Maruyama, Christophe Pallier, Antoinette Jobert, Mariano Sigman, and Stanislas Dehaene, "The Cortical Representation of Simple Mathematical Expressions", *NeuroImage*, vol. 1(2012): 1444~1460.

21. M. Cappelletti, B. Butterworth, and M. Kopelman, "Spared Numerical Abilities in Case of Semantic Dementia", *Neurophychologia*, vol. 39(2001): 1224~1239.

22. C. Lemer, S. Dehaene, E. Spelke, and L. Cohen, "Approximate Quantities and Exact Number Words: Dissociable Systems", *Neuropsychologia*, vol. 41(2003): 1942~1948.

23. William Faulkner, *Three Famous Short Novels: Spotted Horses, Old Man, The Bear*(New York: Vintage International, 2011), 185.

24. Jared F. Danker and John R. Anderson, "The Roles of Prefrontal and Posterior Parietal Cortex in Algebra Problem Solving: A Case of Using Cognitive Modeling to Inform *Neuroimaging* Data", *NeuroImage*, vol. 35(2007): 1365~1377.

25. 앞의 책.

26. Anthony R. Jansen, Kim Marriott, and Greg W. Yelland, "Comprehension of Algebraic Expressions by Experienced Users of Mathematics", *Quarterly Journal of Experimental Psychology*, vol. 53, no. 1(2003): 3~30.

27. Anthony Jansen, Kim Marriott, and Greg Yelland, "Parsing of Algebraic Expressions by Experienced Users of Mathematics", *European Journal of Cognitive Psychology*, vol. 19, no.

2(March 2007): 286~320.

28. F. Max Müller, *Three Introductory Lectures on the Science of Thought*(Whitefish, MT: Kessinger Publishing, 2003), 46~47.

29. 앞의 책, 46.

23장 마음속 그림

1. Ludwig Wittgenstein, *Tractacus Logico-Philosphicus*(London: Routledge, 2001), 12.

2. 앞의 책, 19.

3. Müller, *Three Introductory Lectures on the Science of Thought*, 47.

4. Jacques Hadamard, *The Psychology of Invention in the Mathematical Field*(New York: Dover, 1954), 69.

5. 앞의 책, 75.

6. 앞의 책, 76~77.

7. This syllogism, L. Carroll, *Symbolic Logic*(New York: Dover, 1958), 118.

8. Hadamard, *The Psychology of Invention in the Mathematical Field*, 75~76.

24장 기호의 빛나는 효율성

1. 읽고 쓸 수 있는 사람은 누구나 수학자로서 대단히 성공할 수 있다는 견해를 뒷받침하는 증거가 많다고 내게 지적해 준 것에 대해 (원고 상태에서 이 장을 읽은) 디아쿠Florin Diacu에게 감사드린다. 나도 전적으로 동의한다. 열심히 노력하고 이해하고 성공하려고 하는 확고한 의지를 가지면, 읽고 쓰는 걸 배울 수 있는 사람은 누구나 탁월한 수학을 할 수 있다.

부록 2 뉴턴의 x^n의 유율

1. John Harris, *Lexicon Technicum: Or, An Universal English Dictionary of Arts and Sciences: Explaining Not Only the Terms of Art, but the Arts Themselves*, vol. 2(London: D. Brown, 1723), 48.

# 찾아보기

수학기호의 역사

1판 1쇄 인쇄 2026년 2월 10일
1판 1쇄 발행 2026년 3월 10일

—

지은이 조지프 마주르
옮긴이 권혜승

—

펴낸이 백성빈
펴낸곳 반니출판
주소 서울 서초구 서초중앙로 69 806호
전화 02-6204-0491
전자우편 banni@banni.co.kr
출판등록 2025년 10월 13일 (제2025-000266호)

—

ISBN 979-11-24280-41-6 93400

—